Planung im Klimaschutzrecht

Europäische Hochschulschriften Recht

European University Studies in Law
Publications Universitaires Européennes de Droit

BAND/VOLUME 6864

Teresa Oberbrinkmann

Planung im Klimaschutzrecht

Eine rechtliche Systematisierung, Einordnung und Bewertung der Klimaschutzplanung im Mehrebenensystem

PETER LANG

Berlin · Bruxelles · Chennai · Lausanne · New York · Oxford

Bibliografische Information der Deutschen Nationalbibliothek
Die Deutsche Nationalbibliothek verzeichnet diese Publikation in der Deutschen Nationalbibliografie; detaillierte bibliografische Daten sind im Internet über http://dnb.dnb.de abrufbar.

Zugl.: Bonn, Univ., Diss., 2025

DE-5
ISSN 3052-8291 (Print)
ISSN 3052-8305 (eBook)
ISBN 978-3-631-95181-1 (Print)
ISBN 978-3-631-95185-9 (ePDF)
ISBN 978-3-631-95186-6 (ePUB)
DOI 10.3726/b23731

Verlegt durch Peter Lang GmbH, Berlin, Deutschland

info@peterlang.com

www.peterlang.com

Kontakt zur Verordnung über die allgemeine Produktsicherheit (GPSR): gpsr@peterlang.com

Für Balduin

Inhaltsverzeichnis

Vorwort ... XV

KAPITEL 1
Einleitung
A. Entwicklungen und Auswirkungen des Klimawandels ... 1
I. „Klima“ ... 2
II. Klimawandel durch natürlichen Treibhausgaseffekt ... 3
III. Klimawandel durch anthropogenen Treibhausgaseffekt ... 4
IV. Auswirkungen des Klimawandels auf das menschliche Überleben ... 5
B. Klimaschutz durch Planung ... 5
I. Klimaschutz im Mehrebenensystem ... 6
II. Klimaschutzplanung als Steuerungsinstrument ... 8
C. Gang der Untersuchung ... 10

KAPITEL 2
Klimaschutzrecht im Mehrebenensystem
A. Klimaschutzrecht als Querschnittsmaterie des Umweltschutzrechts ... 15
B. Klimaschutz im Völkerrecht ... 17
I. Entwicklung des Klimaschutzes im Völkerrecht ... 18
II. Klimaschutzziele des Pariser Abkommens ... 19
III. Klimaschutzzielerreichung durch nationale Beiträge ... 20
1. „Nationally determined contributions“ ... 21
2. Überwachung der „nationally determined contributions“ ... 22
IV. Zwischenergebnis ... 23

C. Klimaschutz im Europarecht 24
I. Rechtsakte zum Klimaschutz 24
II. Klimaschutzziele der Europäischen Union 26
1. Treibhausgasemissionsminderung in der Europäischen Union 26
2. Sektorziele zur Gesamtzielerreichung 27
3. Europäische Energieunion 28
III. Zwischenergebnis 29
D. Klimaschutz im Bundesrecht 29
I. Einfluss des Pariser Abkommens auf das Grundgesetz 30
1. Temperaturziel des Pariser Abkommens als Staatszielbestimmung 30
2. Temperaturziel des Pariser Abkommens in den Grundrechten 33
3. Zwischenergebnis 35
II. Gesetzgebungskompetenz des Bundes 35
III. Das Klimaschutzgesetz 37
1. Klimaschutzziele gem. § 3 Abs. 1 und Abs. 2 KSG 38
a) Jährliche Sektormengen nach den Regelungen des KSG von 2019/2021 40
b) Abschaffung der sektorbezogenen Treibhausgasemissionsmengen mit zweiter KSG-Novelle 41
c) Jahresemissionsgesamtmengen nach den Regelungen des KSG von 2024 42
2. Ziele für den Sektor Landnutzung, Landnutzungsänderung und Forstwirtschaft 43
IV. Zwischenergebnis 44
E. Klimaschutz im Landesrecht 44
I. Bedeutung des Art. 20a GG für die Bundesländer 44
II. Grundrechtliche Schutzpflichtverletzung bei fehlenden Landesklimaschutzgesetzen 45
III. Grundrechtliche Abwehrrechte zur Aufstellung von Landesklimaschutzgesetzen 46
IV. Pflicht zur Aufstellung von Klimaschutzgesetzen aus den Landesverfassungen 46
V. Gesetzgebungskompetenz für die Bundesländer 47

VI. Klimaschutzgesetze der Bundesländer 49
1. Anpassung an das Pariser Abkommen 50
2. Klimaschutzziele der Bundesländer 51
3. Keine Bindungswirkung des Bundes-KSG 54
VII. Zwischenergebnis 55
F. Kommunaler Klimaschutz 55
I. Selbstverwaltungsrecht der Kommunen 56
II. Landesklimaschutzgesetze 57
III. Weitere klimaschutzrelevante Maßnahmen 58
IV. Zwischenergebnis 58
G. Fazit des zweiten Kapitels 59

KAPITEL 3
Klimaschutzplanung im Mehrebenensystem
A. Planungsinstrumente im Umweltschutzrecht 61
B. Planung im Klimaschutzrecht 63
I. Erfüllung der Beitragspflichten aus Art. 4 Abs. 2 S. 1 Pariser Abkommen 64
1. Integrierter nationaler Energie- und Klimaplan 65
2. Klimaschutzprogramm 67
3. Exkurs: Sofortprogramm nach KSG 2019/2021 68
4. Klimaschutzpläne der Bundesländer 70
5. Kommunale Klimaschutzpläne 72
6. Zwischenergebnis 74
II. Langfrist-Strategie gem. Art. 4 Abs. 19 Pariser Abkommen 74
1. Langfrist-Strategie der Europäischen Union 75
2. Langfrist-Strategie der Mitgliedstaaten der Europäischen Union 76
III. Zwischenergebnis 77
C. Monitoring zur Sicherstellung der Beitragszielerreichung 78
I. Erforderlichkeit des Monitorings 78
II. Monitoring für den integrierten nationalen Energie- und Klimaplan 79
1. Monitoring im Rahmen der Planaufstellung 80
2. Monitoring im Rahmen der Planumsetzung 82
3. Weiteres Verfahren zur Überprüfung des Ambitionsniveaus 82

III. Monitoring für die Langfrist-Strategie der Mitgliedstaaten 83
IV. Monitoring für das Klimaschutzprogramm 84
1. Monitoring für die Planaufstellung 85
a) Kurzfristige Zielverfehlung 86
b) Langfristige Zielverfehlung 87
2. Berichterstattung 88
V. Monitoring für die Landesklimaschutzpläne 89
VI. Zwischenergebnis 89
D. Fazit des dritten Kapitels 90

KAPITEL 4

Charakterisierung der Klimaschutzpläne

A. Begriff „Planung“ 93
B. Merkmale eines Plans 94
I. Typusbestimmende Wesensmerkmale 95
II. Geltungsdauer und Zukunftsorientierung 96
1. Langfristige Pläne im Europarecht 97
2. Mittelfristiges Programm für eine langfristige Zielerreichung im Bundesrecht 99
3. Mittelfristige Zukunftsorientierung der Landesklimaschutzpläne 101
4. Beschreibung und Prognosen in der kommunalen Klimaschutzplanung 102
III. Flexibilität und Situationsbezogenheit 103
1. Eingeschränkte Reaktionsmöglichkeit auf Veränderungen im Europarecht 103
2. Hoher Situationsbezug im Bundesrecht 106
3. Flexible Anpassungsmöglichkeiten der Landesklimaschutzpläne 107
4. Situationsbezogenheit und Flexibilität in der kommunalen Klimaschutzplanung 109
IV. Gestaltungsspielraum 109
1. Planerische Gestaltungsmöglichkeiten im Europarecht 109
2. Eingeschränkter Gestaltungsspielraum im Bundesrecht 110
3. Gestaltungsspielraum der Landesklimaschutzpläne 111
4. Gestaltungsspielraum in der kommunalen Klimaschutzplanung 112

V. Zwischenergebnis 112
C. Steuerungswirkung eines Plans 113
I. Bindungswirkung 115
1. Europäische Klimaschutzpläne 116
2. Interne Bindungswirkung des Klimaschutzprogramms 117
3. Landesklimaschutzpläne 119
4. Keine Bindungswirkung der kommunalen Klimaschutzpläne 122
II. „Wirkungsweise" 122
1. Atypischer Charakter der Europäischen Klimaschutzpläne 123
2. Atypischer Charakter des Klimaschutzprogramms 124
3. Atypischer und indikativer Charakter der Landesklimaschutzpläne 126
4. Indikativer Charakter der kommunalen Klimaschutzpläne 127
III. Planungszweck 127
1. Lenkungszweck der europäischen Klimaschutzpläne 128
2. Lenkungszweck des Klimaschutzprogramms 130
3. Lenkungszweck der Landesklimaschutzpläne 132
4. Lenkungszweck der kommunalen Klimaschutzpläne 133
IV. Systematische Betrachtung 133
1. Charakteristika der politischen Planung 134
2. Charakteristika der Verwaltungsplanung 135
3. Europäische Klimaschutzpläne als politische Planungsinstrumente 136
4. Klimaschutzprogramm als politisches Planungsinstrument 138
5. Landesklimaschutzpläne als politische Planungsinstrumente 140
6. Kommunale Klimaschutzpläne als politische Planungsinstrumente 142
V. Zwischenergebnis 142
D. Zusammenfassender Vergleich 143
E. Fazit des vierten Kapitels 146

KAPITEL 5
Rechtmäßigkeitsanforderungen an die Klimaschutzplanung

A. Formelle Voraussetzungen für die Aufstellung der Klimaschutzpläne 147
I. Formelle Rechtmäßigkeitsvoraussetzungen 148
1. Beteiligungsverfahren 148
a) Öffentlichkeitsbeteiligung 149
b) Betroffenenbeteiligung 150
2. Einholung der Stellungnahme des Expertenrates 151
3. Entwurfserstellung für den integrierten nationalen Energie- und Klimaplan 152
4. Veröffentlichung der Pläne 153
II. Strategische Umweltprüfung in der Klimaschutzplanung 154
1. Strategische Umweltprüfung für die europäischen Planungsinstrumente 156
2. Strategische Umweltprüfung für das Klimaschutzprogramm 159
3. Strategische Umweltprüfung für die Landesklimaschutzpläne 160
III. Weitere Anforderungen im Zusammenhang mit der strategischen Umweltprüfung 161
IV. Verhältnis der Vorgaben der SUP-RL und des UVPG zu den Klimaschutzgesetzen 163
V. Zwischenergebnis 164
B. Materielle Voraussetzungen für die Aufstellung der Klimaschutzpläne 164
I. Planerischer Gestaltungsspielraum 165
1. Entschließungsermessen für die Aufstellung der Klimaschutzpläne 165
a) Rechtspflicht zur Aufstellung der europäischen Klimaschutzpläne 167
b) Rechtspflicht zur Aufstellung der nationalen Klimaschutzpläne 168
2. Entschließungsermessen für die Aktualisierung der Klimaschutzpläne 171
a) Aktualisierung der europäischen Klimaschutzpläne 171

b) Aktualisierung der nationalen Klimaschutzpläne 173
c) Zwischenergebnis 174
3. Auswahlermessen für die Festsetzungen in den Klimaschutzplänen 175
a) Klimaschutzziele 175
aa) Ziele der Europäischen Union 176
bb) Ziele des Klimaschutzprogramms 178
cc) Ziele der Landesklimaschutzpläne 179
dd) Ziele der kommunalen Klimaschutzpläne 180
b) Anforderungen an Festsetzungen 181
aa) Europäische Anforderungen 182
(1) Nationale Zielbeiträge 182
(2) „Hauptabschnitte" und „Elemente" der Klimaschutzpläne 183
bb) „Geeignete" Maßnahmen im Klimaschutzprogramm 186
cc) Vorgaben für die Festsetzungen in den Landesklimaschutzplänen 188
(1) Sektor- und Zwischenziele 189
(2) Maßnahmen zur Erreichung der Klimaschutzziele 189
(3) Vorgaben für die Maßnahmen 190
(4) Energiebezüge 191
(5) Anpassungsstrategien 192
(6) Sonstige Berücksichtigungspflichten 192
dd) Vorgaben für Festsetzungen der kommunalen Klimaschutzplanung 192
c) Einfluss des Monitorings auf das planerische Auswahlermessen 194
d) Abstimmungsgebot 196
e) Kompetenzielle Grenzen 197
f) Gebot der gerechten Abwägung 198
aa) Europäische Klimaschutzpläne 199
bb) Nationale Klimaschutzpläne 201
II. Zwischenergebnis 202
C. Fazit des fünften Kapitels 203

KAPITEL 6

Rechtsschutz gegen Klimaschutzpläne

A. Verwaltungsgerichtlicher Rechtsschutz im Hinblick auf die Klimaschutzplanung 205
I. Rechtsschutz für Individualkläger 206
1. Subjektive Rechtsverletzung 207
2. Ausweitung der Klagrechte durch Völker- und Unionsrecht? 209
3. Zwischenergebnis 210
II. Umweltverbandsklage 210
1. Ausschluss der Klagerechte gem. § 4 Abs. 1 S. 6 KSG 211
2. Zulässigkeit einer Verbandsklage 212
a) Zulässiger Klagegegenstand 212
b) Statthafte Klageart 213
c) Weitere Zulässigkeitsvoraussetzungen 215
d) Zwischenergebnis 215
3. Begründetheit einer Umweltverbandsklage 216
4. Anspruchsinhalt bei Nichterlass oder fehlerhaftem Erlass eines Klimaschutzprogramms 218
5. Gerichtliche Durchsetzung von Klimaschutzplänen 219
B. Fazit des sechsten Kapitels 220

KAPITEL 7

Bewertung der Klimaschutzplanung und Schlussfazit

A. Planung als Instrument der Steuerung 223
B. Einfluss des Mehrebenensystems auf die Klimaschutzplanung 224
I. Bindungswirkung 225
II. Koordination 228
C. Voraussetzungen und Architektur der Klimaschutzpläne 228
D. Fehlende Sanktionsmöglichkeiten als grundsätzliches Problem? 231
E. Ausweitung der Klagerechte als Lösung? 232

Literaturverzeichnis 235

Vorwort

Die vorliegende Arbeit wurde im Wintersemester 2025/26 an der juristischen Fakultät der Rheinischen Friedrich-Wilhelms-Universität in Bonn als Dissertation angenommen. Für die Drucklegung konnten Rechtsprechung und Literatur bis Januar 2026 berücksichtigt werden.

Die Dissertation ist während meiner Zeit am Lehrstuhl für Öffentliches Recht bei Herrn Prof. Dr. Shirvani entstanden. Ihm danke ich sehr herzlich für seine engagierte Unterstützung, seine hilfreichen Anregungen und die stets konstruktive Kritik. Frau Prof. Dr. Lorenzen danke ich für ihre freundliche Bereitschaft, das Zweitgutachten zu übernehmen, sowie für ihre wertvollen Hinweise.

Von Herzen danke ich meiner Familie – meinen Eltern Anke und Dr. Frank Oberbrinkmann sowie meinen Geschwistern Julius und Sophia Oberbrinkmann – die mich auf meinem gesamten Ausbildungsweg und besonders während der Promotion unterstützt und ermutigt haben. Ohne sie wäre diese Arbeit nicht möglich gewesen.

Ich danke zudem Dr. Layla Mihatsch und André Thiele dafür, dass sie mich während meiner Promotionszeit in Bonn begleitet haben. Ihre Freundschaft und ihr Zuspruch waren eine große Stütze und haben diese intensive Zeit besonders wertvoll für mich gemacht.

Ebenso danke ich meinen Freunden aus Hamburg, Sarah Timmann, Sophia Scholz, Yalda Ajubi-Yeginer, Caroline Frank, Marija Rajkovic und Florian Lenz dafür, dass sie immer an mich glauben und mich während der Zeit aus der Ferne angefeuert haben.

Ganz besonders gilt mein Dank meinem Freund Ken Niemeyer, der alle Höhen und Tiefen dieser Arbeit mit unermüdlichem Zuspruch begleitet hat. Er hat einen großen und wichtigen Anteil geleistet, ohne den ich sie vermutlich nicht zu Ende gebracht hätte.

Bonn/Hamburg, Februar 2026 *Teresa Oberbrinkmann*

Einleitung

A. Entwicklungen und Auswirkungen des Klimawandels

Die Erwärmung des Klimas ist kein gänzlich neues Phänomen. In der Geschichte der Erde hat sich das Klima stets verändert und entwickelt.[1] Vor ca. 140–65 Millionen Jahren herrschten beispielsweise auf unserer Erde überwiegend *„subtropische Vegetationen"* und Temperaturen.[2] Seit ca. zwei bis drei Millionen Jahren pendelt das Klima *„zwischen Eiszeiten und Warmzeiten"*.[3] Die letzte große Eiszeit hatte ihre Hochphase vor ca. 20.000 Jahren.[4]

Die klimatischen Bedingungen auf der Erde unterliegen also einer steten Veränderung.

Allerdings kann eine vergleichsweise rasante Entwicklung des Klimas in den letzten Jahren beobachtet werden. So ist im Zeitraum zwischen 2011–2020 zu erkennen, dass die globalen Temperaturen um ca. 1,1 Grad Celsius gegenüber den Jahren zwischen 1850–1900 angestiegen sind.[5] Prognosen zeigen, dass sich bis zum Ende des 21. Jahrhunderts die Temperaturen unserer Erde zwischen 1,1–6,4 Grad Celsius erhöhen könnten.[6]

---

1 *Rahmstorf/Schellnhuber*, Der Klimawandel, 2020, S. 9.

2 *Rahmstorf/Schellnhuber*, Der Klimawandel, 2020, S. 9.

3 *Rahmstorf/Schellnhuber*, Der Klimawandel, 2020, S. 9.

4 *Latif*, Globale Erwärmung, 2012, S. 43.

5 *Deutsche IPCC-Koordinierungsstelle, DLR Projektträger*, Synthesebericht zum Sechsten IPCC-Sachstandsbericht (AR6), Hauptaussagen aus der Zusammenfassung für die politischen Entscheidungsfindung (SPM), S. 1.

6 *Bundesministerium für Umwelt, Naturschutz und Reaktorsicherheit*, Kernbotschaften des Fünften Sachstandsberichts des IPCC, Klimaänderung 2013: Naturwissenschaftliche Grundlagen (Teilbericht 1), S. 4.

I. „Klima“

Eine Legaldefinition des Begriffs „Klima“ liegt rechtlich nicht vor.[7] Die Weltorganisation für Meteorologie (WMO) beschreibt das Klima als *„durchschnittliche* [...] *Wetterbedingungen für einen bestimmten Ort über einen langen Zeitraum, der von Monaten bis zu Tausenden oder Millionen von Jahren reichen kann“*.[8]

Der IPCC definiert den Begriff des Klimas *„als das durchschnittliche Wetter, oder genauer als die statistische Beschreibung in Form von Durchschnitt und Variabilität relevanter Größen über eine Zeitspanne im Bereich von Monaten bis zu Tausenden oder Millionen von Jahren. Der klassische Zeitraum zur Mittelung der Variablen sind 30 Jahre* [...]. *Die relevanten Größen sind zumeist Oberflächenvariablen wie Temperatur, Niederschlag und Wind. Klima im weiteren Sinne ist der Zustand, einschließlich einer statistischen Beschreibung des Klimasystems.“*[9]

Das Klima setzt sich also aus einer Beobachtung des Wetters in einer festgelegten Region über einen bestimmten Zeitraum zusammen.[10] Zu den für die Bestimmung des Klimas relevanten Messkriterien gehören unter anderem die Lufttemperatur in Bodennähe, die Niederschlagshöhe, der Luftdruck, der Wind sowie die Luftfeuchtigkeit.[11] Anhand dieser Anhaltspunkte, auch Klimaelemente genannt, kann das Klima gemessen und bestimmt werden.[12] Auf welche Region sich das Klima bezieht, hängt von der zu messenden Fläche ab. Da in den unterschiedlichen Regionen der Erde verschiedene Wettervorkommnisse bestehen, wird das Klima nicht nur insgesamt, sondern auch regional bestimmt.[13] Innerhalb verschiedener Regionen kann auch das Lokalklima gemessen werden, wenn lokale Bedingungen, wie beispielsweise

---

7 Vgl. *Hamacher*, NuR 2023, 84 (85).

8 *World Meteorological Organization*, Klima; vgl. auch *Raschke*, Rechtsfragen kommunaler Klimaschutzmaßnahmen, 2024, S. 20.

9 *IPCC*, Klimaänderungen 2013/2014 Zusammenfassungen für politische Entscheidungsträger: Anhang, S. A-14.

10 *Hehl*, Klimawandel – Grundlagen und Spekulation – Wie und warum es so kommen musste und weiter kommen muss, 2022, S. 71; *Raschke*, Rechtsfragen kommunaler Klimaschutzmaßnahmen, 2024, S. 20.

11 *Kloepfer*, UmweltR, 4. Aufl. 2016, § 17 Rn. 3.

12 *Kloepfer*, UmweltR, 4. Aufl. 2016, § 17 Rn. 3.

13 *Kloepfer*, UmweltR, 4. Aufl. 2016, § 17 Rn. 4.

Berge, Höhenunterschiede oder Seenähen Temperaturunterschiede verursachen.[14] Neben dem globalen Klima, also der Betrachtung der Wetterverhältnisse weltweit, gibt es also auch ein regionales sowie ein lokales Klima.[15]

II. Klimawandel durch natürlichen Treibhausgaseffekt

Ein Grund für die Entwicklung des Klimas auf der Erde liegt in der Veränderung des Gehalts an Treibhausgasen, wie dem CO_2, in der Atmosphäre und dem damit verbundenen natürlichen Treibhausgaseffekt.[16] Der natürliche Treibhausgaseffekt beschreibt den Prozess der Erwärmung der Erdoberfläche durch die Einstrahlung, Reflektion und Absorption von kurzwelligen Sonnenstrahlen.[17]

Die Erdoberfläche wird zunächst durch die Einstrahlung von kurzwelligen Sonnenstrahlen erwärmt.[18] Diese kurzwelligen Sonnenstrahlungen werden von der Erdoberfläche sodann als langwellige Wärmestrahlung in die Atmosphäre reflektiert und dort von Treibhausgasen wie dem CO_2 zum Teil absorbiert.[19] Die so von den Treibhausgasen aufgenommenen Energien werden schließlich zur Erde zurückgestrahlt, wodurch sich die untere Atmosphärenschicht zusätzlich erwärmt.[20] Wird die Menge an Treibhausgasen in der Atmosphäre erhöht, vermehrt sich auch die Rückstrahlung der Wärmeenergien auf die Erde, wodurch die Temperatur der Erdoberfläche ansteigt.[21]

---

14 *Phoenix Dossier Team*, Definition Klima, Dossier „Unser Klima" (1/5).

15 *Kloepfer*, UmweltR, 4. Aufl. 2016, § 17 Rn. 4.

16 *Rahmstorf/Schellnhuber*, Der Klimawandel, 2020, S. 7 f., 30 ff.; *IPCC*, Klimaänderung 2013: Naturwissenschaftliche Grundlagen, Zusammenfassung für politische Entscheidungsträger, S. 11; *Latif*, Globale Erwärmung, 2012, S. 6; vgl. auch *Raschke*, Rechtsfragen kommunaler Klimaschutzmaßnahmen, 2024, S. 22.

17 Vgl. *Deutscher Wetterdienst*, Klimawandel – ein Überblick; ferner auch *Raschke*, Rechtsfragen kommunaler Klimaschutzmaßnahmen, S. 22.

18 *Rahmstorf/Schellnhuber*, Der Klimawandel, 2020, S. 30 ff.

19 *Rahmstorf/Schellnhuber*, Der Klimawandel, 2020, S. 30 f; *Bundesministerium für Wirtschaft und Klimaschutz*, Klimaschutz in Zahlen, S. 61; vgl. auch *Raschke*, Rechtsfragen kommunaler Klimaschutzmaßnahmen, 2024, S. 22.

20 *Rahmstorf/Schellnhuber*, Der Klimawandel, 2020, S. 30 f.; *Umweltbundesamt*, Wie funktioniert der Treibhauseffekt?; *Bundesministerium für Wirtschaft und Klimaschutz*, Klimaschutz in Zahlen, S. 61.

21 *Umweltbundesamt*, Wie funktioniert der Treibhauseffekt?.

Der Anteil an Treibhausgasen – wie dem CO_2 – kann aufgrund natürlicher Faktoren wie beispielsweise der Freisetzung von CO_2 aus der Erdkruste variieren und sich verändern.[22]

So war beispielsweise der CO_2-Gehalt in der Atmosphäre vor ca. 140 Millionen Jahren um ein Vielfaches höher als heute, sodass es zu subtropischen Bedingungen auf unserem Planeten kommen konnte.[23] Während einer Eiszeit beispielsweise sinkt der CO_2-Gehalt hingegen herab, sodass weniger Wärmestrahlungen absorbiert und zur Erde zurückgesendet werden.[24] Derzeit liegt der CO_2-Gehalt der Erdatmosphäre bei ca. 0,04 %, was unter anderem dazu führt, dass eine Durchschnittstemperatur von 15 Grad Celsius auf unserem Planeten herrscht.[25]

III. Klimawandel durch anthropogenen Treibhausgaseffekt

Seit der Industrialisierung liegt eine Störung des natürlichen Gleichgewichts zwischen der Ein- und Ausstrahlung der Wärmeenergie vor.[26] Aufgrund menschlicher Aktivitäten ist ein zusätzlicher Ausstoß an Treibhausgasen in die Atmosphäre entstanden.[27] Die menschenverursachte Erhöhung der Treibhausgase hat zur Folge, dass die Absorption und Rückstrahlung von Wärmeenergien deutlich erhöht ist (anthropogener Treibhausgaseffekt).[28] Die Folgen dieses anthropogenen Treibhausgaseffekts haben bisher zu einer Erhöhung der Durchschnittstemperatur um ca. 1,1 Grad Celsius in den Jahren zwischen 2011–2020 im Vergleich zum Zeitraum zwischen 1850–1900 geführt.[29]

---

22 *Rahmstorf/Schellnhuber*, Der Klimawandel, 2020, S. 17.

23 *Rahmstorf/Schellnhuber*, Der Klimawandel, 2020, S. 9.

24 Vgl. *Rahmstorf/Schellnhuber*, Der Klimawandel, 2020, S. 20 ff.

25 *Kompetenzzentrum für Klimawandelfolgen*, Rheinland-Pfalz, Kohlendioxid in der Atmosphäre, Stand 01/2023.

26 *Umweltbundesamt*, Wie funktioniert der Treibhauseffekt?.

27 *Umweltbundesamt*, Wie funktioniert der Treibhauseffekt?; vgl. auch *Raschke*, Rechtsfragen kommunaler Klimaschutzmaßnahmen, 2024, S. 22 f.

28 *Deutscher Bundestag*, Anthropogener Treibhauseffekt und Klimaänderung, Wissenschaftliche Dienste, Ausarbeitung WD 8 – 3000 – 028/17, S. 15 f.; *Bundesministerium für Wirtschaft und Klimaschutz*, Klimaschutz in Zahlen, S. 8; *Rahmstorf/Schellnhuber*, Der Klimawandel, 2020, S. 29 ff.

29 *Deutsche IPCC-Koordinierungsstelle*, *DLR Projektträger*, Synthesebericht zum Sechsten IPCC-Sachstandsbericht (AR6), Hauptaussagen aus der Zusammenfassung für die politischen Entscheidungsfindung (SPM), S. 1.

Die Beobachtung der Entwicklung des CO_2-Gehalts im Zusammenhang mit der Veränderung des Klimas lassen keinen Zweifel daran, dass der Mensch für die schnelle Veränderung des Klimas in diesen letzten Jahren verantwortlich ist.[30]

IV. Auswirkungen des Klimawandels auf das menschliche Überleben

Bei einem weiteren Anstieg der Treibhausgasemissionen in der Atmosphäre wird sich das Klima in Zukunft dahingehend verändern, dass verschiedene Gebiete der Erde aufgrund der dann herrschenden Temperaturen nicht mehr lebenstauglich sind.[31]

Vorausgesagt wird konkret, dass bei einer Erhöhung des Klimas ab 3 Grad Celsius bereits drastische Folgen für das Überleben auf der Erde entstehen.[32] Aber nicht nur die menschliche Existenz wird durch eine weitere Erwärmung des Klimas gefährdet. Auch kann die Entwicklung zu unvorhersehbaren und unkontrollierbaren Kettenreaktionen von Ereignissen führen, die das gesamte Ökosystem der Erde betreffen.[33] Eine ansteigende anthropogene Erwärmung des Klimas muss daher zur Sicherung der menschlichen Lebensgrundlagen verhindert werden.

B. Klimaschutz durch Planung

Wie bereits dargelegt ist der Klimawandel ein globales Problem. Das bedeutet, es ist notwendig, dass alle Staaten der Welt gemeinsam handeln und koordinierte sowie kohärente Regelungen veranlassen, die ein Aufhalten der globalen Erwärmung erreichen.[34] Das Instrument der Planung spielt für den

---

30 *Rahmstorf/Schellnhuber*, Der Klimawandel, 2020, S. 33; vgl. *Guckelberger*, NuR 2022, 221 (221).

31 Vgl. *IPCC*, Klimaänderung 2014 – Synthesebericht, S. 8, 74; ferner auch *Raschke*, Rechtsfragen kommunaler Klimaschutzmaßnahmen, 2024, S. 24.

32 *IPCC*, Klimaänderung 2014 – Synthesebericht, S. 74.

33 *IPCC*, Klimaänderung 2014 – Synthesebericht, S. 74; *Bundesministerium für Wirtschaft und Klimaschutz*, Klimaschutz in Zahlen, S. 8; *Saurer*, NuR 2022, 513 (513); vgl. auch *Raschke*, Rechtsfragen kommunaler Klimaschutzmaßnahmen, 2024, S. 24.

34 *Kreuter-Kirchhof* in: Rodi (Hrsg.), Hdb. KlimaschutzR, 2022, § 2 Rn. 1.

Klimaschutz eine wichtige Rolle.[35] Mit ihm sollen Klimaschutzziele erreicht und die entsprechend notwendigen Beiträge und Maßnahmen der einzelnen Staaten verglichen werden können.[36] Allerdings stellt es eine Herausforderung dar, Planung nicht nur für die Staaten der Welt zu koordinieren, sondern auch für die verschiedenen Rechtsebenen.

I. Klimaschutz im Mehrebenensystem

Klimaschutzrecht ist keine neuartige Rechtsentwicklung. Vielmehr wurde der Klimawandel bereits im Jahr 1992 mit der Klimarahmenkonvention[37] in fast allen Staaten der Welt anerkannt.[38] Ziel dieser Konvention war die *„Stabilisierung der Treibhausgaskonzentration in der Atmosphäre"* (Art. 2 S. 1 Klimarahmenkonvention).[39] Im Jahr 1997 wurde auf Grundlage dieser Konvention das Kyoto-Protokoll[40] ratifiziert, welches erstmals weltweit verbindlich einzuhaltende Klimaschutzziele enthielt (Art. 3 Abs. 1 Kyoto-Protokoll).[41] Mittlerweile ist die Pflicht eines weltweiten Klimaschutzes im völkerrechtlichen Vertrag des Pariser Klimaschutzabkommens[42] vom 19.10.2016 festgelegt.[43] 197 Staaten einschließlich der Europäischen Union haben sich auf dieses Abkommens geeinigt.[44] Im Pariser Abkommen ist ein konkretes Tempertaturziel festgelegt (Art. 2 Abs. 1 lit. a) Pariser Abkommen), dass durch die weltweite Reduktion der Treibhausgasemissionen erreicht werden

---

35 *Shirvani*, ZUR 2022, 579 (579).

36 *Shirvani*, ZUR 2022, 579 (579).

37 Rahmenübereinkommen der Vereinten Nationen über Klimaänderungen v. 09.05.1992 (BGBl. 1993 II S. 1783, 1784).

38 Vgl. ferner *Kreuter-Kirchhof* in: Rodi (Hrsg.), Hdb. KlimaschutzR, 2022, § 2 Rn. 2.

39 Vgl. ferner *Kreuter-Kirchhof* in: Rodi (Hrsg.), Hdb. KlimaschutzR, 2022, § 2 Rn. 2; *Umweltbundesamt*, Klimarahmenkonvention der Vereinten Nationen UNFCCC.

40 Protokoll von Kyoto zum Rahmenübereinkommen der Vereinten Nationen über Klimaänderungen v. 11.12.1997 (BGBl. 2002 II S. 966) (ABl. 2002 L 130 S. 4), geändert durch Doha-Änd. des Protokolls von Kyoto v. 08.12.2012 (BGBl. 2015 II S. 306, 315).

41 Umweltbundesamt, Kyoto-Protokoll; *Kreuter-Kirchhof* in: Rodi (Hrsg.), Hdb. KlimaschutzR, 2022, § 2 Rn. 24.

42 Übereinkommen von Paris v. 12.12.2015, (BGBl. 2016 II S. 1082, 1083).

43 Vgl. ferner *Kreuter-Kirchhof* in: Rodi (Hrsg.), Hdb. KlimaschutzR, 2022, § 2 Rn. 2.

44 *Bundesministerium für Wirtschaft und Klimaschutz*, Abkommen von Paris.

soll.[45] Ein Hauptfaktor für die Erwärmung des Klimas liegt im Ausstoß von Treibhausgasen, vorrangig dem CO_2.[46] Aufgrund dessen muss der Ausstoß der Treibhausgase drastisch reduziert beziehungsweise vollständig unterlassen werden, um das Temperaturziel des Pariser Abkommens erreichen zu können.[47] Dementsprechend soll bereits ab der zweiten Hälfte dieses Jahrhunderts die Klimaneutralität in den Vertragsstaaten eintreten (vgl. Art. 4 Abs. 1 Pariser Abkommen).[48] Ab diesem Zeitpunkt sollen keine klimaschädlichen Gase mehr ausgestoßen werden dürfen.[49] Um das Klimaschutzziel des Pariser Abkommens erfüllen zu können, sind die Vertragsstaaten in der Pflicht, nationale Beiträge, die zu einer Reduktion des Ausstoßes an Treibhausgasen führen, festzulegen (Art. 2 Abs. 1 lit. a), Art. 3 S. 1 Pariser Abkommen).[50] Die einzelnen Staaten der Welt müssen ambitionierte Ziele, Maßnahmen sowie Strategien erstellen, die zu einer Begrenzung der Treibhausgasemissionen und der damit verbundenen Steigerung der globalen Erwärmung führen.[51] Dementsprechend sind in der Europäischen Union klimaschutzrechtliche Ziele für die Mitgliedstaaten normiert. Das EU-Klimagesetz[52] hat das Temperaturziel des Pariser Abkommens insofern europarechtlich verankert, als es in Art. 2 Abs. 1 festlegt, dass ab dem Jahr 2050 eine Netto-Treibhausgas-Neutralität eintreten muss.[53]

---

45 *Bundesministerium für Umwelt, Naturschutz, Bau und Reaktorsicherheit*, Die Klimakonferenz in Paris, S. 3.

46 *Rahmstorf/Schellnhuber*, Der Klimawandel, 2020, S. 30 f.

47 *Kloepfer*, UmweltR, 4. Aufl. 2016, § 17 Rn. 26 ff.

48 Vgl. *Bundesministerium für Umwelt, Naturschutz, Bau und Reaktorsicherheit*, Die Klimakonferenz in Paris, S. 3.

49 *Bundesministerium für Umwelt, Naturschutz, Bau und Reaktorsicherheit*, Die Klimakonferenz in Paris, S. 3.

50 Vgl. *Kreuter-Kirchhof* in: Rodi (Hrsg.), Hdb. KlimaschutzR, 2022, § 2 Rn. 32.

51 Vgl. *Kreuter-Kirchhof* in: Rodi (Hrsg.), Hdb. KlimaschutzR, 2022, § 2 Rn. 32; *Voland/Engel*, NVwZ 2019, 1785 (1786).

52 Verordnung (EU) 2021/1119 des Europäischen Parlaments und des Rates v 30.06.2021 zur Schaffung des Rahmens für die Verwirklichung der Klimaneutralität und zur Änderung der Verordnung (EG) Nr. 401/2009 und (EU) 2018/1999 (ABl. L 243 S. 1).

53 Vgl. *Schlacke/Thierjung* in: Kreuter-Kirchhof/Schlacke, KlimaschutzR, 2025, Einführung Rn. 64.

Die EU-Klimaschutz-VO[54] teilt den europäischen Mitgliedstaaten dementsprechend Treibhausgasemissions-Reduktionsgrößen zu (Art. 2 Abs. 1 Hs. 1, Art. 4 Abs. 1 i.V.m Anhang I Spalte 2 EU-Klimaschutz-VO). Auch in der Bundesrepublik Deutschland sind zur Erreichung des Pariser Temperaturziels sowie des europäischen Ziels nationale Klimaschutzziele vorgegeben.[55] Zum einen regelt der Bundesgesetzgeber gem. § 3 Abs. 1 und Abs. 2 S. 1 KSG[56], dass die Treibhausgasemissionen schrittweise gesenkt werden sollen, sodass bis zum Jahr 2045 eine Netto-Treibhausgasemissions-Neutralität erreicht werden kann.[57] Ab dem Jahr 2050 sollen überdies negative Treibhausgasemissionen erzielt werden (§ 3 Abs. 2 S. 2 KSG). Zum anderen sind in den Bundesländern in Landesklimaschutzgesetzen ebenfalls Treibhausgasemissions-Minderungsziele normiert, die zu einer Netto-Treibhausgasemissions-Neutralität führen sollen.[58]

II. Klimaschutzplanung als Steuerungsinstrument

Das Instrument der Planung soll eine wesentliche Aufgabe zur Reduktion der anthropogenen Treibhausgasemissionen leisten.[59] Das Planungsinstrument stellt ein Mittel dar, um Ziele, wie das geltende Temperaturziel des Pariser Abkommens, durch die Festsetzung von Maßnahmen erreichen zu können.[60] Der Grund dafür liegt in der besonderen Steuerungsfunktion eines Plans.[61] Mit Hilfe eines Planungsinstruments kann eine bestehende Ist-Situation hin

---

[54] Verordnung (EU) 2018/842 des Europäischen Parlaments und des Rates v. 30.05.2018 zur Festlegung verbindlicher nationaler Jahresziele für die Reduzierung der Treibhausgasemissionen im Zeitraum 2021 bis 2030 als Beitrag zu Klimaschutzmaßnahmen zwecks Erfüllung der Verpflichtungen aus dem Übereinkommen von Paris sowie zur Änderung der Verordnung (EU) Nr. 525/2013 (ABl. L 156 S. 26), geändert durch Art. 1 VO (EU) 2023/857 v. 19.04.2023 (ABl. L 111 S. 1).

[55] *von Weschpfennig* in: Fellenberg/Guckelberger (Hrsg.), KlimaschutzR, 2022, § 3 KSG Rn. 1.

[56] Bundes-Klimaschutzgesetz v. 12.12.2019 (BGBl. I S. 2513), geändert durch Art. 1 Zweites ÄndG v. 15.07.2024 (BGBl. 2024 I Nr. 235).

[57] Vgl. *von Weschpfennig* in: Fellenberg/Guckelberger (Hrsg.), KlimaschutzR, 2022, § 3 KSG Rn. 29.

[58] Vgl. *Stäsche*, ZUR 2018, 131 (132).

[59] Vgl. *Shirvani*, ZUR 2022, 579 (581); ferner *ders.*, DVBl 2025, 554 (555); *Guckelberger* in: Fellenberg/Guckelberger (Hrsg.), KlimaschutzR, 2022, § 9 KSG Rn. 10.

[60] Vgl. *Kloepfer*, UmweltR, 4. Aufl. 2016, § 5 Rn. 80.

[61] *von Weschpfennig* in: Kahl/Ludwigs (Hrsg.), Hdb. d. VerwaltungsR, Bd. V, 2023, § 156 Rn. 22 f.

zu einer gewünschten Soll-Situation gesteuert werden.[62] Aus diesem Grund ist das Planungsinstrument ein probates Mittel im Umweltschutzrecht, um Umweltschutzziele oder Standards einzuhalten.[63] Auch für den Schutz des Klimas sind, wie dargestellt, konkrete Ziele auf völkerrechtlicher, europäischer sowie auf nationaler Ebene normiert. Diese Ziele sollen mit Hilfe des Instruments der Planung erreicht werden. Bereits auf völkerrechtlicher Ebene sollen die ambitionierten Beiträge der Mitgliedstaaten zur Einhaltung des Temperaturziels mit einer Langfrist-Strategie dargelegt werden (Art. 3 S. 1, Art. 4 Abs. 19 Pariser Abkommen).[64] Für die Einhaltung der europäischen Klimaschutzziele normiert Art. 3 Abs. 1 S. 1 EU-Governance-VO[65] die Pflicht für die Mitgliedstaaten der Europäischen Union, integrierte nationale Energie- und Klimapläne aufzustellen.[66] Gem. Art. 15 Abs. 1 EU-Governance-VO müssen überdies Langfrist-Strategien erstellt und an die Europäische Kommission übermittelt werden.[67] Auch innerhalb der Bundesrepublik Deutschland wird vom Instrument der Planung Gebrauch gemacht. Zum einen regelt der Bundesgesetzgeber in § 9 Abs. 1 S. 1 und S. 2 KSG die Pflicht zum Erlass von Klimaschutzprogrammen, mit Hilfe derer nationale Klimaschutzziele nach § 3 Abs. 1 KSG erreicht werden sollen.[68] Zum anderen haben die einzelnen Bundesländer in eigenen

---

62 *Kloepfer*, UmweltR, 4. Aufl. 2016, § 5 Rn. 78.

63 *Kloepfer*, UmweltR, 4. Aufl. 2016, § 5 Rn. 67 f.

64 *Böhringer*, ZaöRV 2016, 753 (766); vgl. *Bischof*, Das Pariser Klimaschutzabkommen, 2022, S. 112 f.; vgl. auch *Schlacke/Thierjung* in: Kreuter-Kirchhof/Schlacke, KlimaschutzR, 2025, Einführung Rn. 10; *Klafki/Schlacke* in: Kreuter-Kirchhof/Schlacke, KlimaschutzR, 2025, § 9 KSG Rn. 12.

65 Verordnung (EU) 2018/1999 des Europäischen Parlaments und des Rates v. 11.12.2018 über das Governance-System für die Energieunion und für den Klimaschutz, zur Änderung der Verordnung (EG) Nr. 663/2009 und (EG) Nr. 715/2009 des Europäischen Parlaments und des Rates, der Richtlinie 94/22/EG, 98/70/EG, 2009/31/EG, 2009/73/EG, 2010/31/EU, 2012/27/EU und 2013/30/EU des Europäischen Parlaments und des Rates, der Richtlinien 2009/119/EG und (EU) 2015/652 des Rates und zur Aufhebung der Verordnung (EU) Nr. 525/2013 des Europäischen Parlaments und des Rates (ABl. L 328 S. 1), geändert durch Art. 2 VO (EU) 2023/839 v. 19.04.2023 (ABl. L 107 S. 1).

66 Vgl. *Shirvani*, ZUR 2022, 579 (580); ferner *Schlacke/Thierjung* in: Kreuter-Kirchhof/Schlacke, KlimaschutzR, 2025, Einführung Rn. 11.

67 Vgl. *Shirvani*, ZUR 2022, 579 (580).

68 Vgl. *Shirvani*, ZUR 2022, 579 (581); ferner *ders.*, DVBl 2025, 554 (555 f.).

Klimaschutzgesetzen ebenfalls Planungsinstrumente normiert.[69] Die Länder legen in ihren Klimaschutzgesetzen eigene Zielbeiträge fest, die mit entsprechenden Planungspflichten erreicht werden sollen.[70] Es sind folglich auf völkerrechtlicher, europarechtlicher sowie bundes- und landesrechtlicher Ebene verschiedene Planungsinstrumente geregelt, die einen Beitrag zur Einhaltung der jeweiligen Klimaschutzziele leisten sollen.

Die Erreichung der Klimaschutzziele mit Hilfe von Planung im Mehrebenensystem kann nur mit Hilfe ambitionierter Beiträge und steuerungsfähig ausgestalteter Klimaschutzpläne erreicht werden. Alle Staaten, die das Pariser Abkommen ratifiziert haben, müssen demnach mit der Festlegung der nationalen Beiträge zusammenarbeiten. „Übergeordnetes Ziel“ ist dabei das vertraglich verbindlich festgelegte Temperaturziel des Pariser Abkommens (Art. 2 Abs. 1 lit. a) Pariser Abkommen).[71] Damit dieses Ziel durch die Planungsinstrumente erreicht werden kann, bedarf es einer sorgfältigen Strukturierung dieser. Weiterhin müssten die Festsetzungen der Pläne unter Berücksichtigung der verschiedenen Rechtsgrundlagen sowie Planungsmöglichkeiten ausreichend koordiniert sein, sodass das Temperaturziel tatsächlich erreicht werden kann.

C. Gang der Untersuchung

Die Untersuchung der Klimaschutzplanung im Mehrebenenrecht wird inklusive Einleitung und Fazit in insgesamt sieben Kapiteln unterteilt. Im ersten Kapitel, der Einleitung, wurde aufgezeigt, inwiefern der Klimawandel durch anthropogene Einflüsse verstärkt wird und wie das Instrument der Planung zur Begrenzung des Klimawandels eingesetzt werden kann. Das zweite Kapitel behandelt die Ausgestaltung des Klimaschutzrechts im Mehrebenensystem. Das aktuelle Pariser Abkommen prägt die Ebene des Völkerrechts.[72] Das im Pariser Abkommen festgelegte Temperaturziel soll mit nationalen Beiträgen erreicht werden, die in den Vertragsstaaten festgelegt werden (Art. 4 Abs. 2

---

69 Vgl. *Kohlrausch*, ZUR 2020, 262 (266).

70 *Schlacke*, NVwZ 2022, 905 (910).

71 *Bischof*, Das Pariser Klimaschutzabkommen, 2022, S. 108 f.; vgl. *Kreuter-Kirchhof* in: Rodi (Hrsg.), Hdb. KlimaschutzR, 2022, § 2 Rn. 28.

72 *Stäsche*, EnwZ 2019, 248 (251).

Pariser Abkommen).[73] Weiterhin wird das Klimaschutzrecht der Europäischen Union behandelt. Es werden die Kompetenzen der Europäischen Union zur Aufstellung von Regelungen im Bereich des Klimaschutzrechts erörtert und die unionalen Klimaschutzziele aufgezeigt. Schließlich wird auch das nationale Recht mit Blick auf Vorschriften zum Klimaschutzrecht untersucht. Bundesrechtlich gilt das KSG, in dem die nationalen Klimaschutzziele enthalten sind. In diesem Zusammenhang wird auch das durch die zweite Gesetzesnovelle fortentwickelte Klimaschutzgesetz mit seinen rechtlichen Besonderheiten erörtert. Die Pflicht zur Regelung des Klimaschutzrechts leitet sich nicht nur aus dem Pariser Abkommen sowie europarechtlichen Vorgaben ab. Auch aus dem Grundgesetz geht die Pflicht zum Klimaschutz hervor. Der oftmals als *„Jahrhundert"*-Beschluss[74] deklarierte Klimaschutzbeschluss des BVerfG[75] wird hinsichtlich des Klimaschutzes in Art. 20a GG, der grundrechtlichen Schutzpflichten sowie grundrechtlicher Abwehrrechte kurz dargestellt. In einigen der Bundesländer finden sich ebenfalls Klimaschutzgesetze, welche eigene Klimaschutzziele normieren.[76] Die Landesklimaschutzziele werden aufgezeigt und miteinander verglichen. Weiterhin sehen die Landesklimaschutzgesetze auch Regelungen für die Kommunen vor, um Beiträge zum Klimaschutz zu leisten.[77] Auch diese werden im Weiteren dargestellt. Im dritten Kapitel werden die Klimaschutzpläne im Mehrebenensystem sowie ihre rechtlichen Besonderheiten aufgezeigt. Das im Pariser Abkommen festgelegte Temperaturziel soll mit nationalen Beiträgen erreicht werden, die in sogenannten Langfrist-Strategien festgelegt werden (Art. 4 Abs. 19 Pariser Abkommen).[78] Weiterhin wird die Klimaschutzplanung auf der Ebene des Europarechts behandelt. Es werden die Kompetenzen der Europäischen

---

73 Vgl. *Bischof*, Das Pariser Klimaschutzabkommen, 2022, S. 112 f.

74 So bspw. *Seibert*, DVBl 2021, 1141; vgl. auch *Kohlrausch/Zenetti*, ZUR 2021, 573 (573) sowie *Schlacke/Thierjung* in: Kreuter-Kirchhof/Schlacke, KlimaschutzR, 2025, Einführung Rn. 34, die den Beschluss als *„historisch"* bezeichnen.

75 BVerfGE 157, 30.

76 Vgl. *Kohlrausch*, ZUR 2020, 262 (263).

77 So in § 17 ff. NKlimaG, § 13 Abs. 1 S. 1 BremKEG, § 12 Abs. 1 S. 2 EWG Bln, § 25 Abs. 1 S. 1 HmbKliSchG, § 10 Abs. 1 EWKG SH, § 8 Abs. 2 S. 1 ThürKlimaG, § 8 Abs. 2 HKlimaG, Art. 5 Abs. 2 S. 1 BayKlimaG.

78 Vgl. *Bischof*, Das Pariser Klimaschutzabkommen, 2022, S. 113; ferner *Schlacke/Thierjung* in: Kreuter-Kirchhof/Schlacke, KlimaschutzR, 2025, Einführung Rn. 10.

Union zur Aufstellung von Regelungen im Bereich des Klimaschutzrechts erörtert und die in der EU-Governance-VO aufgezeigten Planungspflichten in Form der Langfrist-Strategie sowie der integrierten nationalen Energie- und Klimapläne dargestellt. Die Besonderheiten der beiden Planungsarten sowie ihre Einbettung in der EU-Governance-VO werden dargelegt. Sodann wird die Klimaschutzplanung in der Bundesrepublik Deutschland aufgezeigt. Bundesrechtlich ist das Klimaschutzprogramm in § 9 Abs. 1 S. 1 KSG normiert, dessen Zweck und rechtliche Besonderheiten dargestellt werden. Landesrechtlich finden sich ebenfalls Klimaschutzpläne.[79] Warum die Länder trotz bundesrechtlicher Vorgaben zur Klimaschutzplanung befähigt sind und inwiefern sie durch den Bund im Planungsprozess beeinflusst werden, wird ebenfalls im dritten Kapitel dieser Arbeit behandelt. Im vierten Kapitel werden die charakteristischen Merkmale der jeweiligen Klimaschutzpläne behandelt. Es werden die sogenannten „typusbestimmenden Merkmale" für das Vorliegen eines Plans herausgearbeitet.[80] Überdies wird überprüft, inwiefern diese Merkmale in die Klimaschutzplanung Eingang gefunden haben und durch die Ausgestaltung im Mehrebenenrecht geprägt sind. Sodann werden die Klimaschutzpläne auf ihre Steuerungswirkung hin untersucht. In diesem Zusammenhang wird die Systematik der Klimaschutzpläne betrachtet, also ob eine politische, eine räumliche Gesamt- oder eine Fachplanung gegeben ist. Es erfolgt die Ermittlung der Steuerungswirkung der Pläne mit Blick auf deren Bindungswirkung, Regelungscharakter sowie Planungszweck. Im fünften Kapitel werden die formellen sowie materiellen Rechtmäßigkeitsanforderungen an die verschiedenen Klimaschutzpläne ermittelt. Für die Darstellung der formellen Rechtmäßigkeitsvoraussetzungen wird unter anderem geprüft, wer im Planungsverfahren beteiligt werden muss und ob eine strategische Umweltprüfung für die Planaufstellung durchzuführen ist. Für die materielle Rechtmäßigkeit eines Plans kommt es entscheidend auf die Ausgestaltung des planerischen Gestaltungsspielraums an. Dabei ist insbesondere zu erörtern, ob die planenden Stellen einer

---

79 Vgl. *Kohlrausch*, ZUR 2020, 262 (266).

80 Vgl. dazu *Schmidt-Aßmann*, Aufgaben und Perspektiven verwaltungsrechtlicher Forschung, 2006, S. 164; *ders.*, in: Schlichter, Planung und Plankontrolle, 1995, S. 9 f. so auch *von Weschpfennig* in: Kahl/Ludwigs (Hrsg.), Hdb. d. VerwaltungsR, Bd. V, 2023, § 156 Rn. 7 ff.

rechtlichen Bindung unterliegen. In diesem Zusammenhang werden die jeweiligen materiellen Anforderungen an die Aufstellung der Pläne untersucht und vergleichend dargestellt. Im sechsten Kapitel wird der Rechtsschutz gegen die Klimaschutzpläne behandelt. In diesem Zusammenhang wird die Statthaftigkeit von Individualklagen sowie von Umweltverbandsklagen erörtert. Vorrangig geht es in diesem Kapitel um den Rechtsschutz bezüglich des Klimaschutzprogramms (§ 9 Abs. 1 S. 1 KSG) sowie bezüglich der Landesklimaschutzpläne. Insbesondere wird in diesem Kapitel die Möglichkeit einer teleologischen Erweiterung der Klagerechte nach dem UmwRG hinsichtlich der Überprüfung des Unionsrechts behandelt. Im siebten Kapitel erfolgt eine abschließende Bewertung der Möglichkeit von Klimaschutz durch das Instrument der Planung.

Klimaschutzrecht im Mehrebenensystem

A. Klimaschutzrecht als Querschnittsmaterie des Umweltschutzrechts

Das Klimaschutzrecht ist ein Teilrechtsgebiet des Umweltschutzrechts.[81] Als solches hat es eigene Vorschriften auf internationaler, europäischer und nationaler Ebene, die primär auf den Schutz des Klimas hinwirken.[82] Zum „Klimaschutzrecht" gehört grundsätzlich jede Rechtsvorschrift, die dem Schutz des Klimas zu dienen bestimmt ist.[83] Das bedeutet, dass auch in Rechtsakten, die nicht speziell auf den Schutz des Klimas abzielen, „Klimaschutzrecht" zu finden ist. So fasst beispielsweise § 3 Abs. 2 BImSchG das Klima unter den Immissionsbegriff.[84] Auch das BNatSchG bezieht in § 1 Abs. 3 Nr. 4 das Klima mit ein. Demnach soll das Klima durch den Schutz von Natur und Landschaft gewahrt werden.[85] § 6 Abs. 1 Nr. 5 WHG sieht ferner vor, dass Gewässer mit dem Ziel, das Klima zu schützen, nachhaltig

---

81 *Schlacke*, UmweltR, 9. Aufl. 2023, § 16 Rn. 2; vgl. *Kloepfer*, UmweltR, 4. Aufl. 2016, § 17 Rn. 13; *Schlacke/Thierjung* in: Kreuter-Kirchhof/Schlacke, KlimaschutzR, 2025, Einführung Rn. 1.

82 *Schlacke*, UmweltR, 9. Aufl. 2023, § 16 Rn. 4.

83 *Kloepfer*, UmweltR, 4. Aufl. 2016, § 17 Rn. 1; vgl. auch *Raschke*, Rechtsfragen kommunaler Klimaschutzmaßnahmen, 2024, S. 23; ferner *Schlacke/Thierjung* in: Kreuter-Kirchhof/Schlacke, KlimaschutzR, 2025, Einführung Rn. 3.

84 *Schulte/Michalk* in: Giesberts/Reinhardt (Hrsg.), BeckOK UmweltR, 77. Ed. 01.10.2025, § 3 BImSchG Rn. 7.

85 *Beckmann* in: Landmann/Rohmer, UmweltR, Bd. II, 108. EL. August 2025, Einführung in das KlimaschutzR Rn. 59.

bewirtschaftet werden müssen.[86] Und auch das UVPG zählt das Klima in § 2 Abs. 1 Nr. 3 zu seinen Schutzgütern.[87] Neben den öffentlich-rechtlichen Vorschriften, finden sich auch im BGB verschiedene Normen, die dem Schutz des Klimas zu dienen bestimmt sind. In §§ 536 Abs. 1a), 555b Nr. 1 geht es beispielsweise um die Erleichterung von energetischen Modernisierungen von Mietwohnungen.[88]

Daneben gibt es Rechtsakte, die allein den Klimaschutz zum Gegenstand haben.[89] Dazu zählt auf völkerrechtlicher Ebene das Pariser Abkommen, welches vereinbart wurde, um eine *„weltweite Reaktion auf die Bedrohung durch Klimaänderung“* zu erreichen (Art. 2 Abs. 1 Pariser Abkommen).[90] Im Europarecht sind beispielsweise das EU-Klimagesetz, die EU-Klimaschutz-VO sowie die EU-Governance-VO erlassen worden, die spezifisch Vorschriften zum Schutz des Klimas normieren (Art. 1 Abs. 1 EU-Klimagesetz, Art. 1 S. 1 EU-Klimaschutz-VO, Art. 1 Abs. 1 EU-Governance-VO).[91] In der Bundesrepublik gilt das Klimaschutzgesetz (KSG). Auch in diesem Gesetz geht es allein um den Schutz des Klimas (vgl. § 1 S. 1 KSG).[92] Überdies sind auch in den meisten Bundesländern Klimaschutzgesetze geregelt, die konkret den Schutz des Klimas zum Ziel haben, namentlich in Hamburg, Hessen, Nordrhein-Westfalen, Baden-Württemberg, Rheinland-Pfalz, Bremen, Berlin, Schleswig-Holstein, Thüringen, Bayern, Niedersachsen sowie im Saarland.[93] Das Klimaschutzrecht ist damit im Mehrebenensystem

---

86 *Beckmann* in: Landmann/Rohmer, UmweltR, Bd. II, 108. EL. August 2025, Einführung in das KlimaschutzR Rn. 59.

87 *Bauer* in: Beckmann/Kment (Hrsg.), UVPG/UmwRG, 6. Aufl. 2023, § 2 UVPG Rn. 11; *Siegel*, DÖV 2023, 329 (330).

88 Vgl. *Schlacke*, UmweltR, 9. Aufl. 2023, § 16 Rn. 3; ferner *Schlacke/Thierjung* in: Kreuter-Kirchhof/Schlacke, KlimaschutzR, 2025, Einführung Rn. 7.

89 *Schlacke*, UmweltR, 9. Aufl. 2023, § 16 Rn. 2.

90 Vgl. *Schlacke*, UmweltR, 9. Aufl. 2023, § 16 Rn. 9.

91 Vgl. *Schlacke*, UmweltR, 9. Aufl. 2023, § 16 Rn. 13 ff.

92 Vgl. *Peters* in: Fellenberg/Guckelberger (Hrsg.), KlimaschutzR, 2022, § 1 KSG Rn. 1; siehe auch *Schlacke*, UmweltR, 9. Aufl. 2023, § 16 Rn. 40; *Wickel* in: Säcker/Ludwigs (Hrsg.), Berliner Kommentar zum EnergieR, Bd. 3, 5. Aufl. 2022, § 1 KSG Rn. 1.

93 *Schlacke*, UmweltR, 9. Aufl. 2023, § 16 Rn. 34 f.; HmbKliSchG, HKlimaG, KlimaSchG NW, KlimaG BW, LKSG RP, BremKEG, EWG Bln, EWKG SH, BayKlimaG, NKlimaG, SKSG Saarland, ThürklimaG.

ausgestaltet.[94] Das Mehrebenensystem hat Einfluss auf die Regelungen des Klimaschutzes. So bedingt das Völkerrecht Ziele zum Klimaschutz für die Ebene des Europarechts sowie des nationalen Rechts. Das Europarecht hat wiederum Einfluss auf das nationale Recht. Auch innerhalb des nationalen Rechts liegen Bindungswirkungen vor, die im Weiteren betrachtet werden.

B. Klimaschutz im Völkerrecht

Der Klimawandel ist ein Belang von globalem Interesse.[95] Kein Staat kann den Klimawandel alleine aufhalten.[96] Vielmehr müssen alle Staaten an einem Strang ziehen und Maßnahmen sowie Ziele zum Schutz des Klimas aufstellen, um dem fortschreitenden Klimawandel entgegenzutreten.[97] Es besteht daher das Bedürfnis, auf der Ebene des Völkerrechts für die einzelnen Staaten verbindliche Regelungen zum Schutz des Klimas festzulegen.[98] Nur so kann eine ausreichende Koordinierung der Klimaschutzanstrengungen der einzelnen Staaten erfolgen.

Auf Grund dieses Bedürfnisses verfolgt das Pariser Abkommen den Zweck, den Schutz des Klimas auf der Erde insgesamt sicherzustellen.[99] Im Pariser Abkommen ist verbindlich festgelegt, dass die Vertragsstaaten das in Art. 2 Abs. 1 lit. a) Pariser Abkommen aufgeführte Temperaturziel einhalten müssen.[100] Dieses Temperaturziel muss durch die Festlegung von nationalen Beiträgen der Vertragsstaaten erreicht werden (Art. 3 Pariser Abkommen).[101]

---

[94] *Schlacke*, UmweltR, 9. Aufl. 2023, § 16 Rn. 4; vgl. auch *Shirvani*, ZUR 2022, 579; ferner *Schlacke/Thierjung* in: Kreuter-Kirchhof/Schlacke, KlimaschutzR, 2025, Einführung Rn. 1.

[95] *Kreuter-Kirchhof* in: Rodi (Hrsg.), Hdb. KlimaschutzR, 2022, § 2 Rn. 1.

[96] *Kreuter-Kirchhof* in: Rodi (Hrsg.), Hdb. KlimaschutzR, 2022, § 2 Rn. 1.

[97] *Kreuter-Kirchhof* in: Rodi (Hrsg.), Hdb. KlimaschutzR, 2022, § 2 Rn. 1; *dies.*, KlimR 2022, 43 (43).

[98] *Kreuter-Kirchhof* in: Rodi (Hrsg.), Hdb. KlimaschutzR, 2022, § 2 Rn. 1.

[99] Vgl. *Kreuter-Kirchhof* in: Rodi (Hrsg.), Hdb. KlimaschutzR, 2022, § 2 Rn. 2.

[100] *Bischof*, Das Pariser Klimaschutzabkommen, 2022, S. 108 f.; vgl. *Kreuter-Kirchhof* in: Rodi (Hrsg.), Hdb. KlimaschutzR, 2022, § 2 Rn. 28; *Hofmann* in: Schafhausen, Die Zukunft der Energiewende, 2017, S. 51.

[101] Vgl. *Kreuter-Kirchhof* in: Rodi (Hrsg.), Hdb. KlimaschutzR, 2022, § 2 Rn. 32; *Hofmann* in: Schafhausen, Die Zukunft der Energiewende, 2017, S. 51.

I. Entwicklung des Klimaschutzes im Völkerrecht

Bereits im Jahr 1992 legten die Staaten der Welt in der Klimarahmenkonvention fest, dass der Ausstoß der Treibhausgasemissionen stabilisiert werden muss, um einen Anstieg der globalen Temperaturen verhindern zu können (Art. 2 S. 1 Klimarahmenkonvention).[102] Mit diesem Abkommen wurde die Existenz des anthropogenen Klimawandels von allen Vertragsstaaten anerkannt.[103] Auf der Grundlage der Konvention wurde im Jahr 1997 das Kyoto-Protokoll als erstes völkerrechtliches Abkommen, das den Schutz des Klimas zum Ziel hatte, ratifiziert und trat im Jahr 2005 in Kraft.[104] Gegenstand des Kyoto-Protokolls war die Verpflichtung der Vertragsstaaten zur Reduzierung des Ausstoßes von Treibhausgasen mit Hilfe eines sogenannten „Top-down"-Ansatzes.[105] Der „Top-down"-Ansatz besagte, dass die Industrieländer in den Jahren 2008–2012 ihre Treibhausgasemissionen um 5 % im Vergleich zum Jahr 1990 reduzieren mussten (Art. 3 Abs. 1 Kyoto-Protokoll).[106] Dementsprechend wurden in Art. 3 Abs. 1 Kyoto-Protokoll erstmals völkerrechtlich verbindliche Treibhausgasemissions-Reduktionsziele für die Industriestaaten festgelegt.[107] Im Jahr 2012 wurde das Kyoto-Protokoll bis Ende 2020 verlängert.[108] Jedoch verfehlten die Vertragsstaaten ihre Ziele, sodass man sich nicht auf eine weitere Fortführung des Protokolls einigen konnte.[109] Nach dem Scheitern des Kyoto-Protokolls wurde das Pariser Abkommen im Jahr 2015 ratifiziert

---

[102] *Kreuter-Kirchhof* in: Rodi (Hrsg.), Hdb. KlimaschutzR, 2022, § 2 Rn. 2, 10 ff.; *Umweltbundesamt*, Klimarahmenkonvention der Vereinten Nationen UNFCCC.

[103] *Kreuter-Kirchhof* in: Rodi (Hrsg.), Hdb. KlimaschutzR, 2022, § 2 Rn. 12; vgl. auch *Raschke*, Rechtsfragen kommunaler Klimaschutzmaßnahmen, 2024, S. 26.

[104] *Kreuter-Kirchhof* in: Rodi (Hrsg.), Hdb. KlimaschutzR, 2022, § 2 Rn. 2, 24; *Bischof*, Das Pariser Klimaschutzabkommen, 2022, S. 52; *Cremer*, ZUR 2019, 278 (279); vgl. auch *Raschke*, Rechtsfragen kommunaler Klimaschutzmaßnahmen, 2024, S. 27.

[105] *Schlacke*, UmweltR, 9. Aufl. 2023, § 16 Rn. 8.

[106] *Schlacke*, UmweltR, 9. Aufl. 2023, § 16 Rn. 8; vgl. auch *Kreuter-Kirchhof* in: Rodi (Hrsg.), Hdb. KlimaschutzR, 2022, § 2 Rn. 24; *Bischof*, Das Pariser Klimaschutzabkommen, 2022, S. 54; *Umweltbundesamt*, Kyoto-Protokoll; vgl. auch *Raschke*, Rechtsfragen kommunaler Klimaschutzmaßnahmen, 2024, S. 27.

[107] *Fellenberg/Guckelberger* in: Fellenberg/Guckelberger (Hrsg.), KlimaschutzR, 2022, Einl. Rn. 5.

[108] *Umweltbundesamt*, Kyoto-Protokoll.

[109] *Kreuter-Kirchhof* in: Rodi (Hrsg.), Hdb. KlimaschutzR, 2022, § 2 Rn. 25.

und trat am 04.11.2016 in Kraft.[110] Mit dem Pariser Abkommen wurde der „Top-down"-Ansatz des Kyoto-Protokolls zu einem „Bottom-up"-Prinzip weiterentwickelt, nach dem die Vertragsstaaten selbst entscheiden, welche Beiträge sie zur Erreichung der Klimaschutzziele leisten können.[111] Im Unterschied zum Kyoto-Protokoll baut das Pariser Abkommen demnach auf eine Selbstverpflichtung.[112]

II. Klimaschutzziele des Pariser Abkommens

Nach dem Wortlaut des Art. 2 Abs. 1 Pariser Abkommen muss die *„weltweite Reaktion auf die Bedrohung durch Klimaänderung"* verstärkt werden.[113] Zu diesem Zweck ist ein Temperaturziel mit dem Pariser Abkommen eingeführt. Die Erwärmung des globalen Klimas soll im Vergleich zum vorindustriellen Niveau weit unter 2-Grad Celsius bleiben und möglichst nicht über 1,5-Grad Celsius ansteigen (Art. 2 Abs. 1 lit. a) Pariser Abkommen).[114] Die Einhaltung dieses Temperaturziels ist mit seiner Normierung im Pariser Abkommen für alle Staaten rechtlich verbindlich.[115]

Wie dieses Temperaturziel erreicht werden kann, ist in Art. 4 Abs. 1 Pariser Abkommen geregelt. Danach muss eine drastische Reduktion der weltweit ausgestoßenen Treibhausgase erfolgen, um den anthropogenen Treibhausgaseffekt und damit die Erwärmung des Klimas aufzuhalten.[116] Konkret sollen sich die Vertragsstaaten darum bemühen, eine schnelle Reduktion des Treibhausgasausstoßes zur Erreichung des weltweiten

---

110 *Bundesministerium für wirtschaftliche Zusammenarbeit und Entwicklung*, Klimaabkommen von Paris; *Kreuter-Kirchhof* in: Rodi (Hrsg.), Hdb. KlimaschutzR, 2022, § 2 Rn. 26.

111 *Schlacke*, UmweltR, 9. Aufl. 2023, § 16 Rn. 9; *Schlacke/Thierjung* in: Kreuter-Kirchhof/Schlacke, KlimaschutzR, 2025, Einführung Rn. 43.

112 *Kreuter-Kirchhof* in: Rodi (Hrsg.), Hdb. KlimaschutzR, 2022, § 2 Rn. 32; *Hofmann* in: Schafhausen, Die Zukunft der Energiewende, 2017, S. 51.

113 Vgl. dazu auch die Ausführungen in *Schlacke*, UmweltR, 9. Aufl. 2023, § 16 Rn. 9; ferner *Schlacke/Thierjung* in: Kreuter-Kirchhof/Schlacke, KlimaschutzR, 2025, Einführung Rn. 41.

114 Vgl. *Voland/Engel*, NVwZ 2019 1785 (1786); *Kohlrausch*, EurUP 2021, 95 (95); *Schlacke*, UmweltR, 9. Aufl. 2023, § 16 Rn. 9; *Bischof*, Das Pariser Klimaschutzabkommen, 2022, S. 109; *Hofmann* in: Schafhausen, Die Zukunft der Energiewende, 2017, S. 50 f.

115 *Kreuter-Kirchhof* in: Rodi (Hrsg.), Hdb. KlimaschutzR, 2022, § 2 Rn. 28.

116 Vgl. *Bischof*, Das Pariser Klimaschutzabkommen, 2022, S. 112; *Kreuter-Kirchhof* in: Rodi (Hrsg.), Hdb. KlimaschutzR, 2022, § 2 Rn. 29 f.

Scheitelpunktes anzustreben.[117] In der zweiten Hälfte des Jahrhunderts soll sodann *„ein Gleichgewicht zwischen den anthropogenen Emissionen von Treibhausgasen aus Quellen und dem Abbau solcher Gase durch Senken"* hergestellt werden (Art. 4 Abs. 1 Pariser Abkommen).[118] Konkret bedeutet die Zielvorgabe des Art. 4 Abs. 1 Pariser Abkommen, dass ab dem Jahr 2050 die Treibhausgasemissions-Neutralität erfolgen muss, um das Temperaturziel des Art. 2 Abs. 1 lit. a) Pariser Abkommen erreichen zu können.[119]

III. Klimaschutzzielerreichung durch nationale Beiträge

Zur Einhaltung des völkerrechtlichen Temperaturziels müssen die Vertragsstaaten eigene Klimaschutzbeiträge festlegen (Art. 4 Abs. 2 S. 1 Pariser Abkommen).[120] Die Beiträge der Vertragsstaaten bestehen aus nationalen Zielen sowie Maßnahmen zur Treibhausgasemissions-Reduktion.[121] Überdies müssen die Vertragsstaaten *„innerstaatliche Minderungsmaßnahmen"* festlegen, die zu einer Erreichung der mit den Beiträgen festgelegten nationalen Zielen führen (Art. 4 Abs. 2 S. 2 Pariser Abkommen).

Die Festlegung von staatlichen Beiträgen in Form von Zielen und Maßnahmen ist Ausdruck des zuvor beschriebenen „Bottom-up"-Prinzips, das das Pariser Abkommen verwirklichen will.[122] „Bottom-up"-Prinzip bedeutet, dass für die Vertragsstaaten keine Maßnahmen oder konkreteren Ziele völkerrechtlich im Pariser Abkommen vorgegeben sind (Art. 4 Abs. 2 S. 1 Pariser Abkommen).[123] Vielmehr müssen die Vertragsstaaten eigene Beiträge festlegen, um eine völkerrechtliche Klimaschutzzielerreichung sicherstellen zu können.[124]

---

117 Vgl. *Kreuter-Kirchhof* in: Rodi (Hrsg.), Hdb. KlimaschutzR, 2022, § 2 Rn. 30.

118 Vgl. *Kreuter-Kirchhof* in: Rodi (Hrsg.), Hdb. KlimaschutzR, 2022, § 2 Rn. 30; *Hofmann* in: Schafhausen, Die Zukunft der Energiewende, 2017, S. 51.

119 *Ekardt*, NVwZ 2016, 355 (355); *Stoll/Kürger* in: Proelß, Internationales UmweltR, 2. Aufl. 2022, S. 466; vgl. *Kreuter-Kirchhof* in: Rodi (Hrsg.), Hdb. KlimaschutzR, 2022, § 2 Rn. 30 f.

120 *Bischof*, Das Pariser Klimaschutzabkommen, 2022, S. 112 f.; *Voland/Engel*, NVwZ 2019 1785 (1786).

121 *Bischof*, Das Pariser Klimaschutzabkommen, 2022, S. 112 f.

122 *Bischof*, Das Pariser Klimaschutzabkommen, 2022, S. 122; vgl. ferner *Kreuter-Kirchhof* in: Rodi (Hrsg.), Hdb. KlimaschutzR, 2022, § 2 Rn. 32.

123 Vgl. *Böhringer*, ZaöRV 2016, 753 (762).

124 *Kreuter-Kirchhof* in: Rodi (Hrsg.), Hdb. KlimaschutzR, 2022, § 2 Rn. 32.

1. „Nationally determined contributions"

Die nach dem „Bottom-up"-Prinzip zur Festlegung von „*Anstrengungen*" verpflichteten Mitgliedstaaten zur Erreichung des Pariser Temperaturziels (Art. 3 S. 1, Art. 4 Abs. 2 Pariser Abkommen) müssen von allen Parteien als „nationally determined contributions" (national festgelegte Beiträge oder auch NDCs) ausgearbeitet und an das Klimasekretariat übermittelt werden; sodann werden die „*Anstrengungen*" in Form von nationalen Klimaschutzzielen sowie Maßnahmen (nationalen Beiträgen) in ein öffentliches Register eingetragen (Art. 3 S. 1, Art. 4 Abs. 12 Pariser Abkommen).[125]

Jeder Vertragsstaat muss seinen national festgelegten Beitrag sodann „*zu erreichen*" beabsichtigen (Art. 4 Abs. 2 S. 1 Pariser Abkommen). Dieser Wortlaut lässt darauf schließen, dass es sich bei den Beiträgen nur um eine Selbstverpflichtung handelt.[126] Die tatsächliche Einhaltung der selbst gesetzten Beiträge ist nicht zwingend vorgegeben.[127] Es gilt jedoch, dass die Staaten die Erreichung ihrer festgelegten Beiträge tatsächlich beabsichtigen müssen.[128]

Inhaltliche Pflichten, wie die nationalen Beiträge auszusehen haben, sind im Pariser Abkommen nicht enthalten.[129] Vielmehr entscheiden die Staaten selbst, was für sie realisierbar ist. Auch die national festgesetzten Maßnahmen wählen die Staaten selbst (Art. 4 Abs. 2 S. 2 Pariser Abkommen).[130] Es sollen jedoch größtmögliche Ambitionen angestrebt werden.[131] Für die Festlegung der nationalen Beiträge spielt der jeweilige Ausstoß an Treibhausgasen der Vertragsstaaten eine gewichtige Rolle. Art. 4 Abs. 1 Pariser Abkommen regelt, dass für Entwicklungsländer der zeitliche Rahmen zur Erreichung des Scheitelpunktes später anzusetzen ist, als für die übrigen Staaten.[132]

---

125 *Bischof*, Das Pariser Klimaschutzabkommen, 2022, S. 112 f., 119; *Voland/Engel*, NVwZ 2019 1785 (1786); *Hofmann* in: Schafhausen, Die Zukunft der Energiewende, 2017, S. 52; vgl. auch *Schlacke/Thierjung* in: Kreuter-Kirchhof/Schlacke, KlimaschutzR, 2025, Einführung Rn. 10.

126 Vgl. *Ekardt*, NVwZ 2016, 355 (356).

127 *Stoll/Kürger* in: Proelß, Internationales UmweltR, 2. Aufl. 2022, S. 466.

128 *Bischof*, Das Pariser Klimaschutzabkommen, 2022, S. 130.

129 *Ekardt*, NVwZ 2016, 355 (356); *Hofmann* in: Schafhausen, Die Zukunft der Energiewende, 2017, S. 52.

130 Vgl. *Kreuter-Kirchhof* in: Rodi (Hrsg.), Hdb. KlimaschutzR, 2022, § 2 Rn. 32.

131 *Stoll/Kürger* in: Proelß, Internationales UmweltR, 2. Aufl. 2022, S. 466.

132 Vgl. dazu auch *Böhringer*, ZaöRV 2016, 753, (754); *Voland/Engel*, NVwZ 2019 1785 (1786).

Industrieländer sollen also durch eine eigene Verpflichtung zur Aufstellung von Treibhausgasemissions-Reduktionszielen die *„Führung"* im Klimaschutz übernehmen (Art. 4 Abs. 4 S. 1 Pariser Abkommen).[133] Die Entwicklungsländer sollen hingegen an einer Verstärkung ihrer Minderungsanstrengungen arbeiten (Art. 4 Abs. 4 S. 2 Pariser Abkommen).

Die Beiträge der Vertragsstaaten können jederzeit angepasst und das Ambitionsniveau angehoben werden (Art. 4 Abs. 11 Pariser Abkommen).[134] Gem. Art. 4 Abs. 3 Pariser Abkommen herrscht allerdings ein Zielminderungsverbot.[135] Das bedeutet, dass jeder zukünftig festgelegte Zielbeitrag hinsichtlich des Ambitionsniveaus den vorherigen übertreffen muss.[136] Einmal festgelegte Beiträge dürfen zu einem späteren Zeitpunkt nicht wieder für ungültig erklärt werden.[137]

2. Überwachung der „nationally determined contributions"

Aufgrund der Selbstverpflichtung der Staaten aus dem Pariser Abkommen muss eine ausreichende Einhaltung und Erfüllung der „nationally determined contributions" sichergestellt werden.[138] Um eine ausreichende Kontrolle der einzelnen Beiträge vornehmen zu können, führt Art. 13 Abs. 11 S. 1 Pariser Abkommen eine zur Prüfung der von den Mitgliedstaaten übermittelten Informationen befugte technische Expertengruppe ein.[139] Bei den zu überprüfenden Informationen handelt es sich um nationale Berichte über die anthropogenen Emissionen von Treibhausgasen aus Quellen, den Abbau solcher Gase durch Senken (Art. 13 Abs. 7 lit. a) Pariser Abkommen) sowie um Fortschritte hinsichtlich der Erreichung der eigens festgelegten Beiträge (Art. 13 Abs. 7 lit. b) Pariser Abkommen).[140] Die einzelnen Staaten müssen also alle zwei Jahre eine Bestandsaufnahme hinsichtlich der Umsetzung ihrer nationalen Beiträge erstellen und entsprechende Informationen übermitteln.[141] Aufbauend

---

133 *Frenz*, Grundzüge des KlimaschutzR, 3. Aufl. 2023, Kap. 1 Rn. 31.
134 Vgl. *Bischof*, Das Pariser Klimaschutzabkommen, 2022, S. 121.
135 Vgl. *Bischof*, Das Pariser Klimaschutzabkommen, 2022, S. 133, 136.
136 *Bischof*, Das Pariser Klimaschutzabkommen, 2022, S. 136.
137 *Bischof*, Das Pariser Klimaschutzabkommen, 2022, S. 119.
138 *Franzius*, ZUR 2017, 515 (519).
139 Vgl. *Franzius*, ZUR 2017, 515 (519).
140 Vgl. *Kreuter-Kirchhof* in: Rodi (Hrsg.), Hdb. KlimaschutzR, 2022, § 2 Rn. 37.
141 *Kreuter-Kirchhof* in: Rodi (Hrsg.), Hdb. KlimaschutzR, 2022, § 2 Rn. 37.

auf dieser zwei-jährigen Verpflichtung für die Staaten finden alle fünf Jahre Bestandsaufnahmen über die Temperaturzielerreichung statt (Art. 14 Abs. 2 Pariser Abkommen).[142] Mit Hilfe der Bestandsaufnahme sollen die Beiträge der Staaten aktualisiert und verschärft werden (Art. 14 Abs. 3 Pariser Abkommen).[143] Es wird eine Ambitions- und Beitragserhöhung erwartet.[144]

IV. Zwischenergebnis

Die Tatsache, dass der Klimawandel ein globales Problem ist und nur mit Hilfe aller Staaten gemeinsam gelöst werden kann, macht es bereits notwendig, dass völkerrechtliche Regelungen zum Klimaschutz getroffen werden. Mit dem Pariser Abkommen wurde ein einheitliches Temperaturziel festgelegt, welches durch die Reduktion des weltweiten Treibhausgas-Ausstoßes erreicht werden kann. Das Pariser Abkommen verfolgt, anders als das vorhergehende Kyoto-Protokoll, das „Bottom-up"-Prinzip, nach dem jeder Staat seinen Fähigkeiten und Gegebenheiten entsprechend, eigene Beiträge und Maßnahmen aufstellt, die zu einer Reduktion der Treibhausgasemissionen beitragen soll. Es gilt nach dem Pariser Abkommen also das Prinzip, dass jeder Staat so viel leistet, wie er kann. Folgerichtig übernehmen Industrieländer gegenüber Entwicklungsländern die Vorreiterrolle. Insgesamt setzt das Pariser Abkommen auf eine Eigeninitiative der einzelnen Staaten. Diese müssen selbst ausreichend ambitionierte Beiträge sowie Maßnahmen zur Treibhausgasemissions-Reduktion treffen, damit das Temperaturziel erreicht werden kann. Dennoch verpflichtet das Pariser Abkommen die Vertragsstaaten zur Beitragssetzung. Auch sind klare Vorgaben hinsichtlich einer Beitragsreduktion beziehungsweise einer -erhöhung geregelt. Das Völkerrecht gibt damit einen klaren Weg für die Vertragsstaaten vor.

---

142 Vgl. *Kreuter-Kirchhof* in: Rodi (Hrsg.), Hdb. KlimaschutzR, 2022, § 2 Rn. 37.

143 Vgl. hierzu auch *Franzius*, ZUR 2017, 515 (519); *Kreuter-Kirchhof* in: Rodi (Hrsg.), Hdb. KlimaschutzR, 2022, § 2 Rn. 38.

144 *Kreuter-Kirchhof* in: Rodi (Hrsg.), Hdb. KlimaschutzR, 2022, § 2 Rn. 38.

C. Klimaschutz im Europarecht

Die Europäische Union ist Vertragspartei des Pariser Abkommens.[145] Das bedeutet, sie muss bereits aus der Verpflichtung des völkerrechtlichen Vertrags Beiträge in Form von Zielen und Maßnahmen zum Schutz des Klimas aufstellen, um eine Treibhausgasemissions-Reduktion innerhalb der Europäischen Union erreichen zu können (Art. 4 Abs. 1, Art. 3 S. 1, Art. 2 Abs. 1 lit. a) Pariser Abkommen). Zu beachten ist, dass die Europäische Union nach China und den USA der drittgrößte Treibhausgasemittent weltweit ist.[146] Insofern sind besonders ambitionierte Beiträge notwendig, um eine Temperaturzielerreichung nach Art. 2 Abs. 1 lit. a) Pariser Abkommen sicherstellen zu können. Es ist daher notwendig, dass die Europäische Union Treibhausgasemissions-Reduktionsziele festlegt, die durch die Mitgliedstaaten erreicht werden sollen.

I. Rechtsakte zum Klimaschutz

Auf unionaler Ebene ist eine Vielzahl von Rechtsakten zur Erfüllung der Pflicht aus dem Pariser Abkommen ergangen. Die Grundlage für den Klimaschutz legt primärrechtlich Art. 191 Abs. 1 Spglstr. 4 AEUV fest.[147] Danach soll die „*Bekämpfung des Klimawandels*" gefördert werden. Art. 191 Abs. 1 Spglstr. 4 AEUV enthält somit das Ziel der Europäischen Union, Regelungen zum Schutz des Klimas aufzustellen.[148] Ergänzt wird das Ziel zum Klimaschutz durch die Befugnis gem. Art. 194 Abs. 1 und Abs. 2 S. 1 AEUV, Bereiche des Energierechts zu regeln.[149] Gem. Art. 194 Abs. 2 S. 1 AEUV kann die Europäische Union Maßnahmen zur Erreichung der Ziele für die Energiepolitik der Union erlassen (Art. 194 Abs. 1 lit. a) – lit. d) AEUV).[150]

---

[145] *Europäischer Rat, Rat der Europäischen Union*, Pariser Klimaschutzübereinkommen.

[146] Bericht der Gemeinsamen Forschungsstelle (JRC) über die fossilen CO_2- und Treibhausgasemissionen aller Länder der Welt (2019), Größte Treibhausgasemittenten weltweit im Jahr 2015.

[147] *Schlacke*, EnWZ 2020, 355 (356); *Käller* in: Schwarze/Becker/Hatje/Schoo (Hrsg.), EU-Kommentar, 4. Aufl. 2019, Art. 191 AEUV Rn. 1; *Schlacke/Thierjung* in: Kreuter-Kirchhof/Schlacke, KlimaschutzR, 2025, Einführung Rn. 51.

[148] *Kahl* in: Streinz (Hrsg.), EUV/AEUV, 3. Aufl. 2018, Art. 191 AEUV Rn. 17.

[149] *Schlacke*, EnWZ 2020, 355 (356); vgl. auch *Hirsbrunner* in: Schwarze/Becker/Hatje/Schoo (Hrsg.), EU-Kommentar, 4. Aufl. 2019, Art. 194 AEUV Rn. 6.

[150] Vgl. *Hirsbrunner* in: Schwarze/Becker/Hatje/Schoo (Hrsg.), EU-Kommentar, 4. Aufl. 2019, Art. 194 AEUV Rn. 23; *Schlacke/Thierjung* in: Kreuter-Kirchhof/Schlacke, KlimaschutzR, 2025, Einführung Rn. 52.

Die Instrumente des Klimaschutzes in der Europäischen Union reichen vom europäischen Emissionshandel[151] bis zur Aufstellung von Klimaschutzzielen wahrenden Klimaschutzplänen (Art. 3 Abs. 1 S. 1, Art. 15 Abs. 1 S. 1 EU-Governance-VO).[152] Die wichtigsten Regelungen des europäischen Klimaschutzes – neben der EU-EHS-RL[153] zum europäischen Emissionshandel – sind das EU-Klimagesetz, die EU-Klimaschutz-VO, die Verordnung über die Regelung zur Begrenzung des Ausstoßes von Treibhausgasen im Sektor Landnutzung, Landnutzungsänderungen und Forstwirtschaft (LULUCF-VO[154]) sowie die EU-Governance-VO.

Mit dem EU-Klimagesetz liegt eine Verordnung vor, welche die Reduktion der Treibhausgasemissionen innerhalb der Europäischen Union lenken soll (Art. 1 Abs. 1 EU-Klimagesetz).[155] Damit wird ein Beitrag zur Erfüllung der Pflichten aus dem Pariser Abkommen zur Erreichung des Temperaturziels nach Art. 2 Abs. 1 lit. a) Pariser Abkommen geleistet (Art. 1 Abs. 1 S. 1 EU-Klimagesetz).[156]

Die EU-Klimaschutz-VO gibt den Mitgliedstaaten der Europäischen Union konkrete Verpflichtungen vor, bis zum Jahr 2030 eine Reduktion der Treibhausgasemissionen *„um 30 % gegenüber dem Stand von 2005“* zu erreichen (Art. 1 S. 1 EU-Klimaschutz-VO).[157] Gleiches gilt auch für die

---

151 Vgl. dazu *Fouquet* in: Rodi (Hrsg.), Hdb. KlimaschutzR, 2022, § 4 Rn. 24 ff.

152 Dazu ausführlich *Shirvani*, ZUR 2022, 579 (579 f.).

153 Richtlinie (EU) 2023/959 des Europäischen Parlaments und des Rates v. 10.05.2023 zur Änderung der Richtlinie 2003/87/EG über ein System für den Handel mit Treibhausgasemissionszertifikaten in der Union und des Beschlusses (EU) 2015/1814 über die Einrichtung und Anwendung einer Marktstabilitätsreserve für das System für den Handel mit Treibhausgaszertifikaten in der Union (ABl. L 130 v. 16.05.2023, S. 134–202).

154 Verordnung (EU) 2018/841 des Europäischen Parlaments und des Rates v. 30.05.2018 über die Einbeziehung der Emissionen und des Abbaus von Treibhausgasen aus Landnutzung, Landnutzungsänderung und Forstwirtschaft in den Rahmen für die Klima- und Energiepolitik bis 2030 und zur Änderung der Verordnung (EU) Nr. 525/2013 und des Beschlusses Nr. 529/2013/EU (ABl. L 156 S. 1), geändert durch Art. 1 VO (EU) 2023/839 v. 19.04.2023 (ABl. L 107 S. 1).

155 Vgl. *Fouquet* in: Rodi (Hrsg.), Hdb. KlimaschutzR, 2022, § 4 Rn. 83; *Schlacke/Thierjung* in: Kreuter-Kirchhof/Schlacke, KlimaschutzR, 2025, Einführung Rn. 64.

156 Vgl. *Fouquet* in: Rodi (Hrsg.), Hdb. KlimaschutzR, 2022, § 4 Rn. 83.

157 Vgl. *Schlacke*, UmweltR, 9. Aufl. 2023, § 16 Rn. 21; vgl. ferner *Schlacke/Thierjung* in: Kreuter-Kirchhof/Schlacke, KlimaschutzR, 2025, Einführung Rn. 92.

LULUCF-VO, die Verpflichtungen für die Mitgliedstaaten im Bereich der Landnutzung, Landnutzungsänderung und Forstwirtschaft enthält (Art. 1 lit. a) LULUCF-VO).[158] Die EU-Governance-VO regelt überdies die Einführung eines Governance-Mechanismus, der dazu eingesetzt wird, die vorgegebenen Ziele zum Klimaschutz auch zu erreichen (Art. 1 Abs. 1 EU-Governance-VO).[159]

II. Klimaschutzziele der Europäischen Union

Das primäre Klimaschutzziel auf europäischer Ebene liegt in der Reduktion der Treibhausgasemissionen innerhalb der Europäischen Union, um das Temperaturziel des Pariser Abkommens erreichen zu können.[160] Zu diesem Zweck sind für die Mitgliedstaaten der Europäischen Union konkrete Treibhausgasemissions-Reduktionsziele vorgegeben.[161]

1. Treibhausgasemissionsminderung in der Europäischen Union

Die Europäische Union hat das Pariser Abkommen unterzeichnet.[162] Insofern besteht eine Bindung an das im Pariser Abkommen festgelegte Temperaturziel zum Schutz des Klimas.[163] Es ist daher notwendig, dass das Ziel des Art. 4 Abs. 1 Pariser Abkommen zur Reduktion der Treibhausgasemissionen auch innerhalb der Europäischen Union verwirklicht wird. Dementsprechend hat die Europäische Union im EU-Klimagesetz festgelegt, dass bis zum Jahr 2050 die Reduktion der Treibhausgasemissionen derart fortgeschritten sein muss, dass eine Klimaneutralität eintritt (Art. 2 Abs. 1 EU-Klimagesetz).[164] Mit dem EU-Klimagesetz wurde das Ziel der Erreichung der europäischen Klimaneutralität gesetzlich ausgestaltet.[165] Ab dem Jahr 2050 sollen

---

158 Vgl. *Albrecht*, NuR 2020, 370 (372); *Schlacke/Thierjung* in: Kreuter-Kirchhof/Schlacke, KlimaschutzR, 2025, Einführung Rn. 93.

159 *Schlacke/Knodt*, ZUR 2019, 404 (405).

160 Vgl. *Fouquet* in: Rodi (Hrsg.), Hdb. KlimaschutzR, 2022, § 4 Rn. 68 ff.

161 Vgl. *Fouquet* in: Rodi (Hrsg.), Hdb. KlimaschutzR, 2022, § 4 Rn. 83.

162 *Fouquet* in: Rodi (Hrsg.), Hdb. KlimaschutzR, 2022, § 4 Rn. 19; *Hofmann* in: Schafhausen, Die Zukunft der Energiewende, 2017, S. 50.

163 Vgl. *Fouquet* in: Rodi (Hrsg.), Hdb. KlimaschutzR, 2022, § 4 Rn. 19 f.

164 COM (2019) 640, S. 5; *Schuelken/Sichla*, UPR 2021, 1 (1); vgl. *Guckelberger*, NuR 2022, 221 (222).

165 COM (2019) 640, S. 5.

negative Emissionen erreicht werden (Art. 2 Abs. 1 EU-Klimagesetz).[166] Als Zwischenziel benennt das EU-Klimagesetz eine Reduktion der Netto-Treibhausgasemissionen innerhalb der Europäischen Union bis zum Jahr 2030 um mindestens 55 % gegenüber dem Stand von 1990 (Art. 4 Abs. 1 EU-Klimagesetz).[167] Insofern liegt also ein Gesamt-Treibhausgasemissions-Minderungsziel für die Europäische Union vor. Seit dem 02.07.2025 liegt ein neuer Vorschlag für eine Aktualisierung des EU-Klimagesetzes vor.[168] Dieser wurde im Dezember 2025 von der Europäischen Union angenommen.[169] Darin sollen die Klimaschutzziele dahingehend verschärft werden, dass der Treibhausgasemissionen bis 2040 um 90 % gesenkt werden müssen.[170] Bis 2050 sollen die Treibhausgasemissionen sodann auf Null reduziert werden.[171] Es werden also neue verbindliche Ziele festgelegt.[172]

2. Sektorziele zur Gesamtzielerreichung

Zur Erreichung der im EU-Klimagesetz ausgestalteten Klimaneutralität sind in der EU-Klimaschutz-VO für die Emissionen, die nicht vom europäischen Emissionshandel erfasst sind[173], konkrete Minderungsziele für die Mitgliedstaaten bis zum Jahr 2030 festgelegt (Art. 2 Abs. 1, Art. 4 Abs. 1 i.V.m Anhang I EU-Klimaschutz-VO).[174] Aufgeteilt sind die Minderungsziele auf die Sektoren Energie, Industrieprozesse und Produktverwertung, Landwirtschaft und Abfall (Art. 2 Abs. 1 Hs. 1 EU-Klimaschutz-VO).[175] Insgesamt soll der Ausstoß der Treibhausgase in der Europäischen Union bis zum Jahr 2030 um 40 % gesenkt werden (Art. 1 S. 1 EU-Klimaschutz-VO). Um das Minderungsziel im Jahr 2030 erfüllen zu können, müssen die Mitgliedstaaten sicherstellen, dass die Treibhausgasemissions-Reduktion zwischen den Jahren 2021–2029

---

[166] Zum EU-Klimagesetz siehe auch *Schlacke/Köster/Thierjung*, EuZW 2021, 620 (621 f.); *Frenz*, EnWZ 2021, 201 (204 f.); *ders.*, EuR 2020, 605 (614).
[167] *Schlacke/Köster/Thierjung*, EuZW 2021 (621).
[168] Com (2025) 524 final; *Wende*, Enk-Aktuell 2025, 010610.
[169] *Umweltbundesamt*, Europäische Energie und Klimaziele, 08.12.2025.
[170] Com (2025) 524 final, S. 13; *Wende*, Enk-Aktuell 2025, 010610.
[171] Com (2025) 524 final, S. 8; *Wende*, Enk-Aktuell 2025, 010610.
[172] *Wende*, Enk-Aktuell 2025, 010610.
[173] Vgl. *Guckelberger*, NuR 2022, 221 (222).
[174] *Kreuter-Kirchhof*, KlimR 2022, 43 (44).
[175] *Kreuter-Kirchhof*, KlimR 2022, 43 (44); vgl. *Schlacke*, UmweltR, 9. Aufl. 2023, § 16 Rn. 21.

jährlich linear erhöht wird (Art. 4 Abs. 2 EU-Klimaschutz-VO).[176] Über- oder Unterschreitungen der Gesamtemissionsmengen in einem Jahr können überdies mit dem nächsten Jahr ausgeglichen werden (Art. 5 Abs. 1 und Abs. 2 EU-Klimaschutz-VO). Für die Bundesrepublik Deutschland gilt, dass die Treibhausgasemissionen bis zum Jahr 2030 um mindestens 38 % gesenkt werden müssen (siehe Spalte 1 des Anhang I zur EU-Klimaschutz-VO).[177] Auch im Sektor „Landnutzung, Landnutzungsänderung und Forstwirtschaft" müssen die Treibhausgasemissionen reduziert werden (Art. 1 LULUCF-VO).[178] Die Mitgliedstaaten werden daher nach der LULUCF-VO dazu verpflichtet, dafür zu sorgen, dass die Emissionen deren Abbau nicht übersteigen (Art. 4 Abs. 1 LULUCF-VO).[179]

3. Europäische Energieunion

Neben den europäischen Klimaschutzzielen sind ebenfalls energierechtliche Ziele in der Europäischen Union normiert.[180] Die Einhaltung der energierechtlichen Ziele sind für das Erreichen des im Pariser Abkommen vorgegebenen Temperaturziels ebenfalls notwendig. Es muss eine klimafreundliche Energieunion[181] ausgestaltet werden.[182] Zu den Zielen der europäischen Energieunion gehört zum einen die Dekarbonisierung im Rahmen des Energiesystems.[183] Im Zusammenhang mit der verbrauchten Energie in der Europäischen Union entstehen bis zu 75 % der

---

176 *Albrecht*, NuR 2020, 370 (372).

177 *Kreuter-Kirchhof*, KlimR 2022, 43 (44).

178 Vgl. COM (2021) 550, S. 4; *Albrecht*, NuR 2020, 370 (372).

179 *Kreuter-Kirchhof*, KlimR 2022, 43 (44); vgl. *Schlacke*, UmweltR, 9. Aufl. 2023, § 16 Rn. 24.

180 Vgl. *Kreuter-Kirchhof*, KlimR 2022, 43 (44); siehe auch *Schlacke*, UmweltR, 9. Aufl. 2023, § 16 Rn. 22.

181 Die Energieunion dient dazu, die Verbraucher der EU mit sicherer, nachhaltiger und erschwinglicher Energie zu versorgen, COM (2015) 80, S. 2. Die Energieunion baut dabei auf fünf Dimensionen auf, die Verringerung der CO_2-Emissionen, die Energieversorgungssicherheit, die Erhöhung der Energieeffizienz, die Schaffung eines Energiebinnenmarkts sowie die Forschung, Innovation und Wettbewerbsfähigkeit, *Germelmann*, EuR 2016, 3 (6 f.). Zu diesen Zielen kommt zusätzlich noch der Ausbau der erneuerbaren Energien, als wichtiges Ziel zu Erreichung der Klimaziele der internationalen Ebene.

182 Vgl. COM (2019) 640, S. 4.

183 COM (2019) 640, S. 6 f.

verbrauchten Treibhausgase.[184] Der Ausstoß dieser Treibhausgase muss für die Herstellung der Klimaneutralität gesenkt werden. Überdies gehört zu den energierechtlichen Zielen die Erhöhung der Energieeffizienz[185] nach der EU-Energieeffizienz-RL[186], die Sicherstellung der Energieversorgung[187] mit Hilfe der Erneuerbare-Energien-RL[188] sowie die Einrichtung eines Energiebinnenmarktes.[189] Schließlich müssen Forschung, Innovation und Wettbewerbsfähigkeit (Art. 4 lit. e) EU-Governance-VO) in der Europäischen Union weiterentwickelt werden.[190]

III. Zwischenergebnis

Die Europäische Union ist als Vertragspartei des Pariser Abkommens dazu verpflichtet, ihren Treibhausgasausstoß zu senken, um das Temperaturziel des Art. 2 Abs. 1 lit. a) Pariser Abkommen einzuhalten. Dementsprechend ist für die Mitgliedstaaten der Europäischen Union in EU-Verordnungen vorgesehen, dass ein Minderungspfad hinsichtlich der Treibhausgasemissions-Reduktion einzuhalten ist.

D. Klimaschutz im Bundesrecht

Die Bundesrepublik Deutschland verantwortet einen weltweiten Treibhausgasausstoß von knapp 2 %.[191] Aus dreifacher Verpflichtung folgt für die

---

[184] COM (2019) 640, S. 6 f.

[185] COM (2019) 640, S. 6 f.; *Germelmann*, EuR 2016, 3 (6).

[186] Richtlinie (EU) 2018/2002 des Europäischen Parlaments und des Rates v. 11.12.2018 zur Änderung der RL 2012/27/EU zur Energieeffizienz (ABl. L 328 v. 21.12.2018, S. 210–230).

[187] COM (2019) 640, S. 6 f.; *Germelmann*, EuR 2016, 3 (6).

[188] Richtlinie (EU) 2018/2001 des Europäischen Parlaments und des Rates v. 11.12.2018 zur Förderung der Nutzung von Energie aus erneuerbaren Quellen (ABl. L 328 v. 21.12.2018, S. 82), geändert durch Art. 1 RL (EU) 2024/1711 v. 13.06.2024 (ABl. L, 2024/1711, 26.06.2024).

[189] Europäischer Rat, EUCO 169/14, CO EUR 13 CONCL 5, Rn. 4; vgl. *Stäsche*, EnWZ 2022, 201 (210); EU-Governance-VO, Erwägungsgrund Nr. 6; *Fouquet* in: Rodi (Hrsg.), Hdb. KlimaschutzR, 2022, § 4 Rn. 38; *Germelmann*, EuR 2016, 3 (6).

[190] *Germelmann*, EuR 2016, 3 (6).

[191] *Bundesministerium für Umwelt, Naturschutz und nukleare Sicherheit*, Klimaschutz in Zahlen, 2020, S. 12.

Bundesrepublik, dass Ziele und Maßnahmen aufzustellen sind, um diesen Prozentsatz an Treibhausgasemissionen zu reduzieren. Die Bundesrepublik Deutschland hat das Pariser Abkommen unterschrieben und ratifiziert.[192] Daraus folgt, dass Beiträge in Form von Zielen und Maßnahmen aufgestellt werden müssen, die eine Temperaturzielerreichung sicherstellen können (Art. 4 Abs. 2 S. 1 Pariser Abkommen). Weiterhin ist die Bundesrepublik aber auch Mitgliedstaat der Europäischen Union. Dementsprechend besteht die Pflicht zur Aufstellung von klimaschutzwahrenden Zielen und Maßnahmen auch aus der Bindung der Rechtsakte der Europäischen Union. Das EU-Klimagesetz, die EU-Klimaschutz-VO und die EU-Governance-VO gelten als europarechtliche Verordnungen gemäß Art. 288 Abs. 2 AEUV in der Bundesrepublik Deutschland als unmittelbar anwendbares Recht.[193] Schließlich folgt auch aus dem Grundgesetz selbst, dass Maßnahmen zum Klimaschutz aufgestellt werden müssen.[194]

I. Einfluss des Pariser Abkommens auf das Grundgesetz

Das Temperaturziel des Pariser Abkommens und die damit verbundene Pflicht zur Reduktion der Treibhausgasemissionen hat Einfluss auf das Grundgesetz.[195] Die in Art. 20a GG normierte Staatszielbestimmung der natürlichen Lebensgrundlage sowie der Tiere ist seit der Ratifizierung des Abkommens dahingehend einfachgesetzlich konkretisiert, dass der Staat ausreichende Maßnahmen zur Einhaltung des 2-Grad-Ziels aus Art. 2 Abs. 1 lit. a) Pariser Abkommen treffen muss.[196]

1. Temperaturziel des Pariser Abkommens als Staatszielbestimmung

Das Grundgesetz enthält keine explizite Bestimmung über den Klimaschutz. Zwar gab es bereits Gesetzentwürfe, durch die die Staatszielbestimmung

---

[192] *Bundesministerium für Wirtschaft und Klimaschutz*, Abkommen von Paris.

[193] Vgl. allg. *Haag/Kotzur* in: Bieber/Epiney/Haag/Kotzur, Die Europäische Union, 16. Aufl. 2024, § 6 Rn. 27.

[194] BVerfGE 157, 30 Rn. 143, 184; *Murswiek* in: Sachs, GG, 10. Aufl. 2024, Art. 20a Rn. 72b ff.

[195] Vgl. BVerfGE 157, 30 Rn. 197; *Calliess* in: Dürig/Herzog/Scholz, GG, 108. EL. August 2025, Art. 20a Rn. 41 ff.; *Murswiek* in: Sachs, GG, 10. Aufl. 2024, Art. 20a Rn. 72b f.

[196] Vgl. BVerfGE 157, 30 Rn. 197; *Murswiek* in: Sachs, GG, 10. Aufl. 2024, Art. 20a Rn. 72b f.

des Art. 20a GG um den Klimaschutz erweitert werden sollte, diese wurden jedoch nicht verwirklicht.[197] Dennoch wird der Schutz des Klimas von Rechtsprechung und Literatur als Staatszielbestimmung in Art. 20a GG anerkannt.[198] Das Klima ist in Art. 20a GG unter den Begriff der *„natürlichen* Lebensgrundlagen" zu subsumieren.[199] Die *„natürlichen Lebensgrundlagen"* umfassen die Umwelt des Menschen als Ganzes.[200] Geschützt werden alle natürlichen Voraussetzungen, die für ein Überleben des Menschen notwendig sind.[201] Darunter fällt nicht nur beispielsweise der Boden und das Wasser, sondern auch das Klima.[202] Als Staatszielbestimmung verpflichtet Art. 20a GG den Staat, auf den Umwelt- und Tierschutz hinzuwirken.[203] Das bedeutet, der Staat hat sich die Aufgabe des Klimaschutzes als verfassungsrechtlich normiertes Ziel zu eigen gemacht.[204] Es besteht also die objektive Pflicht, Maßnahmen zum Schutz des Klimas zu ergreifen.[205]

Wie genau die Staatszielbestimmung erfüllt wird und wie der Beitrag zum Klimaschutz konkret aussehen muss oder kann, lässt sich aus Art. 20a GG jedoch nicht ableiten.[206] Vielmehr muss Art. 20a GG gesetzlich konkretisiert

---

197 Bspw. BT-Drs. 19/4522; *Calliess* in: Dürig/Herzog/Scholz, GG, 108. EL. August 2025, Art. 20a Rn. 47.

198 BVerfGE 157, 30 Rn. 198; *Krings* in: Schmidt-Bleibtreu, GG, 15. Aufl. 2021, Art. 20a Rn. 31; *Härtel*, NuR 2020, 577 (578); *Brüning/Yasin*, NordÖR 2022, 53 (54); *Krohn*, ZUR 2021, 603 (604).

199 BVerfGE 137, 350 Rn. 47; 157, 30 Rn. 167, 170, 201; *Sommermann* in: von Münch/Kunig, GG, Bd. 1, 8. Aufl. 2025, Art. 20a Rn. 33; *Calliess* in: Dürig/Herzog/Scholz, GG, 108. EL. August 2025, Art. 20a Rn. 40; *Cremer*, ZUR 2019, 278 (281); *Schlacke/Thierjung* in: Kreuter-Kirchhof/Schlacke, KlimaschutzR, 2025, Einführung Rn. 20.

200 *Sodan/Ziekow*, Grundkurs öffentliches Recht, 10. Aufl. 2023, § 11 Rn. 6; vgl. *Rux* in: Epping/Hillgruber (Hrsg.), BeckOK GG, 64. Ed. 15.11.2025, Art. 20a Rn. 12.

201 *Schulze-Fielitz* in: Dreier (Hrsg.), GG Bd. II, 3. Aufl. 2015, Art. 20a Rn. 32; *Epiney* in: Huber/Voßkuhle (Hrsg.), GG Bd. 2, 8. Aufl. 2024, Art. 20a Rn. 60.

202 *Calliess* in: Dürig/Herzog/Scholz, GG, 108. EL. August 2025, Art. 20a Rn. 33, 40; *Jarass* in: Jarass/Pieroth, GG, 18. Aufl. 2024, Art. 20a Rn. 3.

203 *Murswiek* in: Sachs, GG, 10. Aufl. 2024, Art. 20a Rn. 17; *Klafki/Schlacke* in: Kreuter-Kirchhof/Schlacke, KlimaschutzR, 2025, § 9 Rn. 14.

204 *Calliess* in: Dürig/Herzog/Scholz, GG, 108. EL. August 2025, Art. 20a Rn. 29.

205 *Murswiek* in: Sachs, GG, 10. Aufl. 2024, Art. 20a Rn. 12.

206 Vgl. *Rux* in: Epping/Hillgruber (Hrsg.), BeckOK GG, 64. Ed. 15.11.2025, Art. 20a Rn. 13.

werden.[207] Art. 20a GG enthält also einen Auftrag an den Gesetzgeber, geeignete Maßnahmen und Vorschriften zu erlassen, um dem Schutzauftrag ausreichend Rechnung tragen zu können.[208] Grundsätzlich kommt dem Gesetzgeber dabei ein eigener Gestaltungsspielraum zu.[209] Jedoch ist der Gesetzgeber bei der Konkretisierung des Art. 20a GG nicht vollständig ungebunden.[210] Vielmehr bindet das im Pariser Abkommen festgelegte Temperaturziel des Art. 2 Abs. 1 lit. a) auch den Gesetzgeber bei seiner Konkretisierung des Klimaschutzauftrages aus Art. 20a GG.[211]

Die Tatsache, dass der Klimawandel ein globales Problem ist, steht der Klimaschutzverpflichtung aus Art. 20a GG sowie seiner Konkretisierungsnotwendigkeit nicht im Weg.[212] Der Schutz des Klimas muss vielmehr in internationaler Kooperation erfolgen.[213] Schließlich liegt es bereits in der Natur des Klimas, dass es eine weltweite Dimension aufweist.[214] Insofern hat Art. 20a GG eine internationale Bedeutung.[215] Das Klima kann daher nur von allen Staaten gemeinsam geschützt werden.[216] Die Bundesrepublik Deutschland kann sich insoweit nicht aus der Verpflichtung ziehen. Daher ist nach Auffassung des BVerfG auch die Bundesregierung dazu verpflichtet, dem Klimaschutz auch durch internationale Abstimmung Rechnung zu tragen.[217]

---

207 *Britz*, NVwZ 2022, 825 (825); *Jarass* in: Jarass/Pieroth, GG, 18. Aufl. 2024, Art. 20a Rn. 1; *Härtel*, NuR 2020, 577 (579); vgl. *Rux* in: Epping/Hillgruber (Hrsg.), BeckOK GG, 64. Ed. 15.11.2025, Art. 20a Rn. 54.

208 *Jarass* in: Jarass/Pieroth, GG, 18. Aufl. 2024, Art. 20a Rn. 18; vgl. *Rux* in: Epping/Hillgruber (Hrsg.), BeckOK GG, 64. Ed. 15.11.2025, Art. 20a Rn. 54; vgl. ferner *Schlacke/Thierjung* in: Kreuter-Kirchhof/Schlacke, KlimaschutzR, 2025, Einführung Rn. 22.

209 *Jarass* in: Jarass/Pieroth, GG, 18. Aufl. 2024, Art. 20a Rn. 18; vgl. *Rux* in: Epping/Hillgruber (Hrsg.), BeckOK GG, 64. Ed. 15.11.2025, Art. 20a Rn. 54.

210 BVerfGE 157, 30 Rn. 211; vgl. *Calliess* in: Dürig/Herzog/Scholz, GG, 108. EL. August 2025, Art. 20a Rn. 41 ff.; *Murswiek* in: Sachs, GG, 10. Aufl. 2024, Art. 20a Rn. 72b f.

211 BVerfGE 157, 30 Rn. 211; ferner *Schlacke/Thierjung* in: Kreuter-Kirchhof/Schlacke, KlimaschutzR, 2025, Einführung Rn. 22.

212 BVerfGE 157, 30 Rn. 197.

213 BVerfGE 157, 30 Rn. 197.

214 BVerfGE 157, 30 Rn. 197.

215 BVerfGE 157, 30 Rn. 197.

216 *Kreuter-Kirchhof*, KlimR 2022, 43 (43).

217 Vgl. BVerfGE 157, 30 Rn. 197.

2. Temperaturziel des Pariser Abkommens in den Grundrechten

Das Temperaturziel des Pariser Abkommens hat zudem Einfluss auf die Wahrung grundrechtlicher Schutzpflichten[218] sowie grundrechtlicher Abwehrrechte[219]. Vorliegend können für den Klimaschutz Art. 2 Abs. 2 S. 1 GG[220] sowie Art. 14 Abs. 1 GG[221] herangezogen werden. Die Wahrung der Rechte sowie Pflichten aus dem Grundgesetz ist durch die Einhaltung des Temperaturziels aus dem Pariser Abkommen bedingt.

Die Pflicht zum Schutz des Klimas ergeht unmittelbar aus den staatlichen Schutzpflichten, die aus den Grundrechten erwachsen.[222] Aus Art. 2 Abs. 2 S. 1 GG leitet sich die Pflicht des Staates ab, Maßnahmen zum Schutz der Gesundheit der Bürger zu ergreifen, die durch den Klimawandel entstehen könnten.[223] Der Staat muss sich bei entstehenden Gefahren schützend vor Leben und Gesundheit der Bürger stellen.[224] Das bedeutet, das der Eintritt eines gesundheitsschädlichen Ereignisses im Vorhinein verhindert werden muss.[225] Weiterhin folgt die Pflicht zum Schutz des Klimas durch den Staat aus den Schutzpflichten des Art. 14 Abs. 1 GG.[226] Durch die Auswirkungen des Klimawandels in der Bundesrepublik Deutschland kann Eigentum an beispielsweise landwirtschaftlich genutzte Flächen beschädigt werden.[227] Dies muss der Gesetzgeber soweit wie möglich verhindern.[228]

Eine Schutzpflichtverletzung entsteht also, wenn die Gefahr besteht, dass durch den steten Klimawandel Schäden an Leben und Gesundheit oder dem Eigentum hervortreten können, ohne dass der Staat Gegenmaßnahmen

---

218 Siehe zur Entwicklung der Schutzpflichten BVerfGE 39, 1 (42 ff.); 56, 54 (73 ff.); 79, 174 (201 f.).

219 BVerfGE 157, 30 Rn. 184 ff.

220 BVerfGE 157, 30 Rn. 90; *Krüper* in: Dreier, GG Bd. I, 4. Aufl. 2023, Art. 2 Abs. 2 S. 1 Rn. 96.

221 BVerfGE 157, 30 Rn. 90.

222 BVerfGE 157, 30 Rn. 97, 143; *Klafki/Schlacke* in: Kreuter-Kirchhof/Schlacke, KlimaschutzR, 2025, § 9 Rn. 14.

223 BVerfGE 157, 30 Rn. 144 f.; *Kämmerer* in: von Münch/Kunig, GG, Bd. 1, 8. Aufl. 2025, Art. 2 Rn. 101.

224 BVerfGE 142, 313 Rn. 69; 157, 30 Rn. 145.

225 BVerfGE 157, 30 Rn. 146.

226 BVerfGE 157, 30 Rn. 171.

227 BVerfGE 157, 30 Rn. 171.

228 BVerfGE 157, 30 Rn. 171.

getroffen hat.[229] Wann eine solche Gefahr entstehen kann, ist mit dem Temperaturziel des Pariser Abkommens festgelegt.[230] Danach können Schäden für Leib und Leben der Bürger gem. Art. 2 Abs. 2 S. 1 GG sowie für sein Eigentum nach Art. 14 Abs. 1 GG entstehen, sofern die globalen Temperaturen um 2 Grad Celsius erhöht werden.[231] Insofern folgt für den Staat, dass die Schutzpflichten der Bürger nur dann gewahrt bleiben, wenn Maßnahmen getroffen werden, durch die das aus dem Pariser Abkommen vorgegebene Temperaturziel eingehalten werden kann.[232] Es müssen also konkrete Ziele und Maßnahmen getroffen werden, die zur Einhaltung des Temperaturziels die Treibhausgasemissionen innerhalb der Bundesrepublik Deutschland reduzieren.[233]

Aber auch aus den grundrechtlichen Abwehrrechten entsteht in prospektiver Hinsicht die Pflicht zum Schutz des Klimas.[234] Maßnahmen zum Schutz des Klimas können einen Eingriff in die Grundrechte der Bürger bedeuten. Zwar sind solche Maßnahmen aufgrund der Staatszielbestimmung in Art. 20a GG und dem steten Ausstoß der Treibhausgase wie dem CO_2 notwendig.[235] Schließlich muss die Bundesrepublik Deutschland so schnell wie möglich eine Netto-Treibhausgas-Neutralität erreichen (Art. 4 Abs. 1 S. 1 Pariser Abkommen), sodass entsprechende Maßnahmen, die mit Einschränkungen in die Freiheitsrechte verbunden sind, getroffen werden müssen.[236] Dennoch hat der Staat dafür Sorge zu tragen, dass die Eingriffsintensität solcher Maßnahmen so gering wie möglich ausfällt. Eine geringe Eingriffsintensität kann nach Auffassung des BVerfG nur dann garantiert werden, wenn bereits heute geregelt wird, wie hoch der zulässige Ausstoß an Treibhausgasen ab dem Jahr 2030 aussehen darf.[237] Schließlich nimmt die Freiheitsbeschränkung mit der zunehmenden Intensität der treibhausgasmindernden Maßnahmen zu.[238] Weiterhin

---

229 BVerfGE 157, 30 Rn. 144 ff.
230 Vgl. BVerfGE 157, 30 Rn. 158 ff.
231 BVerfGE 157, 30 Rn. 158 ff.
232 BVerfGE 157, 30 Rn. 163.
233 Vgl. BVerfGE 157, 30 Rn. 154 ff.
234 BVerfGE 157, 30 Rn. 184.
235 Vgl. BVerfGE 157, 30 Rn. 185.
236 Vgl. BVerfGE 157, 30 Rn. 185 ff.
237 BVerfGE 157, 30 Rn. 182 ff.
238 BVerfGE 157, 30 Rn. 185 ff.

führt ein heute zugelassener Ausstoß an Treibhausgasen zwangsläufig zu einer Verkleinerung der zulässig ausstoßbaren Treibhausgase in der Zukunft, damit eine Reduktion stattfinden kann.[239] Demnach müssen konkrete Regelungen hinsichtlich der zulässig ausstoßbaren Mengen an Treibhausgasen ab dem Jahr 2030 bis zum Eintritt in die Treibhausgasneutralität im Jahr 2045 feststehen, sodass eine schrittweise und grundrechtsschonende Transformation in die Treibhausgasneutralität stattfinden kann.[240] Würden heute keine zulässigen Treibhausgasemissionsmengen zwischen 2030–2045 normiert sein, wäre eine eingriffsähnliche Vorwirkung in die Freiheitsrechte gegeben.[241] Insofern bindet das Pariser Abkommen auch hinsichtlich der Wahrung der grundrechtlichen Abwehrrechte zur Aufstellung von Zielen und Maßnahmen zur Erreichung des Temperaturziels des Pariser Abkommens.

3. Zwischenergebnis

Aufgrund der Verpflichtung zur Festlegung eines nationalen Beitrags zur Erreichung des Pariser Temperaturziels entsteht auch eine Bindung für den nationalen Gesetzgeber aus dem Grundgesetz. Das Pariser Abkommen hat einen Einfluss darauf, dass das Klimaschutzziel aus Art. 20a GG konkretisiert wird und die grundrechtlichen Schutzpflichten sowie Abwehrrechte gewahrt bleiben. Insofern folgt eine Pflicht für den nationalen Gesetzgeber zur Aufstellung von Klimaschutzmaßnahmen auch aus dem Grundgesetz.

II. Gesetzgebungskompetenz des Bundes

Der Verpflichtung zum Klimaschutz ist die Bundesrepublik Deutschland auf Bundesebene durch die Einführung des Klimaschutzgesetzes (KSG) im Jahr 2019 nachgekommen.[242] Gem. Art. 74 Abs. 1 Nr. 24 GG hat der Bund die Kompetenz zur Einführung dieses Gesetzes.[243] Nach Art. 74 Abs. 1 Nr. 24 GG besteht die Kompetenz des Bundes zur Aufstellung von Regelungen im

---

[239] BVerfGE 157, 30 Rn. 186.
[240] BVerfGE 157, 30 Rn. 182 ff.
[241] BVerfGE 157, 30 Rn. 182 ff.
[242] BT-Drs. 19/14337, S. 2 f.
[243] BT-Drs. 19/14337, S. 19; *Kohlrausch*, EurUP 2021, 95 (96); *Schlacke/Thierjung* in: Kreuter-Kirchhof/Schlacke, KlimaschutzR, 2025, Einführung Rn. 18.

Bereich der Luftreinhaltung.[244] Die Kompetenz zur Luftreinhaltung umfasst den Schutz der Menschen und der Umwelt vor Verunreinigungen der Luft.[245] Dazu gehören die Veränderungen der Luft durch „*Rauch, Ruß, Staub, Gase, Aerosole, Dämpfe oder Geruchsstoffe*".[246] Aber auch der Schutz des Klimas wird darunter gefasst.[247] Konkret soll damit der Anstieg des CO_2-Gehalts in der Luft verringert werden.[248] Der Bund ist somit nach Art. 74 Abs. 1 Nr. 24 GG dazu befugt, Regelungen aufzustellen, die konkret die Reduktion von Treibhausgasen in der Atmosphäre bezwecken.[249] Dazu gehört die Aufstellung von nationalen Klimaschutzzielen, aber auch von Maßnahmen, wie beispielsweise dem Planungsinstrument, um die Ziele auch erreichen zu können.[250]

Neben der Kompetenzgrundlage aus Art. 74 Abs. 1 Nr. 24 GG finden sich noch weitere dem Bund zugewiesene Bereiche, in denen das Klima eine Rolle spielt.[251] So hat der Bund beispielsweise die ausschließliche Gesetzgebungskompetenz gem. Art. 73 Abs. 1 Nr. 14 GG im Bereich der Kernenergie und der damit verbundenen Frage, ob die Kernkraftnutzung für die Stromversorgung genutzt werden kann.[252] Der Bund kann somit einen relevanten Bereich des Klimaschutzes regeln.[253] Auch die konkurrierende

---

244 Vgl. auch *Raschke*, Rechtsfragen kommunaler Klimaschutzmaßnahmen, 2024, S. 31; *Schlacke/Thierjung* in: Kreuter-Kirchhof/Schlacke, KlimaschutzR, 2025, Einführung Rn. 18.

245 *Seiler* in: Epping/Hillgruber (Hrsg.), BeckOK GG, 64. Ed. 15.11.2025, Art. 74 Rn. 89; *Broemel* in: von Münch/Kunig, GG, Bd. 2, 8. Aufl. 2025, Art. 74 Rn. 88; *Köck/Kohlrausch*, ZUR 2021, 610 (611); *Knauff*, DV 2016, 233 (237); *Schlacke/Thierjung* in: Kreuter-Kirchhof/Schlacke, KlimaschutzR, 2025, Einführung Rn. 18.

246 *Seiler* in: Epping/Hillgruber (Hrsg.), BeckOK GG, 64. Ed. 15.11.2025, Art. 74 Rn. 89; *Broemel* in: von Münch/Kunig, GG, Bd. 2, 8. Aufl. 2025, Art. 74 Rn. 88; *Schlacke/Thierjung* in: Kreuter-Kirchhof/Schlacke, KlimaschutzR, 2025, Einführung Rn. 18.

247 BVerwG, NVwZ-RR 2016, 449 Rn. 37; *Wittreck* in: Dreier (Hrsg.), GG Bd. II, 3. Aufl. 2015, Art. 74 Rn. 119; *Broemel* in: von Münch/Kunig, GG, Bd. 2, 8. Aufl. 2025, Art. 74 Rn. 88; *Knauff*, DV 2016, 233 (237); *Schlacke/Thierjung* in: Kreuter-Kirchhof/Schlacke, KlimaschutzR, 2025, Einführung Rn. 18.

248 *Knauff*, DV 2016, 233 (237); vgl. *Köck/Kohlrausch*, ZUR 2021, 610 (611).

249 *Köck/Kohlrausch*, ZUR 2021, 610 (611).

250 *Köck/Kohlrausch*, ZUR 2021, 610 (611).

251 *Knauff* in: Rodi (Hrsg.), Hdb. KlimaschutzR, 2022, § 5 Rn. 6 f.; *ders.*, DV 2016, 233 (237); *Brüning/Yasin*, NordÖR 2022, 53 (55).

252 *Knauff* in: Rodi (Hrsg.), Hdb. KlimaschutzR, 2022, § 5 Rn. 7.

253 *Knauff* in: Rodi (Hrsg.), Hdb. KlimaschutzR, 2022, § 5 Rn. 7; *ders.*, DV 2016, 233 (236).

Gesetzgebungskompetenz aus Art. 74 Abs. 1 Nr. 11 GG hinsichtlich der Energiewirtschaft spielt für den Klimaschutz eine Rolle.[254] Im Rahmen dessen können Regelungen für den Energiesektor aufgestellt werden.[255]

III. Das Klimaschutzgesetz

Nach Ratifizierung des Pariser Abkommens wurde im Jahr 2019 das erste Klimaschutzgesetz (KSG) auf Bundesebene erlassen.[256] Seitdem wurde es im Jahr 2021 das erste Mal[257] und im Jahr 2024 ein zweites Mal[258] novelliert. Mit dem KSG wird ein nationaler Beitrag zur Erreichung des Temperaturziels des Pariser Abkommens geleistet und es werden die Verpflichtungen aus den Rechtsakten der Europäischen Union aufgegriffen (§ 1 S. 1 und S. 3 KSG).[259]

Der Gesetzgeber hat mit der Einführung des KSG in § 1 S. 3 zunächst seinen Gestaltungsspielraum zur Erfüllung des Art. 20a GG dahingehend konkretisiert, dass die Durchschnittstemperatur der Erde auf deutlich unter 2 Grad Celsius bleiben muss und möglichst 1,5 Grad Celsius gegenüber dem vorindustriellen Niveau nicht übersteigen sollte.[260] Damit wurde die Staatszielbestimmung des Art. 20a GG zum Schutz des Klimas durch ein konkretes Temperaturziel näher ausgestaltet.[261] Das BVerfG hat das in § 1 S. 3 KSG enthaltene Temperaturziel *„als verfassungsrechtlich maßgebliche Konkretisierung*

---

[254] Vgl. auch *Raschke*, Rechtsfragen kommunaler Klimaschutzmaßnahmen, 2024, S. 33.

[255] *Knauff* in: Rodi (Hrsg.), Hdb. KlimaschutzR, 2022, § 5 Rn. 18; *ders.*, DV 2016, 233 (237); *Brüning/Yasin*, NordÖR 2022, 53 (55).

[256] Bundes-Klimaschutzgesetz (KSG) v. 12.12.2019 (BGBl. I S. 2513), geändert durch Art. 1 Zweites ÄndG v. 15.07.2024 (BGBl. 2024 I Nr. 235).

[257] Bundes-Klimaschutzgesetz (KSG) v. 12.12.2019 (BGBl. I S. 2513), geändert durch Art. 11 Erstes ÄndG v. 18.08.2021 (BGBl. I S. 3905).

[258] Bundes-Klimaschutzgesetz v. 12.12.2019 (BGBl. I S. 2513), geändert durch Art. 1 Zweites ÄndG v. 15.07.2024 (BGBl. 2024 I Nr. 235).

[259] *Peters* in: Fellenberg/Guckelberger (Hrsg.), KlimaschutzR, 2022, § 1 KSG Rn. 1, 3; *Wickel* in: Säcker/Ludwigs (Hrsg.), Berliner Kommentar zum EnergieR, Bd. 3, 5. Aufl. 2022, § 1 KSG Rn. 3; *Franzius* in: Kreuter-Kirchhof/Schlacke, KlimaschutzR, 2025, § 1 Rn. 2.

[260] Vgl. auch BVerfGE 157, 30 Rn. 208; *Wickel* in: Säcker/Ludwigs (Hrsg.), Berliner Kommentar zum EnergieR, Bd. 3, 5. Aufl. 2022, § 1 KSG Rn. 29; *Franzius* in: Kreuter-Kirchhof/Schlacke, KlimaschutzR, 2025, § 1 Rn. 17.

[261] BVerfGE 157, 30 Rn. 208 f.

des Klimaschutzziels des Grundgesetzes" angesehen.[262] Die Grundlage für das in § 1 S. 3 KSG erwähnte Ziel liegt in der Verpflichtung aus Art. 2 Abs. 1 lit. a) Pariser Abkommen.[263]

Aus dem Temperaturziel ergeben sich zwar selbst noch keine konkret zu leistenden Beiträge, allerdings lässt sich ein Schutzkonzept erstellen.[264] Für ein solches Schutzkonzept wurde im KSG ein verbindlicher Ansatz eingeführt, um die notwendigen „*Leitplanken*" auszufüllen.[265] Das KSG ist ein Rahmengesetz, welches durch die Festlegung übergreifender Ziele und Jahresemissionsgesamtmengen (§ 3 Abs. 1 und Abs. 2, § 4 Abs. 1 KSG), die Klimaschutzplanung (§ 9 Abs. 1 KSG) und ein Berichtswesen (§ 10 S. 1 KSG) gekennzeichnet ist.[266] Mit Hilfe des KSG werden Temperaturminderungsziele für die Jahre bis 2050 (§ 3 Abs. 1 und Abs. 2 KSG) vorgegeben, die mit Hilfe von Jahresemissionsgesamtmengen eingehalten werden sollen (§ 4 Abs. 1 S. 3 KSG i.V.m. Anlage 2 zum KSG).[267] Die Jahresemissionsgesamtmengen sollen schließlich durch die Festlegung von Maßnahmen im Klimaschutzprogramm erreicht werden (§ 9 Abs. 1 KSG).[268]

1. Klimaschutzziele gem. § 3 Abs. 1 und Abs. 2 KSG

Nachdem im Jahr 2019 das Klimaschutzgesetz des Bundes erlassen wurde, sind die bundesweiten Klimaschutzziele erstmals gesetzlich verankert.[269]

---

[262] BVerfGE 157, 30 Rn. 209; vgl. ferner *Klinski/Scharlau/von Swieykowski-Trzaska/Keimeyer/Sina*, NVwZ 2020, 1 (2).

[263] BVerfGE 157, 30 Rn. 209; *Saurer*, NuR 2020, 433 (435); *Wickel* in: Säcker/Ludwigs (Hrsg.), Berliner Kommentar zum EnergieR, Bd. 3, 5. Aufl. 2022, § 1 KSG Rn. 3.

[264] *Calliess* in: Dürig/Herzog/Scholz, GG, 108. EL. August 2025, Art. 20a Rn. 44 f.

[265] *Calliess* in: Dürig/Herzog/Scholz, GG, 108. EL. August 2025, Art. 20a Rn. 44 f.

[266] *Schlacke*, NVwZ 2022, 905 (908); *Wickel* in: Säcker/Ludwigs (Hrsg.), Berliner Kommentar zum EnergieR, Bd. 3, 5. Aufl. 2022, § 1 KSG Rn. 1; vgl. auch *ders.* in: Säcker/Ludwigs (Hrsg.), Berliner Kommentar zum EnergieR, Bd. 3, 5. Aufl. 2022, § 1 KSG Rn. 52; *Schlacke/Thierjung* in: Kreuter-Kirchhof/Schlacke, KlimaschutzR, 2025, Einführung Rn. 121.

[267] Vgl. *von Weschpfennig* in: Fellenberg/Guckelberger (Hrsg.), KlimaschutzR, 2022, § 3 KSG Rn. 1.

[268] Vgl. hierzu auch *Klinski/Scharlau/von Swieykowski-Trzaska/Keimeyer/Sina*, NVwZ 2020, 1 (2); *Guckelberger* in: Fellenberg/Guckelberger (Hrsg.), KlimaschutzR, 2022, § 9 KSG Rn. 10.

[269] *Schlacke*, EnWZ 2020, 355 (359 f); *von Weschpfennig* in: Fellenberg/Guckelberger (Hrsg.), KlimaschutzR, 2022, § 3 KSG Rn. 32.

Das grundsätzliche Ziel des KSG liegt in der Einhaltung des langfristigen Temperaturziels des Pariser Abkommens (§ 1 S. 3 KSG).[270] Zu diesem Zweck sind gem. § 3 Abs. 1 und Abs. 2 KSG nationale Minderungsquoten festgelegt.[271] Danach sind die Treibhausgasemissionen für die Zieljahre 2030, 2040, 2045 sowie 2050 schrittweise zu senken. Bis zum Jahr 2030 sollen die Treibhausgasemissionen im Vergleich zum Jahr 1990 um 65 %, bis zum Jahr 2040 um 88 % und bis zum Jahr 2045 um 100 % gemindert werden (§ 3 Abs. 1 und Abs. 2 S. 1 KSG). Ab dem Jahr 2050 sind negative Treibhausgasemissionen zu erzielen (§ 3 Abs. 2 S. 2 KSG). Mit diesen nationalen Minderungszielen erfüllt die Bundesrepublik die Vorgabe des Pariser Abkommens, dass sobald wie möglich eine Treibhausgasemissions-Neutralität erreicht werden soll (Art. 4 Abs. 1 S. 1 Pariser Abkommen).[272] Außerdem wird damit ein Beitrag zur Erreichung der europäischen Klimaschutzziele des § 4 Abs. 1 EU-Klimagesetzes geleistet, wonach bis 2030 55 % der Treibhausgasemissionen in der Europäischen Union gegenüber dem Jahr 1990 zu reduzieren sind.[273]

Die nationalen Minderungsziele gem. § 3 Abs. 1 und Abs. 2 KSG sind strikt einzuhalten.[274] Das hat zur Folge, dass es sich bei den genannten Zielen nicht lediglich um „Soll"-Ziele handelt, bei denen Abweichungen erlaubt sind.[275] Vielmehr sind die Minderungsziele verbindlich. Sollten die nationalen Ziele zur Erreichung des Temperaturziels des Pariser Abkommens oder der europäischen Klimaschutzziele nicht ausreichen, so hat die Bundesregierung

---

270 *Peters* in: Fellenberg/Guckelberger (Hrsg.), KlimaschutzR, 2022, § 1 KSG Rn. 3; *Wickel* in: Säcker/Ludwigs (Hrsg.), Berliner Kommentar zum EnergieR, Bd. 3, 5. Aufl. 2022, § 1 KSG Rn. 3; *Franzius* in: Kreuter-Kirchhof/Schlacke, KlimaschutzR, 2025, § 3 Rn. 3.

271 *von Weschpfennig* in: Fellenberg/Guckelberger (Hrsg.), KlimaschutzR, 2022, § 3 KSG Rn. 25; *Wickel* in: Säcker/Ludwigs (Hrsg.), Berliner Kommentar zum EnergieR, Bd. 3, 5. Aufl. 2022, § 3 KSG Rn. 1; *Franzius* in: Kreuter-Kirchhof/Schlacke, KlimaschutzR, 2025, § 3 Rn. 3.

272 Vgl. *von Weschpfennig* in: Fellenberg/Guckelberger (Hrsg.), KlimaschutzR, 2022, § 3 KSG Rn. 1.

273 Vgl. *von Weschpfennig* in: Fellenberg/Guckelberger (Hrsg.), KlimaschutzR, 2022, § 3 KSG Rn. 5.

274 Vgl. *Kreuter-Kirchhof*, KlimR 2022, 43 (44); *Schlacke*, UmweltR, 9. Aufl. 2023, § 16 Rn. 40; *Franzius* in: Kreuter-Kirchhof/Schlacke, KlimaschutzR, 2025, § 3 Rn. 4.

275 Vgl. *Kreuter-Kirchhof*, KlimR 2022, 43 (44); *Schlacke*, UmweltR, 9. Aufl. 2023, § 16 Rn. 40; *Wickel* in: Säcker/Ludwigs (Hrsg.), Berliner Kommentar zum EnergieR, Bd. 3, 5. Aufl. 2022, § 3 KSG Rn. 3.

die Zielwerte überdies zu erhöhen (§ 3 Abs. 4 S. 1 KSG). Eine Minderung ist hingegen nicht erlaubt (§ 3 Abs. 4 S. 2 KSG).[276]

In § 3a Abs. 1 KSG sind außerdem zur Einhaltung der Vorgaben aus der LULUCF-VO nationale Klimaschutzziele für den Sektor „Landnutzung, Landnutzungsänderung und Forstwirtschaft" geregelt.[277] Danach sollen bis zum Jahr 2030 mindestens minus 25 Millionen Tonnen Kohlendioxidäquivalent erreicht werden. Bis zum Jahr 2040 soll das Minus 35 Millionen betragen und bis zum Jahr 2040 40 Millionen (§ 3a Abs. 1 S. 3 Nr. 1–3 KSG).

Aus dem KSG ergibt sich weiterhin, wie die Minderungsziele des § 3 Abs. 1 und Abs. 2 KSG erreicht werden sollen. Beachtlich ist dabei, dass die Vorgehensweise der nationalen Zielerreichung im Jahr 2024 grundlegend verändert wurde.

a) Jährliche Sektormengen nach den Regelungen des KSG von 2019/2021

Das KSG aus dem Jahr 2019/2021 hat für die Erreichung der Minderungsziele nach § 3 Abs. 1 Nr. 1 spezifische Sektormengen für eine Treibhausgasemissions-Reduktion festgelegt (§ 4 Abs. 1 S. 1 KSG 2019/2021).[278] In § 4 Abs. 1 S. 1 Nr. 1–Nr. 6 KSG 2019/2021 waren die Sektoren Energiewirtschaft, Industrie, Verkehr, Gebäude, Landwirtschaft sowie Abfallwirtschaft und Sonstiges aufgestellt.[279] Für die einzelnen Sektoren waren in Anlage 2 zum KSG 2019/2021 jährlich sinkende Jahresemissionsmengen vorgegeben, die erreicht werden mussten.[280] Beispielsweise war in Anlage 2 zum KSG 2019/2021 für den Sektor Energiewirtschaft geregelt, dass im Jahr 2020 280 Millionen Tonnen CO_2 verbraucht werden durften, während im Jahr 2022 der erlaubte Verbrauch

---

276 *von Weschpfennig* in: Fellenberg/Guckelberger (Hrsg.), KlimaschutzR, 2022, § 3 KSG Rn. 39.

277 BT-Drs. 19/30230, S. 19; vgl. *Frenz*, NuR 2021, 583 (583).

278 Vgl. *von Weschpfennig* in: Fellenberg/Guckelberger (Hrsg.), KlimaschutzR, 2022, § 4 KSG Rn. 1; *Wickel* in: Säcker/Ludwigs (Hrsg.), Berliner Kommentar zum EnergieR, Bd. 3, 5. Aufl. 2022, § 4 KSG Rn. 13.

279 Vgl. *von Weschpfennig* in: Fellenberg/Guckelberger (Hrsg.), KlimaschutzR, 2022, § 4 KSG Rn. 5; *Wickel* in: Säcker/Ludwigs (Hrsg.), Berliner Kommentar zum EnergieR, Bd. 3, 5. Aufl. 2022, § 4 KSG Rn. 8; vgl. *Schlacke/Franzius* in: Kreuter-Kirchhof/Schlacke, KlimaschutzR, 2025, § 4 Rn. 2.

280 Vgl. *von Weschpfennig* in: Fellenberg/Guckelberger (Hrsg.), KlimaschutzR, 2022, § 4 KSG Rn. 9.

nur noch 257 Millionen Tonnen betrug. Das KSG 2019/2021 kam mit der Festlegung jährlicher Treibhausgasemissionsbudgets in den Sektoren der Verpflichtung aus Art. 2 Abs. 1 Hs. 1 EU-Klimaschutz-VO nach, die Treibhausgasemissionen in den Bereichen, die nicht durch die EU-EHS-RL erfasst sind, zu reduzieren.[281] Nach dem Klimaschutzbeschluss des BVerfG[282] wurde das KSG im Jahr 2021 das erste Mal novelliert.[283] Mit der Novelle wurden zur Erreichung der Minderungsquote des § 3 Abs. 1 Nr. 2 KSG ebenfalls jährliche Minderungsbudgets für die Jahre 2031–2040 eingeführt (§ 4 Abs. 1 S. 6 KSG 2021 i.V.m. Anlage 3 zum KSG 2021).[284] Für die Jahre 2041–2045 hätte die Bundesregierung schließlich einen Gesetzgebungsvorschlag hinsichtlich der in dem Zeitraum zulässigen Jahresemissionsmengen spätestens bis zum Jahr 2032 vorlegen müssen (§ 3 Abs. 2 S. 1, § 4 Abs. 1 S. 7 KSG 2021).[285]

b) Abschaffung der sektorbezogenen Treibhausgasemissionsmengen mit zweiter KSG-Novelle

Mit der zweiten Novelle des KSG im Jahr 2024 wurden die Treibhausgasemissions-Minderungsbudgets für die einzelnen Sektoren nach § 4 Abs. 1 S. 1 KSG 2019/2021 weitestgehend mit Jahresemissionsgesamtmengen ausgetauscht (§ 4 Abs. 1 S. 2 KSG).[286] Zwar sind in § 5 Abs. 1 S. 2 KSG i.V.m. Anlage 2a zum KSG weiterhin jährlich sinkende Treibhausgasemissions-Budgets für die einzelnen Sektoren aufgestellt. Allerdings geht von diesen Sektormengen grundsätzlich

---

281 Vgl. *von Weschpfennig* in: Fellenberg/Guckelberger (Hrsg.), KlimaschutzR, 2022, § 3 KSG Rn. 1.

282 BVerfGE 157, 30.

283 Bundes-Klimaschutzgesetz (KSG) v. 12.12.2019 (BGBl. I S. 2513), geändert durch Art. 11 Erstes ÄndG v. 18.08.2021 (BGBl. I S. 3905).

284 BT-Drs. 19/30230, S. 12; *von Weschpfennig* in: Fellenberg/Guckelberger (Hrsg.), KlimaschutzR, 2022, § 4 KSG Rn. 14; *Jope*, EWeRK 2021, 145 (147); *Saurer* in: Rodi (Hrsg.), Hdb. KlimaschutzR, 2022, § 10 Rn. 14 ff.; *Schlacke/Franzius* in: Kreuter-Kirchhof/Schlacke, KlimaschutzR, 2025, § 4 Rn. 4.

285 *von Weschpfennig* in: Fellenberg/Guckelberger (Hrsg.), KlimaschutzR, 2022, § 3 KSG Rn. 30.

286 Vgl. *Wiedmann*, NVwZ 2024, 876 (877); *Schlacke/Thierjung* in: Kreuter-Kirchhof/Schlacke, KlimaschutzR, 2025, Einführung Rn. 32; *Franzius* in: Kreuter-Kirchhof/Schlacke, KlimaschutzR, 2025, § 1 Rn. 14; *Schlacke/Franzius* in: Kreuter-Kirchhof/Schlacke, KlimaschutzR, 2025, § 4 Rn. 5.

keine Zielwirkung mehr aus.[287] Die Emissionsbudgets in den einzelnen Sektoren dienen lediglich als Berechnungsgrundlage für die Erstellung der Daten der Treibhausgasemissionen nach § 5 Abs. 1 S. 1 KSG.[288] Pflichten für die jeweiligen Bundesministerien zur Erreichung der jährlichen Sektormengen gehen aus dem neuen KSG ebenfalls nicht mehr hervor.[289] Lediglich in § 5 Abs. 3 KSG werden die für die jeweiligen Sektoren zuständigen Bundesministerien dazu verpflichtet, zur Erreichung der in § 3 Abs. 1 KSG aufgeführten Klimaschutzziele einen *„angemessenen Beitrag*" zu leisten.[290] Gerade auch die Tatsache, dass die Minderungsbudgets in den Sektoren nicht mehr in § 4 Abs. 1 KSG aufgeführt sind, sondern in den neuen § 5 Abs. 1 S. 2 KSG mitaufgenommen wurden, zeigt noch einmal, dass die Sektormengen keine wirkliche Relevanz mehr haben.[291] Weiterhin werden die in § 5 Abs. 1 S. 2 KSG i.V.m. Anlage 2a zum KSG geregelten Sektormengen gem. § 4 Abs. 5 S. 2 KSG in einem Bericht im Jahr 2028 auf ihre Notwendigkeit hin überprüft. Besteht die entsprechende Notwendigkeit nicht mehr, kann die Bundesregierung einen Gesetzgebungsvorschlag zur entsprechenden Änderung vorlegen.[292]

c) Jahresemissionsgesamtmengen nach den Regelungen des KSG von 2024

Nach dem neuen § 4 Abs. 1 KSG wird zur Erreichung der nationalen Ziele gem. § 3 Abs. 1 KSG *„eine sektorübergreifende und mehrjährige Gesamtrechnung durchgeführt*" (§ 4 Abs. 1 S. 1 KSG).[293] Gem. § 4 Abs. 1 S. 3 und S. 4 KSG i.V.m. Anlage 2 und Anlage 3 zum KSG sind jährlich sinkende Jahresemissionsgesamtmengen festgelegt.[294] Mit Hilfe dieser

---

[287] *Stäsche*, ZfU 2024, 299 (309); *Wiedmann*, NVwZ 2024, 876 (877).
[288] *Stäsche*, ZfU 2024, 299 (309).
[289] *Stäsche*, ZfU 2024, 299 (309).
[290] *Stäsche*, ZfU 2024, 299 (309).
[291] *Stäsche*, ZfU 2024, 299 (309); vgl. *Schlacke/Franzius* in: Kreuter-Kirchhof/Schlacke, KlimaschutzR, 2025, § 4 Rn. 14, 18.
[292] *Stäsche*, ZfU 2024, 299 (309).
[293] Vgl. auch *Stäsche*, ZfU 2024, 299 (311); *Schlacke/Franzius* in: Kreuter-Kirchhof/Schlacke, KlimaschutzR, 2025, § 4 Rn. 1, 13.
[294] Vgl. auch *Stäsche*, ZfU 2024, 299 (311); *Shirvani*, DVBl 2025, 554 (555); *Schlacke/Franzius* in: Kreuter-Kirchhof/Schlacke, KlimaschutzR, 2025, § 4 Rn. 1.

Jahresemissionsgesamtmengen sollen nun die Ziele des § 3 Abs. 1 KSG eingehalten werden.[295]

Konkret bedeutet diese neue Regelung, dass nicht mehr jährliche Minderungsmengen für die Sektoren entscheidend sind, die von den zuständigen Bundesministerien erreicht werden müssen.[296] Vielmehr beziehen sich die Jahresemissionsgesamtmengen auf den Treibhausgasemissionsverbrauch insgesamt.[297] Die nun in Anlage 2a zum KSG vorgegeben Sektormengen dienen lediglich noch als Berechnungsgrundlage.[298]

Die Minderungsquote des § 3 Abs. 2 S. 1 KSG bis zum Jahr 2045 soll mit Hilfe von Zielen für technische Senken erreicht werden (§ 3b S. 1 KSG). Gem. § 4 Abs. 1 S. 7 KSG muss bis zum Jahr 2032 ein Gesetzgebungsvorschlag für die gesetzlich festgelegte Minderungsbeiträge für die Jahre zwischen 2041–2045 festgelegt werden.

2. Ziele für den Sektor Landnutzung, Landnutzungsänderung und Forstwirtschaft

Neben den nationalen Treibhausgasemissions-Minderungszielen aus § 3 Abs. 1 und Abs. 2 KSG sowie den einzuhaltenden Jahresemissionsgesamtmengen des § 4 Abs. 1 KSG i.V.m. Anlage 2 zum KSG legt § 3a Abs. 1 KSG Minderungsziele für den Sektor Landnutzung, Landnutzungsänderung und Forstwirtschaft fest und setzt damit die europäische LULUCF-VO in nationales Recht um.[299] In § 3a Abs. 1 KSG sind ebenfalls Minderungsziele bis zum Jahr 2045 festgelegt.[300] Bis zum Jahr 2030 soll mindestens ein Minus von 25 Millionen Tonnen Kohlendioxidäquivalent erreicht werden (§ 3a Abs. 1 S. 2 Nr. 1 KSG), bis zum Jahr 2040 bereits 35 Millionen Tonnen (§ 3a Abs. 1 S. 2 Nr. 2 KSG) und bis zum Jahr 2045 40 Millionen Tonnen (§ 3a Abs. 1 S. 2 Nr. 3 KSG). Anders

---

[295] *Stäsche*, ZfU 2024, 299 (311); *Shirvani*, DVBl 2025, 554 (555); *Schlacke/Franzius* in: Kreuter-Kirchhof/Schlacke, KlimaschutzR, 2025, § 4 Rn. 1.

[296] *Stäsche*, ZfU 2024, 299 (309); *Wiedmann*, NVwZ 2024, 876 (877).

[297] Vgl. *Wiedmann*, NVwZ 2024, 876 (877).

[298] *Stäsche*, ZfU 2024, 299 (309).

[299] *von Weschpfennig* in: Fellenberg/Guckelberger (Hrsg.), KlimaschutzR, 2022, § 3a KSG Rn. 1 f.; *Wickel* in: Säcker/Ludwigs (Hrsg.), Berliner Kommentar zum EnergieR, Bd. 3, 5. Aufl. 2022, § 3a KSG Rn. 4.

[300] *von Weschpfennig* in: Fellenberg/Guckelberger (Hrsg.), KlimaschutzR, 2022, § 3a KSG Rn. 1; *Franzius* in: Kreuter-Kirchhof/Schlacke, KlimaschutzR, 2025, § 3 Rn. 6.

als in § 4 Abs. 1 KSG i.V.m. Anlage 2 zum KSG werden in § 3a KSG keine Jahresemissionsgesamtmengen vorgegeben. Vielmehr werden nach § 5 Abs. 2 Nr. 3 KSG vom Umweltbundesamt erstellte Emissionsdaten als Grundlage für die Emissionsbilanzen herangezogen (§ 3a Abs. 1 S. 4 KSG).

IV. Zwischenergebnis

Die Verpflichtung aus dem Pariser Abkommen zur Einhaltung des Temperaturziels aus Art. 2 Abs. 1 lit. a) hat auf die Ausgestaltung des Klimaschutzrechts auf Bundesebene Einfluss. So sind klare Voraussetzungen zur Einhaltung des Klimaschutzgebots aus Art. 20a GG entstanden. Auch die Wahrung grundrechtlicher Schutzpflichten sowie grundrechtlicher Abwehrrechte hat sich mit dem Einfluss des Pariser Abkommens verändert. Notwendig dafür war die Aufstellung des KSG auf Bundesebene, welches nationale Zielvorgaben für die Treibhausgasemissions-Reduktion aufweist.

E. Klimaschutz im Landesrecht

In den meisten Bundesländern der Bundesrepublik Deutschland sind ebenfalls Klimaschutzgesetze mit eigenen Klimaschutzzielen aufgestellt worden. Zu beachten ist, dass die Bundesländer unterschiedliche Minderungsziele festgelegt haben, da sie entsprechend ihren Gegebenheiten unterschiedlich große Mengen an Treibhausgasen ausstoßen.[301]

I. Bedeutung des Art. 20a GG für die Bundesländer

Grundsätzlich bindet Art. 20a GG als Staatszielbestimmung neben dem Bund auch die Bundesländer.[302] Konkrete Pflichten über die allgemeine Aufgabe, Regelungen zum Klimaschutz zu treffen gehen für die Bundesländer aus Art. 20a GG allerdings nicht hervor.[303] Für den Klimaschutz ist Art. 20a GG dahingehend konkretisiert worden, dass das Temperaturziel des

---

301 *Wickel*, ZUR 2021, 332 (337); *Köck/Kohlrausch*, ZUR 2021, 610 (615); *Guckelberger*, NuR 2023, 721 (725).

302 BVerfG, NJW 2022, 844 Rn. 16; *Frenz*, UPR 2021, 367 (371); *Schlacke/Thierjung* in: Kreuter-Kirchhof/Schlacke, KlimaschutzR, 2025, Einführung Rn. 157.

303 Vgl. BVerfG, NJW 2022, 844 Rn. 16.

Pariser Abkommens aus Art. 2 Abs. 1 lit. a) eingehalten werden muss.[304] Entsprechend ist bundesrechtlich im KSG das Pariser Temperaturziel ebenfalls mitaufgenommen und dahingehend ausgestaltet worden, dass konkrete Jahresemissionsgesamtmengen zur Verfügung stehen.[305] Aus Art. 20a GG ist hingegen nicht ableitbar, in welchen Ländern wie viele Treibhausgasemissionen reduziert werden müssen.[306] Die Koordination der länderspezifischen Treibhausgasemissions-Reduktion ist verfassungsrechtlich daher nicht vorgegeben.[307] Entsprechende Pflichten, wie Klimaschutz konkret auszusehen hat, unterliegt somit dem gesetzgeberischen Gestaltungsspielraum.[308] Eine generelle Pflicht zur Aufstellung von Klimaschutzgesetzen für die Bundesländer lässt sich Art. 20a GG somit nicht entnehmen.[309]

II. Grundrechtliche Schutzpflichtverletzung bei fehlenden Landesklimaschutzgesetzen

Eine Pflicht zur Aufstellung von Klimaschutzgesetzen in den Bundesländern geht auch nicht aus einer grundrechtlichen Schutzpflichtverletzung hervor.[310] Für den Klimawandel können, wie bereits dargestellt, Schutzpflichten für den Staat aus Art. 2 Abs. 2 S. 1 GG sowie Art. 14 Abs. 1 GG entstehen.[311] Insofern könnte sich für die Landesgesetzgeber die Pflicht ergeben, dass Landesklimaschutzgesetze aufgestellt werden müssen, um der Schutzpflicht genügen zu können. Allerdings hat das BVerfG im Beschluss vom 24.03.2021[312] entschieden, dass eine solche Schutzpflichtverletzung aufgrund des Vorliegens des KSG – und damit wegen darin enthaltener Maßnahmen zum Schutz des Klimas – gerade nicht besteht.[313] Insofern liegt – nach Auffassung

---

304 Kap. 2 D I 1.

305 Kap. 2 D III.

306 BVerfG, NJW 2022, 844 Rn. 16; *Schlacke/Thierjung* in: Kreuter-Kirchhof/Schlacke, KlimaschutzR, 2025, Einführung Rn. 158.

307 BVerfG, NJW 2022, 844 Rn. 16.

308 BVerfG, NJW 2022, 844 Rn. 16.

309 Vgl. BVerfG, NJW 2022, 844 Rn. 13 ff.

310 BVerfG, NJW 2022, 844 Rn. 18.

311 BVerfGE 157, 30 Rn. 143 ff.; *Krüper* in: Dreier, GG Bd. I, 4. Aufl. 2023, Art. 2 Abs. 2 S. 1 Rn. 96.

312 BVerfGE 157, 30.

313 BVerfGE 157, 30 Rn. 143 ff.

des BVerfG – auch keine Schutzpflichtverletzung durch das Fehlen von Landesklimaschutzgesetzen vor.[314]

III. Grundrechtliche Abwehrrechte zur Aufstellung von Landesklimaschutzgesetzen

Eine eingriffsähnliche Vorwirkung in grundrechtlich geschützte Abwehrrechte entsteht nach Auffassung des BVerfG durch das Fehlen von Klimaschutzgesetzen auf Landesebene ebenfalls nicht.[315] Schließlich wurden den einzelnen Bundesländern keine individuell einzuhaltenden Emissionsbudgets zugewiesen.[316] Weder aus dem Bundesrecht noch aus dem Grundgesetz geht hervor, wie hoch genau die CO_2-Restbudgets der einzelnen Länder auszusehen haben.[317] Zwar verpflichtet Art. 20a GG auch die Länder zum Klimaschutz.[318] Allerdings lassen sich aufgrund der regionalen Unterschiede der einzelnen Bundesländer keine konkreten Umsetzungsvorgaben erkennen.[319] Auch geht aus Art. 20a GG nicht hervor, wie der Emissionsverbrauch in den einzelnen Bundesländern aussehen muss.[320] Insofern bestehen für die Bundesländer mangels Vorliegens einer eingriffsähnlichen Vorwirkung keine Vorgaben hinsichtlich des Klimaschutzes.

IV. Pflicht zur Aufstellung von Klimaschutzgesetzen aus den Landesverfassungen

Auch aus den jeweiligen Landesverfassungen folgt keine konkrete Pflicht zum Erlass von Landesklimaschutzgesetzen. Lediglich die Präambel der hamburgischen Verfassung[321] sowie Art. 6c NVerf[322] haben den Schutz des Klimas

---

[314] BVerfG, NJW 2022, 844 Rn. 18; *Guckelberger*, NuR 2023, 721 (722).
[315] BVerfG, NJW 2022, 844 Rn. 14.
[316] BVerfG, NJW 2022, 844 Rn. 14.
[317] BVerfG, NJW 2022, 844 Rn. 15; so auch *Shirvani/Mihatsch*, UPR 2022, 366 (366).
[318] BVerfG, NJW 2022, 844 Rn. 16.
[319] BVerfG, NJW 2022, 844 Rn. 17.
[320] BVerfG, NJW 2022, 844 Rn. 16.
[321] Verfassung der Freien und Hansestadt Hamburg v. 06.06.1952 (HmbBl. 100-a), geändert durch Gesetz v. 20.04.2023 (HmbGVBl. S. 169).
[322] Niedersächsische Verfassung v. 19.05.1993 (Nds. GVBl. 1993, 107), geändert durch Art. 1 d. Gesetzes v. 08.11.2023 (Nds. GVBl. S. 258).

zum Staatsziel erklärt.[323] Im Saarland umschreibt der aktualisierte Art. 59a Abs. 1 S. 3 SVerf[324] das Staatsziel zum Klimaschutz, in dem geregelt ist, dass *„nach dem Prinzip der Nachhaltigkeit zu handeln"* ist, *„um die Interessen künftiger Generation zu wahren"*. Mit der Aufnahme dieser Änderung in die saarländische Verfassung sollen ein *„Rückschrittsverbot und ein Optimierungsgebot"* eingeführt werden.[325] Nicht erneuerbare Ressourcen sollen im Hinblick auf zukünftige Generationen geschützt werden.[326] Konkrete Pflichten zur Aufstellung von klimaschützenden Regelungen gehen aus diesen Vorschriften allerdings nicht hervor. Insofern verpflichten die Landesverfassungen die Landesgesetzgeber nicht zur Aufstellung von Landesklimaschutzgesetzen.

V. Gesetzgebungskompetenz für die Bundesländer

In den meisten Bundesländern sind Landesklimaschutzziele in Landesklimaschutzgesetzen normiert. Die Bundesländer sind ungeachtet der konkurrierenden Gesetzgebungszuständigkeit des Bundes zur Aufstellung von Regelungen im Bereich des Klimaschutzes (Art. 74 Abs. 1 Nr. 24 GG) gesetzgebungskompetent.[327] Grundsätzlich sind die Länder nach den Regelungen des Art. 70 Abs. 1 GG nicht zur Gesetzgebung befugt, wenn dem Bund die Gesetzgebungskompetenz in den Katalogen des Art. 73 Abs. 1, Art. 74 Abs. 1 GG zugewiesen wurde.[328] Für den Bund besteht, wie bereits beschrieben[329], die konkurrierende Gesetzgebungskompetenz nach Art. 74 Abs. 1 Nr. 24 GG für den Erlass eines Klimaschutzgesetzes, von der mit der Aufstellung des KSG Gebrauch gemacht wurde.[330] Somit haben die Länder für den Bereich des Klimaschutzes grundsätzlich kein Gesetzgebungsrecht. Auch fällt die Kompetenz des Bundes zum Erlass von Regelungen im Bereich des Klimaschutzes

---

[323] Vgl. *Fellenberg/Guckelberger* in: Fellenberg/Guckelberger (Hrsg.), KlimaschutzR, 2022, Einl. Rn. 19.

[324] Verfassung des Saarlands v. 15.12.1947 (Amtsbl. 1947, 1077), geändert durch Gesetz v. 07.02.2024 (Amtsbl. I S. 147); *Guckelberger*, NuR 2023, 721 (721).

[325] LT-Drs. 17/505 – NEU, S. 2; *Guckelberger*, NuR 2023, 721 (721).

[326] LT-Drs. 17/505 – NEU, S. 2; *Guckelberger*, NuR 2023, 721 (721).

[327] *Knauff*, KlimR 2022, 47 (47 f.); *Kment*, NVwZ 2020, 1537 (1540); *Franzius* in: Kreuter-Kirchhof/Schlacke, KlimaschutzR, 2025, § 1 Rn. 39.

[328] *Uhle* in: Dürig/Herzog/Scholz, GG, 108. EL. August 2025, Art. 70 Rn. 2; *Franzius* in: Kreuter-Kirchhof/Schlacke, KlimaschutzR, 2025, § 1 Rn. 39.

[329] Vgl. Kap. 2 D II.

[330] BT-Drs. 19/14337, S. 19; *Guckelberger*, NuR 2023, 721 (723).

nicht unter Art. 72 Abs. 3 S. 1 Nr. 1–Nr. 7 GG. Ein Abweichungsrecht der Länder von der Gesetzgebung des Bundes besteht insofern ebenfalls nicht.[331]

Dennoch haben die Länder auch nach Einführung des KSG Landesklimaschutzgesetze erlassen.[332] Die Klimaschutzgesetze der Länder, die bereits vor der Einführung des KSG, sowie diejenigen, die nach dessen Einführung erlassen wurden, sind gültig und anwendbar.[333] Der Grund für die Befugnis der Länder zum Erlass von Klimaschutzgesetzen liegt in § 14 Abs. 1 S. 1 KSG.[334] § 14 Abs. 1 S. 1 KSG normiert, dass die Länder *„unbeschadet der Vereinbarkeit mit Bundesrecht"* eigene Klimaschutzgesetze erlassen dürfen.[335] Überdies werden bereits vorhandene Klimaschutzgesetze der Länder nicht unwirksam (§ 14 Abs. 1 S. 2 KSG).[336] § 14 Abs. 1 S. 1 KSG öffnet damit das Gesetzgebungsrecht für die Bundesländer.[337] Der Grund für diese Öffnung liegt darin, dass nur im Rahmen einer Zusammenarbeit zwischen Bund und Ländern ein effektiver Klimaschutz sichergestellt werden kann.[338] Die einzelnen Bundesländer unterscheiden sich hinsichtlich ihrer regionalen Besonderheiten und

---

331 Vgl. *Wittreck* in: Dreier (Hrsg.), GG Bd. II, 3. Aufl. 2015, Art. 72 Rn. 33; *Franzius* in: Kreuter-Kirchhof/Schlacke, KlimaschutzR, 2025, § 1 Rn. 39.

332 *Wickel* in: Säcker/Ludwigs (Hrsg.), Berliner Kommentar zum EnergieR, Bd. 3, 5. Aufl. 2022, Teil 2 A. Rn. 35.

333 Vgl. auch *Knauff*, KlimR 2022, 47 (47 f.); *Kment*, NVwZ 2020, 1537 (1540); *Wickel* in: Säcker/Ludwigs (Hrsg.), Berliner Kommentar zum EnergieR, Bd. 3, 5. Aufl. 2022, Teil 2 A. Rn. 35.

334 *Wickel* in: Säcker/Ludwigs (Hrsg.), Berliner Kommentar zum EnergieR, Bd. 3, 5. Aufl. 2022, Teil 2 A. Rn. 35; *Schlacke/Thierjung* in: Kreuter-Kirchhof/Schlacke, KlimaschutzR, 2025, Einführung Rn. 154; *Schlacke* in: Kreuter-Kirchhof/Schlacke, KlimaschutzR, 2025, § 14 Rn. 1.

335 Vgl. *Knauff*, KlimR 2022, 47 (48); *Kment*, NVwZ 2020, 1537 (1540); vgl. auch *Schlacke* in: Kreuter-Kirchhof/Schlacke, KlimaschutzR, 2025, § 14 Rn. 6.

336 Vgl. *Kment*, NVwZ 2020, 1537 (1540); *Schlacke* in: Kreuter-Kirchhof/Schlacke, KlimaschutzR, 2025, § 14 Rn. 5.

337 *Klinski/Scharlau/von Swieykowski-Trzaska/Keimeyer/Sina*, NVwZ 2020, 1 (7 f.); *Knauff*, KlimR 2022, 47 (47 f.); *Kment*, NVwZ 2020, 1537 (1540); *Schlacke* in: Kreuter-Kirchhof/Schlacke, KlimaschutzR, 2025, § 14 Rn. 5.

338 BT-Drs. 19/14337, S. 38; *Siegel* in: Fellenberg/Guckelberger (Hrsg.), KlimaschutzR, 2022, § 14 KSG Rn. 4; *Guckelberger*, NuR 2023, 721 (723); *Schlacke/Thierjung* in: Kreuter-Kirchhof/Schlacke, KlimaschutzR, 2025, Einführung Rn. 155; *Schlacke* in: Kreuter-Kirchhof/Schlacke, KlimaschutzR, 2025, § 14 Rn. 3.

der damit verbundenen notwendigen Intensität an Maßnahmen und Zielen für die Sicherstellung eines ausreichenden Klimaschutzes.[339] Indem der Klimaschutz föderativ sichergestellt wird, haben die Länder die Möglichkeit, die Besonderheiten ihrer jeweiligen Regionen hinreichend zu berücksichtigen.

Eine Einschränkung des Gesetzgebungsrechts der Länder liegt allerdings dahingehend vor, dass die Ziele der Klimaschutzgesetze der Länder mit denen des Bundes-KSG übereinstimmen müssen.[340] Die Ziele des KSG des Bundes dürfen durch die Klimaschutzgesetze der Länder nicht konterkariert werden.[341] Davon abgesehen haben die Länder das Recht, Regelungen zum Schutz des Klimas aufzustellen. Dazu gehört die Normierung eigener Klimaschutzziele sowie eigener Maßnahmen wie des Planungsinstruments zur Erreichung der Landesklimaschutzziele.[342]

VI. Klimaschutzgesetze der Bundesländer

Zwölf der Bundesländer haben bereits eigene Klimaschutzgesetze eingeführt.[343] Davon bestanden sechs der Landesklimaschutzgesetze vor der Einführung des Pariser Abkommens.[344] Die Klimaschutzgesetze, die vor der Verabschiedung des Pariser Abkommens bestanden, wurden inzwischen weitestgehend dahingehend aktualisiert, dass dessen Temperaturziel als Gesetzeszweck aufgenommen wurde.

---

339 *Siegel* in: Fellenberg/Guckelberger (Hrsg.), KlimaschutzR, 2022, § 14 KSG Rn. 1.

340 BT-Drs. 19/14337, S. 38; *Kohlrausch*, ZUR 2020, 262 (263); *Klinski/Scharlau/von Swieykowski-Trzaska/Keimeyer/Sina*, NVwZ 2020, 1 (7 f.); *Wickel* in: Säcker/Ludwigs (Hrsg.), Berliner Kommentar zum EnergieR, Bd. 3, 5. Aufl. 2022, Teil 2 A. Rn. 64; *Schlacke* in: Kreuter-Kirchhof/Schlacke, KlimaschutzR, 2025, § 14 Rn. 4, 5.

341 *Köck/Kohlrausch*, ZUR 2021, 610 (612 f.); *Siegel* in: Fellenberg/Guckelberger (Hrsg.), KlimaschutzR, 2022, § 14 KSG Rn. 15.

342 *Knauff* in: Rodi (Hrsg.), Hdb. KlimaschutzR, 2022, § 5 Rn. 10.

343 Klimaschutzgesetze haben eingeführt Hamburg, Berlin, Bayern, Schleswig-Holstein, Saarland, Rheinland-Pfalz, Thüringen, Bremen, Nordrhein-Westfalen, Niedersachsen, Hessen, Baden-Württemberg.

344 Vor der Einführung des Pariser Abkommens gab es bereits Klimaschutzgesetze in Hamburg, Hessen, Nordrhein-Westfalen, Baden-Württemberg, Rheinland-Pfalz und Bremen.

1. Anpassung an das Pariser Abkommen

Hamburg hat bereits am 25.06.1997 mit dem hamburgischen Gesetz zum Schutz des Klimas durch Energieeinsparung das erste nationale Klimaschutzgesetz erlassen.[345] Im Jahr 2019 ist das Ziel der Erreichung des Pariser Temperaturziels in das Gesetz aufgenommen worden (§ 1 S. 1 HmbKliSchG 2019). Aktuell gültig ist das HmbKliSchG vom 20.02.2020[346], in dem die Ziele des Pariser Abkommens in § 2 Abs. 1 S. 1 HmbKliSchG verortet sind. Dem HmbKliSchG folgte Hessen mit seinem Energiegesetz, in dem am 26.01.2023[347] das Pariser Temperaturziel in § 1 Abs. 1 S. 1 HKlimaG als Zweck des Gesetzes eingefügt wurde, und NRW, in dem am 08.07.2021[348] das Pariser Temperaturziel zur Grundlage erklärte (§ 1 Abs. 1 S. 2 KlimaSchG NW). In Baden-Württemberg gilt das KlimaG BW[349]. In der aktuellen Neufassung dieses Gesetzes findet sich in § 1 Nr. 1 das Ziel des Pariser Abkommens. In Rheinland-Pfalz wurde im Jahr 2025 das LKSG RP[350] neu gefasst. In § 1 Abs. 1 S. 1 und 2 LKSG RP sind die europäischen Ziele verankert. Das BremKEG[351] wurde ebenfalls im Jahr 2025 aktualisiert. Das Pariser Abkommen wurde allerdings nicht verankert.

---

345 Hamburgisches Gesetz zum Schutz des Klimas durch Energieeinsparung v. 25.06.1997 (HmbGVBl. 1997, S. 261); *Wickel* in: Säcker/Ludwigs (Hrsg.), Berliner Kommentar zum EnergieR, Bd. 3, 5. Aufl. 2022, Teil 2 A. Rn. 1; vgl. auch *Franzius* in: Kreuter-Kirchhof/Schlacke, KlimaschutzR, 2025, § 1 Rn. 35.

346 Hamburgisches Gesetz zum Schutz des Klimas (HmbKliSchG) v. 20.02.2020, geändert durch Drittes ÄndG vom 04.11.2025 (HmbGVBl. S. 597).

347 Hessisches Gesetz zur Förderung des Klimaschutzes und zur Anpassung an die Folgen des Klimawandels v. 26.01.2023 (GVBl. 2023, 42), geändert durch Art. 82 Erstes BürokratieabbauG vom 16.12.2025 (GVBl. Nr. 110).

348 Gesetz zur Neufassung des Klimaschutzgesetzes Nordrhein-Westfalen v. 08.07.2021 (GV. NRW. 2021, 908), geändert durch Art. 3 Abs. 9 d. Gesetzes v. 11.03.2025 (GV. NRW. S. 288, 291).

349 Klimaschutz- und Klimawandelanpassungsgesetz Baden-Württemberg v. 07.02.2023 (GBl. 2023, 26), geändert durch Art. 1 G zur Änd. des Klimaschutz- und KlimawandelanpassungsG und weiterer Regelungen sowie G zu dem Abk. zur Übertragung von weiteren Aufgaben auf das Deutsche Institut für Bautechnik vom 29.7.2025 (GBl. Nr. 77); *Wickel* in: Säcker/Ludwigs (Hrsg.), Berliner Kommentar zum EnergieR, Bd. 3, 5. Aufl. 2022, Teil 2 A. Rn. 1.

350 Landesklimaschutzgesetz vom 09.07.2025 (GVBl. 2025, 257).

351 Bremisches Klimaschutz- und Energiegesetz v. 24.03.2015 (Brem. GBl. 2015, 124), geändert durch Nr. 2.3 iVm Anl. 3 Bek. über die Änd. von Zuständigkeiten vom 2.9.2025 (Brem. GBl. S. 674).

Die Landesklimaschutzgesetze, die nach der Einführung des Pariser Abkommens verabschiedet wurden, haben fast alle das Temperaturziel des Pariser Abkommens zum Gesetzeszweck (§ 1 S. 2 EWG Bln in Berlin[352], § 1 S. 2 EWKG in Schleswig-Holstein[353], Art. 1 S. 6 BayKlimaG[354] in Bayern, § 1 NKlimaG[355] in Niedersachsen sowie § 1 Abs. 1 SKSG im Saarland[356]). Lediglich in Thüringen sind die internationalen Vorgaben nicht erwähnt (§ 1 ThürklimaG[357]). Allerdings geht es auch in diesem Bundesland um die Reduktion der Treibhausgasemissionen (§ 1 Abs. 1 S. 1 ThürKlimaG). In Mecklenburg-Vorpommern[358] besteht ein Gesetzesentwurf, der allerdings nicht verabschiedet wurde.[359] Auch in Sachsen-Anhalt wurde der Gesetzentwurf für ein Landesklimaschutzgesetz nicht umgesetzt.[360] In Brandenburg und Sachsen gibt es keine Klimaschutzgesetze.[361]

2. Klimaschutzziele der Bundesländer

Die einzelnen Bundesländer haben – sofern sie eigene Klimaschutzgesetze erlassen haben – im Rahmen dessen eigene länderspezifische Klimaschutzziele

---

352 Berliner Klimaschutz- und Energiewendegesetz v. 22.03.2016 (GVBl. 2016, 122), geändert durch Art. 1 des Gesetzes v. 27.08.2021 (GVBl. S. 989).

353 Gesetze zur Energiewende und zum Klimaschutz in Schleswig-Holstein v. 07.03.2017 (GVOBl. 2025, 26), geändert durch Art. 9 HaushaltsbegleitG 2026 vom 11.12.2025 (GVOBl. Schl.-H. Nr. 165).

354 Bayerisches Klimaschutzgesetz v. 23.11.2020 (GVBl 2020, 598), geändert durch § 1 G v. 23.12.2022, GVBl. S. 704.

355 Niedersächsisches Gesetz zur Förderung des Klimaschutzes und zur Minderung der Folgen des Klimawandels v. 10.12.2020 (Nds. GVBl. 2020, 464), geändert durch Art. 1 ÄndG zum KlimaG vom 18.11.2025 (Nds. GVbl. Nr. 87).

356 Gesetz Nr. 2107 zum Klimaschutz im Saarland v. 12.07.2023 (Amtsbl. I 2023, 620), geändert durch Gesetz v. 13.11.2024 (Amtsbl. I S. 1074).

357 Thüringer Gesetz zum Klimaschutz und zur Anpassung an die Folgen des Klimawandels v. 18.12.2018 (GVBl. 2018, 816), geändert durch Art. 2 des Gesetzes v. 02.07.2024 (GVBl. S. 272, 273).

358 Landtag Mecklenburg-Vorpommern, Drs. 7/5737.

359 *Schlacke/Thierjung* in: Kreuter-Kirchhof/Schlacke, KlimaschutzR, 2025, Einführung Rn. 153.

360 Entwurf eines Klimaschutzgesetzes des Landes Sachsen-Anhalt (KlSchG LSA), Drs. 6/2369; *Schlacke/Thierjung* in: Kreuter-Kirchhof/Schlacke, KlimaschutzR, 2025, Einführung Rn. 153.

361 *Schlacke/Thierjung* in: Kreuter-Kirchhof/Schlacke, KlimaschutzR, 2025, Einführung Rn. 153.

zur Senkung der Treibhausgasemissionen bis zum Jahr 2050 aufgestellt.[362] Damit versuchen auch die Länder einen Beitrag zur Erfüllung des Temperaturziels nach dem Pariser Abkommen zu leisten.[363] Gemeinsam verfolgen die Bundesländer in ihren jeweiligen Gesetzen das Ziel, die Treibhausgasemissionen bis zum Jahr 2050 um mindestens 80–100 % zu senken.[364] Lediglich die einzelnen Minderungsquoten hin zu dem Reduktionsziel im Jahr 2050 unterscheiden sich im Detail.[365] So regelt

---

[362] Vgl. *Stäsche*, ZUR 2018, 131 (132); *Wickel* in: Säcker/Ludwigs (Hrsg.), Berliner Kommentar zum EnergieR, Bd. 3, 5. Aufl. 2022, Teil 2 A. Rn. 2, 39.

[363] Vgl. *Frenz*, UPR 2021, 367 (368); siehe auch *Wickel* in: Säcker/Ludwigs (Hrsg.), Berliner Kommentar zum EnergieR, Bd. 3, 5. Aufl. 2022, Teil 2 A. Rn. 5; § 2 Abs. 1 S. 1 HmbKliSchG, § 1 Abs. 1 S. 1 und 2 LKSG RP, § 1 S. 2 EWG Bln, § 1 NKlimaG, § 1 Abs. 1 S. 1 HKlimaG, Art. 1 S. 6 BayKlimaG, § 1 Abs. 1 SKSG.

[364] In Hamburg soll ab 2040 die Klimaneutralität eintreten (§ 4 Abs. 2 HmbKliSchG). In Rheinland-Pfalz sollen ab 2040 100 % der Treibhausgasemissionen reduziert werden (§ 3 Abs. 1 LKSG RP). In Thüringen soll die Treibhausgas-Neutralität in der zweiten Hälfte des 21. Jahrhunderts erreicht werden (§ 3 Abs. 2 ThürKlimaG). In Niedersachsen soll bis zum Jahr 2040 die Treibhausgas-Neutralität erreicht werden (§ 3 Abs. 1 Nr. 1 NKlimaG). In Bremen sollen gem. § 1 Abs. 2 Nr. 3 BremKEG die Kohlendioxidemissionen, die durch den Primärenergieverbrauch im Land Bremen verursacht werden bis zum Jahr 2038 um 95 % reduziert werden. In Bayern soll bis spätestens 2040 die Klimaneutralität erreicht wird (Art. 2 Abs. 2 BayKlimaG). Im Saarland soll bereits bis zum Jahr 2045 die Netto-Treibhausgas-Neutralität eintreten (§ 4 Abs. 1 S. 2 SKSG). Vgl. hierzu auch *Schlacke/Thierjung* in: Kreuter-Kirchhof/Schlacke, KlimaschutzR, 2025, Einführung Rn. 162.

[365] Siehe auch *Kohlrausch*, ZUR 2020, 262 (263); In Hamburg soll bis zum Jahr 2030 eine Reduktion von 70 % der Treibhausgasemissionen erreicht werden (§ 4 Abs. 1 Nr. 1 HmbKliSchG). In Rheinland-Pfalz sollten die Treibhausgasemissionen gem. § 3 Abs. 1 LKSG RP bis zum Jahr 2035 um mind. 83 % gemindert werden. In Thüringen sollen die Treibhausgasemissionen nach § 3 Abs. 1 S. 1 ThürKlimaG bis zum Jahr 2030 um 60–70 %, bis zum Jahr 2040 um 70–80 % und bis zum Jahr 2050 um 80–95 % gemindert werden. In Niedersachsen sollen gem. § 3 Abs. 1 Nr. 1 NKlimaG die Treibhausgasemissionen bis zum Jahr 2030 um mind. 75 %, bis zum Jahr 2035 um mind. 90 % und bis zum Jahr 2040 um 100 % gemindert werden. In Berlin sollen gem. § 3 Abs. 1 EWG Bln die Kohlendioxidemissionen bis zum Jahr 2020 um mind. 40 %, bis zum Jahr 2030 um mind. 70 %, bis zum Jahr 2040 um mind. 90 % und spätestens bis zum Jahr 2045 um mind. 95 % gesenkt werden. In Bayern sollen gem. Art. 2 Abs. 1 S. 1 BayKlimaG die Treibhausgasemissionen bis zum Jahr 2030 um mind. 65 % gesenkt werden. Im Saarland sollen die Treibhausgasemissionen bis zum Jahr 2030 um mindestens 65 % gesenkt werden (§ 4 Abs. 1 S. 1 SKSG). Überdies kann gem. § 4 Abs. 2 SKSG bis zum 31.12.2028 ein Vorschlag für ein Zwischenziel für das Jahr 2040 gemacht werden.

beispielsweise Hamburg, dass bis zum Jahr 2030 die Treibhausgasemissionen um 70 % und bis zum Jahr 2040 um bis zu 98 % gesenkt werden sollen (§ 4 Abs. 1 Nr. 1 und Nr. 2 HmbKliSchG). In Bayern sollen die Emissionen dagegen bis zum Jahr 2030 um 65 % gemindert werden und ab dem Jahr 2040 soll bereits die Klimaneutralität eintreten (Art. 2 Abs. 1 S. 1 und Abs. 2 BayKlimaG). In Schleswig-Holstein soll ein Beitrag zur Erreichung der Ziele des § 3 Abs. 1 KSG geleistet werden (§ 3 Abs. 1 S. 1 EWKG SH). Eine konkrete Minderungsquote ist hingegen nicht normiert. In einzelnen Bundesländern wurde die Minderungsquote des Bundes-KSG vollständig übernommen.[366] Die Bundesländer, die eine geringere Minderungsquote festgelegt haben, als die, die bundesrechtlich festgesetzt ist, sind trotz der Vorgabe gem. § 14 Abs. 1 S. 1 KSG, dass die Landesklimaschutzgesetze mit dem des Bundes vereinbar sein müssen, wirksam.[367] Schließlich sind einheitliche Ziele sowie eine einheitliche Minderungsquote für den Bund und die Länder nicht möglich. Das KSG des Bundes hat zum Ziel, dass die Treibhausgasemissionen im gesamten Bundesgebiet reduziert werden.[368] Die Klimaschutzziele der Länder beziehen sich dagegen lediglich auf die Reduktionen der Treibhausgasemissionen in den jeweiligen Ländern. Aufgrund dessen sind für die Minderungsquoten in den Bundesländern die besonderen Gegebenheiten der einzelnen Bundesländer in den Blick zu nehmen. Nicht jedes Bundesland hat exakt gleich viele Treibhausgasemissionen. Insofern müssen sie auch nicht die gleiche Reduktionsleistung erbringen.[369]

Auch das BVerfG hat in seinem Beschluss vom 18.01.2022 festgestellt, dass gerade keine Treibhausgasemissionsbudgets für die einzelnen Bundesländer aufgestellt werden konnten.[370] Insofern gibt es keine

---

[366] So in NRW (§ 3 Abs. 1 Nr. 1 und Nr. 2, Abs. 2 KlimaSchG NW) und Hessen (§ 3 Abs. 1 und Abs. 2 HKlimaG). In Baden-Württemberg wurden die Klimaziele des Bundes KSG teilweise übernommen. Gem. § 10 Abs. 1 S. 2 KlimaG BW sollen die Treibhausgasemissionen bis zum Jahr 2030 um 65 % gemindert werden. Vgl. hierzu auch *Schlacke/Thierjung* in: Kreuter-Kirchhof/Schlacke, KlimaschutzR, 2025, Einführung Rn. 162.

[367] BT-Drs. 19/14337, S. 38; *Kohlrausch*, ZUR 2020, 262 (263).

[368] Vgl. § 9 Abs. 1 S. 2 KSG.

[369] *Wickel*, ZUR 2021, 332 (337); *Köck/Kohlrausch*, ZUR 2021, 610 (615); *Guckelberger*, NuR 2023, 721 (725).

[370] Kap. 2 E I.

verfassungsrechtlichen Differenzen, wenn die Bundesländer andere Treibhausgasemissionsminderungsquoten verfolgen, als der Bund selbst. Daher liegt mit einer schwächeren Minderungsquote in einzelnen Bundesländern kein Verstoß gegen Bundesrecht vor.

3. Keine Bindungswirkung des Bundes-KSG

Das KSG des Bundes normiert grundsätzlich keine expliziten Pflichten für die Klimaschutzgesetze der Bundesländer. Lediglich gem. § 9 Abs. 3 und § 14 Abs. 2 KSG liegen Vorschriften vor, die zumindest einen Einfluss auf die Landesklimaschutzpläne haben.

Gem. § 9 Abs. 3 KSG müssen bei der Aufstellung eines Klimaschutzprogramms auf Bundesebene die Länder in einem öffentlichen Konsultationsverfahren herangezogen werden.[371] Aus dieser Regelung lässt sich allerdings keine Bindungswirkung der Klimaschutzplanung auf der Bundesebene für die Landesebene ableiten.[372] Vielmehr handelt es sich dabei um ein Beteiligungsverfahren, um mögliche Auswirkungen des Programms auf die Länder und Kommunen vorauszusehen.[373] Eine Pflicht, dass die Bundesländer sich dem im Beteiligungsprozess mitgeteilten Entwurf des Klimaschutzprogramms anpassen müssen, geht daraus nicht hervor. Eine Bindungswirkung durch das Beteiligungsverfahren nach § 9 Abs. 3 KSG besteht daher für die Planungsvorschriften der Bundesländer nicht.

Gem. § 14 Abs. 2 KSG arbeiten Bund und Länder zusammen, um die Ziele des BundesKSG erreichen zu können.[374] Mit dieser Regelung besteht ein Kooperationsgebot *„in geeigneter Form"*.[375] Eine Kooperationspflicht für die Länder, sich am KSG zu orientieren oder ihre Planungen danach auszurichten,

---

[371] Vgl. *Guckelberger* in: Fellenberg/Guckelberger (Hrsg.), KlimaschutzR, 2022, § 9 KSG Rn. 17.

[372] Vgl. *Guckelberger* in: Fellenberg/Guckelberger (Hrsg.), KlimaschutzR, 2022, § 9 KSG Rn. 18.

[373] Vgl. *Guckelberger* in: Fellenberg/Guckelberger (Hrsg.), KlimaschutzR, 2022, § 9 KSG Rn. 17.

[374] Vgl. *Klinski/Scharlau/von Swieykowski-Trzaska/Keimeyer/Sina*, NVwZ 2020, 1 (8); *Kohlrausch*, EurUP 2021, 95 (99).

[375] *Schink* in: Frenz (Hrsg.), KlimaschutzR, 3. Aufl. 2025, § 14 KSG Rn. 134; *Saurer* in: Rodi (Hrsg.), Hdb. KlimaschutzR, 2022, § 10 Rn. 45; *Köck/Kohlrausch*, ZUR 2021, 610 (613); ferner *Shirvani/Mihatsch*, UPR 2022, 366 (371).

entsteht dadurch aber ebenfalls nicht.[376] Nach der Gesetzesbegründung soll vielmehr eine Zusammenarbeit in einer gemeinsamen Arbeitsgruppe zwischen Bund und Ländern erfolgen.[377] Aus dem Kooperationsgebot des § 14 Abs. 2 KSG folgt also noch keine Pflicht für die Bundesländer, sich zwingend an den Vorschriften des KSG orientieren zu müssen und die eigenen Ziele und Planungsmöglichkeiten danach auszurichten. Vielmehr besteht lediglich die Pflicht zusammenzuarbeiten, wenn dies möglich und geeignet ist. Eine Bindungswirkung des KSG für die Länder geht aus § 14 Abs. 2 KSG nicht hervor.[378]

VII. Zwischenergebnis

Durch die Landesklimaschutzgesetze werden Landesklimaschutzziele aufgestellt. Bei der Auswahl und Aufstellung der Ziele besteht nur eine geringe Bindungswirkung von den höheren Ebenen des Rechts. Zwar leisten die Klimaschutzgesetze einen Beitrag zur Erreichung des Temperaturziels des Pariser Abkommens. Die Ausgestaltung dieser Beiträge kann jedoch unabhängig von der höheren Ebene entstehen. Es besteht bereits keine Pflicht zur Aufstellung eines Landesklimaschutzgesetzes oder jährlich zu erreichender Ziele. Aus Art. 20a GG folgt zwar auch für die Länder die Pflicht zum Klimaschutz, konkrete Vorgaben lassen sich daraus aber nicht ableiten. Ziele, die unter denen des Bundes-KSG liegen, sind grundsätzlich nicht schädlich, solange kein Widerspruch besteht. Vielmehr dürfen die Länder ihre jeweiligen Gegebenheiten und Besonderheiten bei der Festlegung ihrer Ziele berücksichtigen.

F. Kommunaler Klimaschutz

Auch für die Kommunen spielt das Klimaschutzrecht eine wichtige Rolle.[379] Neben der Möglichkeit, in gängigen kommunalen Aufgaben wie der Bauleitplanung dem Klimaschutz Rechnung zu tragen, können die

---

376 *Shirvani/Mihatsch*, UPR 2022, 366 (371).
377 BT-Drs. 19/14337, S. 38.
378 *Shirvani/Mihatsch*, UPR 2022, 366 (371).
379 *Zengerling* in: Rodi (Hrsg.), Hdb. KlimaschutzR, 2022, § 13 Rn. 1.

Kommunen eigene Klimaschutzpläne aufstellen.[380] Aufgrund des nach der Föderalismus-Reform im Jahr 2006 eingefügten Art. 84 Abs. 1 S. 7 GG sowie Art. 85 Abs. 1 S. 2 GG darf der Bund den Kommunen allerdings keine Pflichten zum Klimaschutz übertragen.[381]

I. Selbstverwaltungsrecht der Kommunen

Für die Kommunen besteht nach dem Grundgesetz ein Selbstverwaltungsrecht (Art. 28 Abs. 2 S. 1 GG).[382] Das bedeutet, die Kommunen erfüllen eigenverantwortlich selbstgewählte Aufgaben.[383] Umfasst sind zum einen der grundsätzliche Tätigkeitsbereich und zum anderen die Ausübung des kompetenziellen Handelns.[384] Das Selbstverwaltungsrecht der Kommunen wird durch die Regelungen in Art. 84 Abs. 1 S. 7 GG sowie Art. 85 Abs. 1 S. 2 GG noch einmal bekräftigt.[385] Nach diesen beiden Regelungen dürfen den Kommunen durch den Bund keine Aufgaben und Pflichten übertragen werden.[386] Das bedeutet für den Klimaschutz, dass bundesrechtlich nicht bestimmt werden kann, dass die Kommunen entsprechende Maßnahmen treffen müssen.[387] An diesem Grundsatz ändert auch § 13 Abs. 1 S. 1 KSG nichts. Zwar regelt § 13 Abs. 1 S. 1 KSG, dass die Träger öffentlicher Aufgaben den Zweck des KSG bei ihren weiteren Entscheidungen berücksichtigen

---

380 *Zengerling* in: Rodi (Hrsg.), Hdb. KlimaschutzR, 2022, § 13 Rn. 1; vgl. *Shirvani*, NVwZ 2025, 447 (447).

381 *Zengerling* in: Rodi (Hrsg.), Hdb. KlimaschutzR, 2022, § 13 Rn. 16; *Stäsche*, EnWZ 2014, 291 (297); vgl. auch *Klinski/Scharlau/von Swieykowski-Trzaska/Keimeyer/Sina*, NVwZ 2020, 1 (7); *Kohlrausch*, EurUP 2021, 95 (96 f.).

382 *Zengerling* in: Rodi (Hrsg.), Hdb. KlimaschutzR, 2022, § 13 Rn. 16; *Burgi*, KommunalR, 7. Aufl. 2024, § 6 Rn. 1; vgl. auch *Raschke*, Rechtsfragen kommunaler Klimaschutzmaßnahmen, 2024, S. 35.

383 *Mehde* in: Dürig/Herzog/Scholz, GG, 108. EL. August 2025, Art. 28 Rn. 183.

384 *Mehde* in: Dürig/Herzog/Scholz, GG, 108. EL. August 2025, Art. 28 Rn. 183.

385 *Zengerling* in: Rodi (Hrsg.), Hdb. KlimaschutzR, 2022, § 13 Rn. 16.

386 *Zengerling* in: Rodi (Hrsg.), Hdb. KlimaschutzR, 2022, § 13 Rn. 16; vgl. auch *Raschke*, Rechtsfragen kommunaler Klimaschutzmaßnahmen, 2024, S. 37.

387 Vgl. *Kirchhof* in: Dürig/Herzog/Scholz, GG, 108. EL. August 2025, Art. 84 Rn. 11; *Hermes* in: Dreier (Hrsg.), GG Bd. III, 3. Aufl. 2018, Art. 84 Rn. 71; *Zengerling* in: Rodi (Hrsg.), Hdb. KlimaschutzR, 2022, § 13 Rn. 16; a.A. *Guckelberger*, KlimR 2022, 294 (295).

müssen.[388] Allerdings bezieht sich dieses Berücksichtigungsgebot lediglich auf die Bundesverwaltung, Einrichtungen des Bundes und den Vollzug von Bundesrecht.[389] Das Berücksichtigungsgebot gilt daher nicht, wenn es um die Wahrnehmung kommunaler Aufgaben geht. Es besteht insofern ein Durchgriffsverbot.[390]

II. Landesklimaschutzgesetze

Die Länder haben die Gesetzgebungskompetenz zur Übertragung von Aufgaben an die Kommunen.[391] Ob und welche Aufgaben die Kommunen zum Klimaschutz wahrnehmen können oder müssen, wird somit durch die jeweiligen Landesgesetze geregelt.[392] Vor Einführung der Landesklimaschutzgesetze, in denen die Kommunen teilweise in die Pflicht genommen werden, Maßnahmen zum Klimaschutz zu ergreifen, konnten die Kommunen selbst entscheiden, ob sie entsprechend tätig werden.[393] Von der Gesetzgebungskompetenz haben einige Bundesländer in ihren jeweiligen Landesklimaschutzgesetzen Gebrauch gemacht. Neben der Ausgestaltung von kommunalen Klimaschutzpflichten oder -befugnissen (§ 17 ff. NKlimaG, § 13 BremKEG, § 12 Abs. 1 S. 2 EWG Bln, § 25 Abs. 1 S. 1 HmbKliSchG, § 8 ThürKlimaG, § 8 HKlimaG, Art. 5 Abs. 2 S. 1 BayKlimaG, § 6 Abs. 3 SKSG, § 10 Abs. 1 S. 1 EWKG SH) bestehen auch weitere Vorgaben hinsichtlich des Klimaschutzes. So sieht beispielsweise Rheinland-Pfalz in § 13 Abs. 1 S. 1 LKSG RP eine Vorbildfunktion der öffentlichen Hand vor. Auch soll gem. § 15 S. 1

---

388 Vgl. *Shirvani*, NVwZ 2025, 447 (449); *Schlacke* in: Kreuter-Kirchhof/Schlacke, KlimaschutzR, 2025, § 13 Rn. 1.

389 BVerwG, BeckRS 2022, 21990, Rn. 62; *Schink*, NuR 2021, 1 (2); *Zengerling* in: Rodi (Hrsg.), Hdb. KlimaschutzR, 2022, § 13 Rn. 16; vgl. auch *Groß*, NordÖR 2022, 557 (559); *Shirvani*, NVwZ 2025, 447 (449): a.A. *Guckelberger*, KlimR 2022, 294 (295); *Wickel* in: Säcker/Ludwigs (Hrsg.), Berliner Kommentar zum EnergieR, Bd. 3, 5. Aufl. 2022, Teil 2 A. Rn. 35; a.A. auch *Schlacke* in: Kreuter-Kirchhof/Schlacke, KlimaschutzR, 2025, § 13 Rn. 24; *Schink* in: Frenz (Hrsg.), KlimaschutzR, 3. Aufl. 2025, § 13 KSG Rn. 20.

390 *Hermes* in: Dreier (Hrsg.), GG Bd. III, 3. Aufl. 2018, Art. 84 Rn. 71; *Zengerling* in: Rodi (Hrsg.), Hdb. KlimaschutzR, 2022, § 13 Rn. 16.

391 *Dreier* in: Dreier (Hrsg.), GG Bd. II, 3. Aufl. 2018, Art. 28 Rn. 110.

392 *Hermes* in: Dreier (Hrsg.), GG Bd. III, 3. Aufl. 2018, Art. 84 Rn. 71.

393 *Zengerling* in: Rodi (Hrsg.), Hdb. KlimaschutzR, 2022, § 13 Rn. 16.

LKSG RP ein allgemeines Verständnis sowie eine Akzeptanz der Öffentlichkeit hinsichtlich der Maßnahmen zum Schutz des Klimas erreicht werden.

III. Weitere klimaschutzrelevante Maßnahmen

Neben den Vorgaben der Landesklimaschutzgesetze ist der Klimaschutz überdies auch in anderen Bereichen, wie beispielsweise dem Verkehrsrecht, dem Wegerecht und auch der Ortsplanung zu berücksichtigen.[394] Eine wichtige Rolle spielt beispielsweise auch die Bauleitplanung für den Klimaschutz.[395] Die Bauleitplanung soll gem. § 1 Abs. 5 S. 2 BauGB dazu beitragen, die Klimaschutzziele zu erfüllen.[396] Gem. § 1a Abs. 5 S. 1 BauGB ist den Erfordernissen des Klimaschutzes in der Bauleitplanung ausreichend Rechnung zu tragen. Belange des Klimaschutzes nach § 1 Abs. 7 BauGB sollen in der Abwägung berücksichtigt werden (§ 1a Abs. 5 S. 2 BauGB).[397] Zu beachten ist, dass es sich bei der Regelung des § 1a Abs. 5 S. 2 BauGB lediglich um ein Berücksichtigungsgebot handelt.[398] Das bedeutet, die Belange des Klimaschutzes sind zwar in die Abwägung einzustellen, ein besonderes Gewicht in Form eines Optimierungsgebots kommt ihnen jedoch nicht zu.[399]

IV. Zwischenergebnis

Die Kommunen können Aufgaben des Klimaschutzes wahrnehmen. Aufgrund der kommunalen Selbstverwaltungsgarantie können sie eigenverantwortlich Aufgaben übernehmen. Allerdings finden sich in den einzelnen Landesklimaschutzgesetzen Rechtsgrundlagen zur Aufstellung von kommunalen Klimaschutzplänen. Auch sollen die Gemeinden auf ein Verständnis in der Bevölkerung zum klimagerechten Verhalten hinwirken. Schließlich wird

---

394 *Zengerling* in: Rodi (Hrsg.), Hdb. KlimaschutzR, 2022, § 13 Rn. 37.

395 *Shirvani*, NVwZ 2025, 447 (447).

396 Vgl. *Schrödter/Wahlhäuser* in: Schrödter (Hrsg.), BauGB, 9. Aufl. 2019, § 1 Rn. 215; *Raschke*, Rechtsfragen kommunaler Klimaschutzmaßnahmen, 2024, S. 31; *Shirvani*, NVwZ 2025, 447 (448).

397 *Shirvani*, NVwZ 2025, 447 (448); vgl. auch *Raschke*, Rechtsfragen kommunaler Klimaschutzmaßnahmen, 2024, S. 31.

398 *Schrödter/Wahlhäuser* in: Schrödter (Hrsg.), BauGB, 9. Aufl. 2019, § 1a Rn. 301; vgl. auch *Raschke*, Rechtsfragen kommunaler Klimaschutzmaßnahmen, 2024, S. 31; *Shirvani*, NVwZ 2025, 447 (448).

399 *Groß*, NordÖR 2022, 557 (560); *Schrödter/Wahlhäuser* in: Schrödter (Hrsg.), BauGB, 9. Aufl. 2019, § 1a Rn. 301; *Shirvani*, NVwZ 2025, 447 (448).

der Klimaschutz durch die Gemeinden auch in anderen Rechtsbereichen, wie beispielsweise dem Baurecht, berücksichtigt.

G. Fazit des zweiten Kapitels

Klimaschutzrecht ist eine Materie von übergeordneter Bedeutung. Dementsprechend finden sich Vorschriften zum Klimaschutzrecht bereits auf der Ebene des Völkerrechts. Im Pariser Abkommen ist das Temperaturziel dahingehend ausgestaltet, dass die globale Erwärmung auf 2 Grad Celsius durch eine Reduktion der Treibhausgasemissionen beschränkt werden muss. Dieses Ziel ist verbindlich für alle Vertragsstaaten, sodass nationale Beiträge in Form von Zielen und Maßnahmen aufgestellt werden müssen, um das Temperaturziel erreichen zu können. Insofern haben die Vertragsparteien, darunter auch die Europäische Union sowie die Bundesrepublik Deutschland, Regelungen zum Schutz des Klimas aufgestellt. Auf der Ebene der Europäischen Union sind im EU-Klimagesetz sowie in der EU-Klimaschutzverordnung Klimaschutzziele zur Reduktion von Treibhausgasemissionen festgelegt, die durch Maßnahmen der Mitgliedstaaten erreicht werden sollen. Auch im Bundes- sowie im Landesrecht der Bundesrepublik Deutschland sind konkrete nationale Ziele zur Erreichung des im Pariser Abkommen normierten Temperaturziels festgelegt. In dem im Jahr 2019 eingeführten KSG sind national verbindliche Klimaschutzziele geregelt, die eine Senkung der Treibhausgasemissionen bewirken sollen. Die Länder unterliegen zwar keiner Verpflichtung durch internationales, europäisches oder Bundesrecht zur Aufstellung von Klimaschutzregelungen. Dennoch hat ein Großteil der Bundesländer eigene Klimaschutzgesetze mit eigenen Klimaschutzzielen zur Erreichung des Temperaturziels des Pariser Abkommens erlassen. Für das kommunale Klimaschutzrecht ist die Selbstverwaltungsgarantie der Kommunen zu beachten. Die Kompetenz zur Aufgabenübertragung an die Kommunen steht den Ländern zu. Die Länder haben in ihren Landesklimaschutzgesetzen davon auch größtenteils Gebrauch gemacht. Auch finden sich anderweitige Vorschriften zum Schutz des Klimas wie beispielsweise in der Bauleitplanung.

Klimaschutzplanung im Mehrebenensystem

Nach den Vorgaben des Pariser Abkommens sind die Vertragsstaaten dazu verpflichtet, nationale Beiträge zur Erreichung des Temperaturziels nach Art. 2 Abs. 1 lit. a) Pariser Abkommen auszuarbeiten.[400] Eine Maßnahme zur Erfüllung der Pflichten aus dem Pariser Abkommen ist das Instrument der Planung. Es sind verschiedene Planungsoptionen und -pflichten geregelt, die im Weiteren aufgezeigt werden. Im Umweltschutzrecht ist das Instrument der Planung ein gängiges Steuerungsmittel.[401] Insofern ist auf der Ebene des Völker-, des europäischen sowie des nationalen Rechts vom Instrument der Planung zur Erreichung der jeweiligen Klimaschutzziele Gebrauch gemacht worden. Planung ist jedoch vielseitig einsetzbar. Aufgrund dessen ist zunächst zu ermitteln, welche Planungsausgestaltungen möglich sind und wie Planung im Klimaschutzrecht zur Steuerung eingesetzt werden kann. Sodann werden die Klimaschutzpläne im Mehrebenensystem dargestellt.

A. Planungsinstrumente im Umweltschutzrecht

Zur Umweltschutzplanung gehören vorrangig solche Pläne, die konkret den Schutz der Umwelt zum Ziel haben (Umweltschutzpläne im engeren Sinne).[402] Weiterhin werden auch in Plänen, die nicht unmittelbar den Umweltschutz

---

[400] Vgl. *Kreuter-Kirchhof*, KlimR 2022, 43 (44); siehe auch *Schlacke*, UmweltR, 9. Aufl. 2023, § 16 Rn. 9.

[401] Vgl. *Kloepfer*, UmweltR, 4. Aufl. 2016, § 5 Rn. 101 ff.

[402] *Kloepfer*, UmweltR, 4. Aufl. 2016, § 5 Rn. 104.

bezwecken, Belange des Umweltschutzes berücksichtigt (Umweltschutzpläne im weiteren Sinne).[403]

Viele Teilrechtsgebiete des Umweltschutzes bieten das Instrument der Planung an.[404] Die Umweltschutzplanung hat meist den primären Zweck Umweltkonflikte zu lösen.[405] Dazu gehören beispielsweise die Landschaftsplanung gem. §§ 8 ff. BNatSchG, mit der die Ziele des Naturschutzes und der Landschaftsplanung nach § 1 BNatSchG erreicht werden sollen, oder die Planungen im Bodenschutzrecht gem. §§ 13 f. BBodSchG, die der Sanierung von Altlasten dienen. Welche Ziele oder Standards konkret durch die verschiedenen Planungsmöglichkeiten verfolgt werden, richtet sich nach der jeweiligen Regelungsmaterie. Die einzelnen Umweltschutzpläne zeigen Maßnahmen auf, durch die die festgelegten Umweltschutzziele erreicht werden können.[406] Die Maßnahmen werden spezifisch festgelegt und angepasst, um die jeweiligen Ziele oder Standards erfüllen zu können.[407] Ein Plan im Umweltschutzrecht kann also dazu dienen, vorausschauend die Umwelt zu gestalten und lenkend auf einen Zustand sowie die weitere Entwicklung einzuwirken.[408] Gerade im Umweltschutzrecht darf die weitere Entwicklung verschiedener Umweltbelange nicht dem Zufall überlassen bleiben.[409] Vielmehr ist das Umweltschutzrecht durch eine Vorsorgepflicht geprägt, der durch das Instrument der Umweltschutzplanung Rechnung getragen werden soll.[410]

Maßnahmen zum Umweltschutz werden nicht nur isoliert im Rahmen der jeweiligen Umweltschutzgesetze durch die jeweils ausgestaltete Umweltschutzplanung getroffen. Umweltschutzbelange werden vielmehr auch im Rahmen verschiedener, nicht spezifisch dem Umweltschutz dienender Pläne,

---

403 *Kloepfer*, UmweltR, 4. Aufl. 2016, § 5 Rn. 104.
404 *Kloepfer*, UmweltR, 4. Aufl. 2016, § 5 Rn. 101 ff.
405 *Kloepfer*, UmweltR, 4. Aufl. 2016, § 5 Rn. 102.
406 *Kloepfer*, UmweltR, 4. Aufl. 2016, § 5 Rn. 80.
407 *Kloepfer*, UmweltR, 4. Aufl. 2016, § 5 Rn. 80.
408 Vgl. *Kloepfer*, UmweltR, 4. Aufl. 2016, § 5 Rn. 67; *Sparwasser/Engel/Voßkuhle*, UmweltR, 5. Aufl. 2003, § 2 Rn. 88.
409 *Kloepfer*, UmweltR, 4. Aufl. 2016, § 5 Rn. 68.
410 *Kahl/Gärditz*, UmweltR, 14. Aufl. 2025, § 4 Rn. 50; *Schlacke*, UmweltR, 9. Aufl. 2023, § 5 Rn. 4.

beachtet.[411] Belange des Umweltschutzes können in sogenannten nicht-umweltbezogenen Planungsprozessen im Rahmen der Abwägung berücksichtigt werden.[412] So werden beispielsweise bei der Aufstellung von Bauleitplänen gem. § 1 Abs. 6 Nr. 7 lit. a) BauGB Umweltschutzbelange in die Abwägung einbezogen.[413] Auch bei der Aufstellung eines Raumordnungsplans wird eine Umweltprüfung gem. § 8 Abs. 1 S. 1 Nr. 2 ROG vorgenommen, dessen Ergebnis gem. § 7 Abs. 2 S. 2 ROG im Planungsprozess berücksichtigt wird. Die Einstellung von Belangen des Umweltschutzes in nicht-umweltspezifische Planungsprozesse führt im Ergebnis dazu, dass auch solche Pläne über die Auswirkungen ihrer Festsetzungen auf die Umwelt hin überprüft werden müssen. Bislang kommt dem Belang des Klimas allerdings kein Vorrang gegenüber anderen abzuwägenden Belangen zu.[414] Klimaschutzbelange haben also keine übergeordnete Bedeutung in Form eines Optimierungsgebotes.[415] Bei zunehmender Klimaveränderung könnte der Klimaschutz jedoch faktisch das Gewicht eines Optimierungsgebots erhalten, wenn im Rahmen der Abwägung stets ein fehlerhaftes Ergebnis eintreten würde, würde dem Klimaschutz nicht ausreichend Rechnung getragen werden.[416]

B. Planung im Klimaschutzrecht

Im Klimaschutzrecht ist das Instrument der Planung ein gängiges Mittel zur Erreichung der bereits beschriebenen[417] Klimaschutzziele.[418] Insofern gehört die Klimaschutzplanung zur Umweltschutzplanung im engeren Sinne. Trotz des grundsätzlichen Ziels der verschiedenen Klimaschutzpläne, eine Treibhausgasemissions-Reduktion zu bewirken, sind die einzelnen

---

411 *Kloepfer*, UmweltR, 4. Aufl. 2016, § 5 Rn. 104.

412 *Kloepfer*, UmweltR, 4. Aufl. 2016, § 5 Rn. 117.

413 Vgl. *Dirnberger* in: Spannowsky/Uechtritz (Hrsg.), BeckOK BauGB, 68. Ed. 01.05.2025, § 1 Rn. 104.1; *Shirvani*, NVwZ 2025, 447 (448).

414 *Beckmann* in: Landmann/Rohmer, UmweltR, Bd. II, 108. EL. August 2025, Einführung in das KlimaschutzR Rn. 60.

415 *Beckmann* in: Landmann/Rohmer, UmweltR, Bd. II, 108. EL. August 2025, Einführung in das KlimaschutzR Rn. 60; vgl. auch *Leontopoulos/Hönig*, UPR 2022, 361 (362).

416 *Siegel*, NZBau 2022, 315 (316); *Shirvani*, NVwZ 2025, 447 (449).

417 Vgl. Kap. 2 B II; C II; D III 1; D III 2; E VI 2.

418 *Shirvani*, ZUR 2022, 579 (579 f.).

Pläne getrennt voneinander zu betrachten. Die Klimaschutzpläne sind zur Zielerreichung, wie im Weiteren dargestellt wird, durch verschiedene Ansatzpunkte gekennzeichnet. Zwar haben die Klimaschutzpläne den Zweck, einen Beitrag zur Pariser Temperaturzielerreichung zu liefern.[419] Dennoch ergehen die Pläne aus zwei verschiedenen Anlässen. Auf der einen Seite gibt es Klimaschutzpläne, die einen Teil der nationalen Beiträge zur Erfüllung des Pariser Temperaturziels im Sinne des Art. 4 Abs. 2 S. 1 Pariser Abkommen darstellen. Darunter fällt der europarechtlich ausgestaltete integrierte nationale Energie- und Klimaplan sowie das Klimaschutzprogramm des KSG.[420] Auch die landes- sowie die kommunalen Klimaschutzpläne verfolgen den Zweck, einen Beitrag zur Erreichung des Pariser Temperaturziels zu setzen.[421] Sie werden vorliegend daher auch unter die Beitragserfüllung aus Art. 4 Abs. 2 S. 1 Pariser Abkommen gefasst.

Auf der anderen Seite besteht die Vorgabe gem. Art. 4 Abs. 19 Pariser Abkommen für die Vertragsstaaten Langfrist-Strategien aufzustellen. Diese Planungsmöglichkeit wurde durch das Europa- sowie das nationale Recht in eine Pflicht umgewandelt. Mit der Langfrist-Strategie soll ebenfalls ein Beitrag zur Erreichung des Pariser Temperaturziels nach Art. 2 Abs. 1 lit. a) Pariser Abkommen geleistet werden (Art. 4 Abs. 19 Pariser Abkommen).[422]

I. Erfüllung der Beitragspflichten aus Art. 4 Abs. 2 S. 1 Pariser Abkommen

Im Mehrebenensystem sind Klimaschutzpläne aufgestellt, um eine Treibhausgasemissions-Reduktion zu ermöglichen und somit das Pariser Temperaturziel

---

[419] Siehe bspw. § 1 S. 3 KSG, Art. 15 Abs. 3 lit. b) EU-Governance-VO.

[420] Mit den integrierten nationalen Energie- und Klimaplänen soll die Treibhausgasemissions-Reduktion im Energiebereich erfolgen, EU-Governance-VO Erwägungsgrund Nr. 25. Das Klimaschutzprogramms nach § 9 Abs. 1 KSG hat die Aufgabe, Maßnahmen zur Reduktion der Treibhausgasemissionen der Bundesrepublik festzulegen, § 9 Abs. 1 S. 2 KSG.

[421] § 1 S. 2 EWG Bln, § 1 S. 2 EWKG SH, Art. 1 S. 6 BayKlimaG, § 1 NKlimaG, § 1 Abs. 1 SKSG, § 1 S. 2 Nr. 1 KlimaG BW, § 1 Abs. 1 S. 2 KlimaSchG NW, § 1 Abs. 1 S. 1 HKlimaG, § 2 Abs. 1 S. 1, § 6 Abs. 1 S. 1 HmbKliSchG.

[422] Vgl. EU-Governance-VO Erwägungsgrund Nr. 36; Art. 15 Abs. 3 lit. b) EU-Governance-VO; *Shirvani*, ZUR 2022, 579 (580).

sicherzustellen.[423] Dazu gehört zum einen der integrierte nationale Energie- und Klimaplan gem. Art. 3 ff. EU-Governance-VO. Zum anderen gibt es nach nationalem Recht aufgestellte Klimaschutzpläne, also das bundesrechtlich in § 9 Abs. 1 KSG normierte Klimaschutzprogramm sowie die Landes- und kommunalen Klimaschutzpläne. Die einzelnen Pläne werden im Weiteren dargestellt.

1. Integrierter nationaler Energie- und Klimaplan

In der EU-Governance-VO ist die Pflicht für die europäischen Mitgliedstaaten normiert, einen integrierten nationalen Energie- und Klimaplan gem. Art. 3 Abs. 1 S. 1 aufzustellen.[424] Der erste integrierte nationale Energie- und Klimaplan musste bis zum 31.12.2019 an die Europäische Kommission übermittelt werden (Art. 3 Abs. 1 S. 1 EU-Governance-VO). Zukünftig wird der zweite Plan bis zum 01.01.2029 und sodann alle zehn Jahre neu erstellt (Art. 3 Abs. 1 S. 1 EU-Governance-VO).[425] Erforderlichenfalls besteht eine Aktualisierungspflicht bis zum 01.01.2033 und sodann alle zehn Jahre (Art. 14 Abs. 1 EU-Governance-VO). Die EU-Governance-VO verfolgt mit dieser Planungspflicht nach Art. 1 Abs. 1 S. 1 lit. a) und S. 2 unter anderem das Ziel, einen Beitrag zur Erfüllung des Pariser Temperaturziels zu leisten, indem die bereits beschriebenen[426] Energieziele der europäischen Energieunion erreicht werden (Art. 3 Abs. 2 lit. b) EU-Governance-VO). Die europäische Energieunion besteht gem. Art. 1 Abs. 2 lit. a) – lit. e) EU-Governance-VO aus fünf Dimensionen: Sicherheit der Energieversorgung, Energiebinnenmarkt, Energieeffizienz, Dekarbonisierung, Forschung, Innovation und Wettbewerbsfähigkeit. Innerhalb dieser Dimensionen sollen die europäischen Mitgliedsstaaten nationale Maßnahmen und Ziele festlegen, um die europäischen Energieziele einzuhalten (Art. 3 Abs. 2 lit. b),

---

423 Siehe EU-Governance-VO Erwägungsgrund Nr. 25; § 9 Abs. 1 S. 2 KSG; § 1 S. 2 EWG Bln, § 1 S. 2 EWKG SH, Art. 1 S. 6 BayKlimaG, § 1 NKlimaG, § 1 Abs. 1 SKSG, § 1 S. 2 Nr. 1 KlimaG BW, § 1 Abs. 1 S. 2 KlimaSchG NW, § 1 Abs. 1 S. 1 HKlimaG, § 6 Abs. 1 S. 1 HmbKliSchG.

424 Vgl. *Shirvani*, ZUR 2022, 579 (580); *Schlacke/Thierjung* in: Kreuter-Kirchhof/Schlacke, KlimaschutzR, 2025, Einführung Rn. 58.

425 Vgl. *Schlacke/Knodt*, ZUR 2019, 404 (406); ferner *Kreuter-Kirchhof*, ZUR 2019, 396 (401); *Klafki/Schlacke* in: Kreuter-Kirchhof/Schlacke, KlimaschutzR, 2025, § 9 Rn. 3.

426 Kap. 2 C II 3.

Art. 4 EU-Governance-VO).[427] Konkret geht es bei der Erstellung des Plans um den Ausbau von erneuerbaren Energien um eine Senkung der Treibhausgasemissionen zur erwirken. Durch die Senkung der Treibhausgasemissionen im Energiebereich der Mitgliedstaaten wird ein Beitrag zur Erreichung des langfristigen Ziels der Treibhausgasemissions-Neutralität ab dem Jahr 2050 gem. Art. 2 Abs. 1 EU-Klimagesetz gesetzt.[428] Damit liegt auch ein Beitrag zur Einhaltung des Pariser Temperaturziels vor. Im integrierten nationalen Energie- und Klimaplan wird überdies die bestehende Situation hinsichtlich der fünf Dimensionen der Energieunion der Mitgliedstaaten dargelegt (Art. 3 Abs. 2 lit. b) – lit. e) EU-Governance-VO)[429] und es werden die nationalen Hindernisse für die Erreichung der Ziele aufgezeigt.[430] Die prognostizierten Auswirkungen der nationalen Beiträge auf die Erreichung der europäischen Ziele werden ebenfalls zusammengefasst (Art. 3 Abs. 2 lit. f) und lit. g) EU-Governance-VO).[431]

Wie die konkreten Beiträge auszusehen haben, gibt die EU-Governance-VO nicht vor. Dies wird mit dem Souveränitätsvorbehalt der Mitgliedstaaten begründet, der in Art. 194 Abs. 2 UAbs. 2 AEUV geregelt ist.[432] Der Souveränitätsvorbehalt soll den Mitgliedstaaten das Recht belassen, selbst zu bestimmen, welche Bedingungen für die Nutzung ihrer Energieressourcen gelten, welche Energiequellen genutzt werden können und welche Struktur die Energieversorgung erhalten soll.[433] Wird durch eine Maßnahme der Europäischen Union die Energiesouveränität eines Mitgliedstaates eingeschränkt, kann der Mitgliedstaat dagegen ein Veto einlegen.[434]

---

[427] Vgl. *Klafki/Schlacke* in: Kreuter-Kirchhof/Schlacke, KlimaschutzR, 2025, § 9 Rn. 3.

[428] Vgl. dazu das Ziel des NECP, EU-Governance-VO Erwägungsgrund Nr. 25.

[429] *Jope*, EWeRK 2020, 189 (190); *Bundesministerium für Wirtschaft und Klimaschutz*, Aktualisierung des integrierten nationalen Energie- und Klimaplans, S. 62 ff.

[430] Vgl. *Schlacke/Lammers*, EurUP 2018, 424 (426).

[431] Vgl. *Jope*, EWeRK 2020, 189 (190); *Bundesministerium für Wirtschaft und Klimaschutz*, Aktualisierung des integrierten nationalen Energie- und Klimaplans, S. 62 ff.

[432] *Bings* in: Streinz (Hrsg.), EUV/AEUV, 3. Aufl. 2018, Art. 194 AEUV Rn. 40; vgl. *Hamer* in: von der Groeben/Schwarze/Hatje, Europäisches UnionsR, Bd. 4, 8. Aufl. 2025, Art. 194 Rn. 33; *Schlacke/Knodt*, ZUR 2019, 404 (405).

[433] *Schlacke/Knodt*, ZUR 2019, 404 (405); *Bings* in: Streinz (Hrsg.), EUV/AEUV, 3. Aufl. 2018, Art. 194 AEUV Rn. 40; *Kreuter-Kirchhof*, EuZW 2017, 829 (830); *Schlacke*, NVwZ 2022, 905 (906).

[434] *Schlacke*, NVwZ 2022, 905 (906).

Der Souveränitätsvorbehalt dient konkret dazu, dass die Zuständigkeiten der einzelnen Mitgliedstaaten im Energierecht nicht ausgehöhlt werden.[435]

2. Klimaschutzprogramm

Das Klimaschutzprogramm ist das *„Herzstück"* des KSG zum nationalen Klimaschutz (§ 9 Abs. 1 S. 1 KSG).[436] Es ist durch das Völker- beziehungsweise das Europarecht nicht vorgegeben.[437] Vielmehr ist das Klimaschutzprogramm zur nationalen Zielerreichung allein im Bundesrecht ausgestaltet. Das Klimaschutzprogramm wird spätestens zwölf Monate nach Beginn einer Legislaturperiode aufgestellt (§ 9 Abs. 1 S. 1 Hs. 1 KSG).[438] Zudem wird nach jeder Aktualisierung des Klimaschutzplans gem. § 2 Nr. 7 KSG geprüft, ob auch das Klimaschutzprogramm einer Fortschreibung bedarf (§ 9 Abs. 1 S. 1 Hs. 2 KSG). Das Klimaschutzprogramm hat den Zweck, Maßnahmen festzusetzen, durch die die nationalen Klimaschutzziele gem. § 3 Abs. 1 KSG erreicht werden können (§ 9 Abs. 1 S. 2 KSG).[439] Wie bereits dargestellt[440], besteht gem. § 3 Abs. 1 Nr. 1 und Nr. 2 KSG die Pflicht, die nationalen Treibhausgasemissionen bis zum Jahr 2030 gegenüber dem Jahr 1990 um mindestens 65 % (Nr. 1) und bis zum Jahr 2040 um mindestens 88 % (Nr. 2) zu reduzieren. Um eine solche Zielerreichung zu gewährleisten sind gem. § 4 Abs. 1 S. 2 und S. 3 KSG i.V.m. Anlage 2 zum KSG zulässige jährlich sinkende Emissionsgesamtmengen festgelegt.[441] Auch in den einzelnen Sektoren der Anlage 2a zum KSG sind sektorspezifische zulässige Jahresemissionsmengen aufgeführt.[442] Es werden daher im Klimaschutzprogramm sektorbezogene

---

[435] *Breitenmoser/Weyeneth* in: von der Groeben/Schwarze/Hatje, Europäisches UnionsR, Bd. 2, 8. Aufl. 2025, Vorbemerkung zu den Art. 67–76 AEUV Rn. 41.

[436] *Guckelberger* in: Fellenberg/Guckelberger (Hrsg.), KlimaschutzR, 2022, § 9 KSG Rn. 3; ferner *Schlacke/Thierjung* in: Kreuter-Kirchhof/Schlacke, KlimaschutzR, 2025, Einführung Rn. 12.

[437] *Guckelberger* in: Fellenberg/Guckelberger (Hrsg.), KlimaschutzR, 2022, § 9 KSG Rn. 6; *Klafki/Schlacke* in: Kreuter-Kirchhof/Schlacke, KlimaschutzR, 2025, § 9 Rn. 8.

[438] Vgl. *Klafki/Schlacke* in: Kreuter-Kirchhof/Schlacke, KlimaschutzR, 2025, § 9 Rn. 5, 18.

[439] Vgl. *Shirvani*, ZUR 2022, 579 (581); *ders.*, DVBl 2025, 554 (555); *Guckelberger* in: Fellenberg/Guckelberger (Hrsg.), KlimaschutzR, 2022, § 9 KSG Rn. 10; *Klafki/Schlacke* in: Kreuter-Kirchhof/Schlacke, KlimaschutzR, 2025, § 9 Rn. 2, 10.

[440] Kap. 2 D III 1.

[441] *Schlacke/Franzius* in: Kreuter-Kirchhof/Schlacke, KlimaschutzR, 2025, § 4 Rn. 1.

[442] *Schlacke/Franzius* in: Kreuter-Kirchhof/Schlacke, KlimaschutzR, 2025, § 4 Rn. 1.

sowie sektorübergreifende Maßnahmen zur Einhaltung der zulässigen jährlichen Emissionsmengen nach den Anlagen 2 und 2a zum KSG festgelegt, die bis zum Jahr 2030 beziehungsweise 2040 eine entsprechende Treibhausgasemissions-Reduktion bewirken können (§ 9 Abs. 1 S. 2 und S. 3 KSG).[443] Überdies werden Maßnahmen zur Erreichung der Ziele in § 3a und § 3b KSG festgesetzt (§ 9 Abs. 1 S. 4 KSG).[444] Die im Klimaschutzprogramm enthaltenen Maßnahmen werden von der Bundesregierung festgelegt.[445] Die zuständigen Bundesminister schlagen entsprechende Maßnahmen für ihren jeweiligen Sektor, aber auch sektorübergreifend vor (§ 9 Abs. 2 S. 2 KSG).

3. Exkurs: Sofortprogramm nach KSG 2019/2021

Gem. § 8 Abs. 1 KSG 2019/2021 gehörte neben dem Klimaschutzprogramm nach § 9 Abs. 1 S. 1 KSG auch das Sofortprogramm zum Planungsinstrumentarium des nationalen Klimaschutzrechts.[446] Nach § 8 Abs. 1 KSG 2019/2021 musste ein Sofortprogramm erlassen werden, sobald am Ende eines Berichtsjahrs die Emissionsdaten nach § 5 Abs. 1 und Abs. 2 KSG 2019/2021 eine Sektormengenverfehlung nach § 4 Abs. 1 KSG 2019/2021 i.V.m. Anlage 2 zum KSG 2019/2021 auswiesen.[447] In diesem Fall musste das jeweils zuständige Bundesministerium, in dem die Sektormengenverfehlung eingetreten war, gem. § 8 Abs. 1 KSG 2019/2021 innerhalb von drei Monaten nach der Vorlage der Emissionsdaten ein Sofortprogramm erstellen.[448] Im Sofortprogramm wurden vom jeweiligen Bundesministerium Maßnahmen festgesetzt, durch die die Einhaltung der künftigen Jahresemissionsmengen des Sektors sichergestellt werden konnten (§ 8 Abs. 1 KSG 2019/2021).[449] Das Sofortprogramm

---

443 *Klafki/Schlacke* in: Kreuter-Kirchhof/Schlacke, KlimaschutzR, 2025, § 9 Rn. 10.
444 Vgl. *Klafki/Schlacke* in: Kreuter-Kirchhof/Schlacke, KlimaschutzR, 2025, § 9 Rn. 25.
445 *Guckelberger* in: Fellenberg/Guckelberger (Hrsg.), KlimaschutzR, 2022, § 9 KSG Rn. 8.
446 *Shirvani*, ZUR 2022, 579 (581); *Wickel* in: Säcker/Ludwigs (Hrsg.), Berliner Kommentar zum EnergieR, Bd. 3, 5. Aufl. 2022, § 8 KSG Rn. 4.
447 BT-Drs. 19/14337, S. 32; *Shirvani*, ZUR 2022, 579 (581); *Schlacke*, NVwZ 2022, 905 (908); *Wickel* in: Säcker/Ludwigs (Hrsg.), Berliner Kommentar zum EnergieR, Bd. 3, 5. Aufl. 2022, § 8 KSG Rn. 7.
448 *Wickel*, ZUR 2021, 332 (336); *Frenz*, ZNER 2020, 306 (307); BT-Drs. 19/14337, S. 32.
449 Vgl. *Küper/Callejon* in: Fellenberg/Guckelberger (Hrsg.), KlimaschutzR, 2022, § 8 KSG Rn. 3.

ergänzte mit seinen Maßnahmen das Klimaschutzprogramm.[450] Wurde ein Sofortprogramm aufgestellt, musste das Klimaschutzprogramm gem. § 9 Abs. 1 S. 1 Hs. 2 KSG 2019/2021 aktualisiert werden. Der Inhalt des Sofortprogramms wurde sodann in das Klimaschutzprogramm inkorporiert.[451] Das Sofortprogramm stellte damit *„ein Instrument der kurzfristigen Nachsteuerung"* dar.[452] Trotz seiner systematischen Stellung im Gesetz wurde es als Planungsinstrument angesehen.[453] Zwar war es nicht unter dem Abschnitt *„Klimaschutzplanung"* verortet, dennoch zählte das Sofortprogramm als Klimaschutzplan, da es in einem engen Zusammenhang zum Klimaschutzprogramm stand und diesem nachgeschaltet war.[454] Das Sofortprogramm gehörte somit zum Planungsprozess.[455]

Das neue Klimaschutzgesetz enthält die Pflicht zur Aufstellung eines Sofortprogramms nach § 8 Abs. 1 KSG 2019/2021 bei einer Jahressektormengenüberschreitung nicht mehr.[456] Die Streichung dieses Planungsinstruments war eine notwendige Folge, die mit der Aufweichung der Sektormengen, wie sie bereits beschrieben sind[457], einherging.[458] Die Sofortprogramme wurden nämlich dann aufgestellt, wenn die Sektormengen nicht erreicht werden konnten. Da das KSG 2024 nun aber in § 4 Abs. 1 S. 2 und S. 3 KSG i.V.m. Anlage 2 zum KSG auf die Erreichung von Jahresemissionsgesamtmengen setzt, besteht kein Anknüpfungspunkt mehr für die Aufstellung eines Sofortprogramms.[459]

---

450 *Saurer* in: Rodi (Hrsg.), Hdb. KlimaschutzR, 2022, § 10 Rn. 25; *Küper/Callejon* in: Fellenberg/Guckelberger (Hrsg.), KlimaschutzR, 2022, § 8 KSG Rn. 3; *Wickel* in: Säcker/Ludwigs (Hrsg.), Berliner Kommentar zum EnergieR, Bd. 3, 5. Aufl. 2022, § 8 KSG Rn. 5.

451 *Shirvani*, ZUR 2022, 579 (581).

452 *Shirvani*, ZUR 2022, 579 (581); *Schlacke*, EnWZ 2020, 355 (360); *Kment*, NVwZ 2020, 1537 (1541).

453 *Shirvani*, ZUR 2022, 579 (581).

454 *Shirvani*, ZUR 2022, 579 (581).

455 *Shirvani*, ZUR 2022, 579 (581).

456 *Wiedmann*, NVwZ 2024, 876 (877); *Schlacke/Franzius* in: Kreuter-Kirchhof/Schlacke, KlimaschutzR, 2025, § 4 Rn. 5; *Schlacke* in: Kreuter-Kirchhof/Schlacke, KlimaschutzR, 2025, § 8 Rn. 1.

457 Kap. 2 D III 1.

458 Vgl. *Stäsche*, ZfU 2024, 299 (312).

459 Vgl. *Stäsche*, ZfU 2024, 299 (312).

4. Klimaschutzpläne der Bundesländer

Die Klimaschutzgesetze der Bundesländer enthalten bis auf die Landesklimaschutzgesetze in Schleswig-Holstein, in Baden-Württemberg und in Nordrhein-Westfalen, die Verpflichtung, einen Klima(schutz)plan[460], ein Klimaschutzkonzept[461], ein Klimaschutzprogramm[462] oder eine Klimaschutzstrategie[463] aufzustellen.[464] Grundsätzlich haben alle Ausprägungen der Klimaschutzplanung auf Länderebene den Zweck, Maßnahmen und Strategien zur Verfügung zu stellen, um die jeweiligen Klimaschutzziele der jeweiligen Bundesländer zu erreichen.[465] Wie bereits dargestellt[466], haben die Bundesländer eigene Treibhausgasemissions-Minderungsziele festgelegt oder die des KSG des Bundes in ihren Gesetzen übernommen. Das Instrument der Planung soll also auch in den Bundesländern dazu dienen, die jeweils festgelegten Klimaschutzziele zu erfüllen.[467] So wird in Hamburg gem. § 6 Abs. 1 S. 1 HmbKliSchG ein Klimaplan erlassen, in dem verbindliche Sektorziele enthalten sind (§ 6 Abs. 1 S. 2 HmbKliSchG). Auch die Klimaschutzstrategie in Rheinland-Pfalz (§ 7 Abs. 1 S. 1 LKSG RP), die Klimaschutzstrategie in Bremen (§ 4 Abs. 1 S. 3 BremKEG), das Energie- und Klimaschutzprogramm in Berlin (§ 4 Abs. 1 EWG Bln), die integrierte Energie- und Klimaschutzstrategie in Thüringen (§ 6 Abs. 1 S. 1 ThürKlimaG), die Klimaschutzstrategie in Niedersachsen (§ 4 Abs. 1 S. 1 NKlimaG), der Klimaplan in Hessen (§ 4 Abs. 1 S. 1 HKlimaG), das Klimaschutzkonzept im Saarland (§ 6 Abs. 1 S. 1 SKSG)

---

460 § 6 Abs. 2 S. 1 HmbKliSchG, § 4 Abs. 1 S. 1 HKlimaG,

461 § 6 Abs. 1 S. 1 SKSG.

462 § 4 Abs. 1 EWG Bln, Art. 5 Abs. 1 Nr. 1 BayKlimaG.

463 § 4 Abs. 1 S. 1 NKlimaG, § 6 Abs. 1 S. 1 ThürKlimaG, § 4 Abs. 1 S. 1 BremKEG, § 7 Abs. 1 S. 1 LKSG RP.

464 *Kohlrausch*, ZUR 2020, 262 (265); *Schlacke/Thierjung* in: Kreuter-Kirchhof/Schlacke, KlimaschutzR, 2025, Einführung Rn. 164.

465 *Kohlrausch*, ZUR 2020, 262 (265); *Wickel* in: Säcker/Ludwigs (Hrsg.), Berliner Kommentar zum EnergieR, Bd. 3, 5. Aufl. 2022, Teil 2 A. Rn. 9; § 6 Abs. 1 S. 1 und S. 2 HmbKliSchG, § 7 Abs. 1 S. 1 und 2 LKSG RP, § 4 Abs. 1 S. 4 BremKEG, § 4 Abs. 1 EWG Bln, Art. 5 Abs. 1 Nr. 1 BayKlimaG, § 6 Abs. 1 S. 1 ThürKlimaG, § 4 Abs. 1 S. 1 NKlimaG, § 4 Abs. 1 S. 1 HKlimaG; vgl. auch *Schlacke/Thierjung* in: Kreuter-Kirchhof/Schlacke, KlimaschutzR, 2025, Einführung Rn. 164.

466 Kap. 2 E VI 2.

467 *Kohlrausch*, ZUR 2020, 262 (265); *Schlacke/Thierjung* in: Kreuter-Kirchhof/Schlacke, KlimaschutzR, 2025, Einführung Rn. 164.

und das Klimaschutzprogramm in Bayern (Art. 5 Abs. 1 Nr. 1 BayKlimaG) enthalten wesentliche Strategien und Maßnahmen, um die in den jeweiligen Gesetzen festgelegten Ziele zu verwirklichen.[468]

Die Bundesländer Schleswig-Holstein, Baden-Württemberg und Nordrhein-Westfalen sehen in ihren aktuellen Gesetzen keine Regelungen zur Aufstellung von Klimaschutzplänen vor.[469] In Schleswig-Holstein kann lediglich gem. § 6 Abs. 2 S. 1 EWKG SH eine Strategie erarbeitet werden, die zur Erreichung der Reduktion der Emissionen beitragen soll. Nordrhein-Westfalen hat in § 6 Abs. 1 KlimaschG NW die Durchführung eines Klimaschutzaudits eingeführt. Das Klimaschutzaudit dient der Planung, Umsetzung, Überprüfung und Fortentwicklung von wirksamen Strategien und Maßnahmen im Sinne von § 4 Abs. 2–Abs. 4 und Abs. 6 KlimaSchG NW zur Erreichung der Klimaschutzziele nach § 3 KlimaSchG NW sowie zur Modernisierung aller klimarelevanten Sektoren (§ 6 Abs. 2 KlimaSchG NW). Innerhalb des Audits werden Strategien und Maßnahmen zum Klimaschutz auf Landesebene aufgestellt (§ 6 Abs. 3 S. 1 KlimaSchG NW). Das Audit überprüft diese hinsichtlich ihrer Wirksamkeit und gibt Hinweise zur Entwicklung und Modifikation von Maßnahmen in den Sektoren Energiewirtschaft, Industrie, Verkehr, Gebäude sowie Land- und Forstwirtschaft (§ 6 Abs. 3 S. 2 KlimaSchG NW). Mit der Einführung dieses Klimaschutzaudits im Jahr 2021 wurde die Regelung zur Aufstellung eines Klimaschutzplans nach § 6 Abs. 1 KSG NRW 2013[470] gestrichen.[471] Das KlimSchG NW aus dem Jahr 2021 setzt nun auf eine Eigenverantwortung in den einzelnen Ressorts, um die Klimaschutzziele zu erreichen (§ 6 Abs. 4 KlimschG NW).[472] Diese Eigenverantwortung wird mit der Einführung des Klimaschutzaudits im Jahre 2021 dahingehend ergänzt,

---

[468] Vgl. *Beye*, Die Klimaschutzgesetze der Bundesländer: Eine rechtliche Analyse und Bewertung der Landesklimaschutzgesetze unter besonderer Berücksichtigung des völker-, europa- und bundesrechtlichen Rahmens, 2021, S. 199.

[469] Vgl. für Schleswig-Holstein *Wickel* in: Säcker/Ludwigs (Hrsg.), Berliner Kommentar zum EnergieR, Bd. 3, 5. Aufl. 2022, Teil 2 A. Rn. 10.

[470] Klimaschutzgesetz Nordrhein-Westfalen v. 29.01.2013 (GV. NRW. 2013, 33), aufgehoben durch § 10 Abs. 1 S. 2 des Gesetzes v. 08.07.2021 (GV. NRW S. 908).

[471] Vgl. dazu auch *Frenz/Schink* in: Frenz (Hrsg.), KlimaschutzR, 3. Aufl. 2025, § 6 KSG NRW Rn. 1.

[472] Vgl. dazu auch *Frenz/Schink* in: Frenz (Hrsg.), KlimaschutzR, 3. Aufl. 2025, § 6 KSG NRW Rn. 2.

dass dadurch eine Möglichkeit der Planung und Überprüfung für die einzelnen Ressorts geschaffen wird (§ 6 Abs. 1 und Abs. 4 KlimSchG NW).[473] Auch in Baden-Württemberg wurde die Pflicht zur Aufstellung eines integrierten Energie- und Klimaplans (IEKK) gem. § 6 Abs. 1 KSG BW 2013 ersatzlos gestrichen.

5. Kommunale Klimaschutzpläne

In einigen der Landesklimaschutzgesetze finden sich Regelungen, die es den Kommunen erlauben, sie teilweise sogar dazu verpflichten, kommunale Klimaschutzpläne sowie Strategien aufzustellen.[474] Im Unterschied zum Bundesklimaschutzprogramm oder zu den Landesklimaschutzplänen stellen die Kommunen größtenteils Berichte oder Strategien auf. Maßnahmen zu einer konkreten Treibhausgasemissions-Reduktion sind hingegen nur in wenigen kommunalen Klimaschutzplänen zu finden.

In einigen Landesklimaschutzgesetzen ist die Option, teilweise auch die Pflicht ausgestaltet, kommunale Klimaschutzpläne zu erlassen. In Niedersachsen sind gem. §§ 17 ff. NKlimaG Pflichten zur kommunalen Klimaschutzplanung ausgestaltet. Gem. § 17 Abs. 1 S. 1 NKlimaG muss jede Kommune einen Energiebericht erstellen. Der Energiebericht dient konkret dazu, dass der jeweilige Energieverbrauch sowie Möglichkeiten zur Senkung und zur Einsparung von Energiekosten dargestellt werden. Gem. § 18 Abs. 1 S. 1 NKlimaG besteht überdies die Pflicht, Klimaschutzkonzepte für die eigene Verwaltung zu erstellen. In diesen Klimaschutzkonzepten werden die jährlichen Treibhausgasemissionen der Verwaltung dargestellt sowie eine Festlegung von Zielen sowie von Zwischenzielen zur Senkung der verwaltungsinternen Treibhausgase. Auch entsprechende Maßnahmen zur Zielerreichung werden aufgeführt (§ 18 Abs. 1 S. 2 Nr. 1–Nr. 5 NKlimaG). Weiterhin ist das NKlimaG im Rahmen der Wärmeplanung zu berücksichtigen (§ 20 Abs. 1 S. 2 NKlimaG). Gleiches gilt in Schleswig-Holstein

---

473 Vgl. dazu auch *Frenz/Schink* in: Frenz (Hrsg.), KlimaschutzR, 3. Aufl. 2025, § 6 KSG NRW Rn. 3.

474 So in § 17 ff. NKlimaG, § 13 Abs. 1 S. 1 BremKEG, § 12 Abs. 1 S. 2 EWG Bln, § 25 Abs. 1 S. 1 HmbKliSchG, § 10 Abs. 1 S. 2 EWKG SH, § 8 Abs. 2 S. 1 ThürKlimaG, § 8 Abs. 2 HKlimaG, Art. 5 Abs. 2 S. 1 BayKlimaG; vgl. auch *Schlacke/Thierjung* in: Kreuter-Kirchhof/Schlacke, KlimaschutzR, 2025, Einführung Rn. 167.

(§ 10 Abs. 1 S. 2 EWKG SH). Als Maßgabe ist das Wärmeplanungsgesetz sowie die Modifizierungen des EWKG SH heranzuziehen. In Bremen müssen gem. § 13 Abs. 1 S. 1 BremKEG städtebauliche Konzepte erarbeitet werden, die dem Klimaschutz sowie der Anpassung an die Folgen des Klimawandels dienen. In dem Konzept wird die Energieversorgung von neuen Baugebieten, der Zuschnitt von Grundstücken im Hinblick auf den Energieverbrauch sowie der Nutzung von erneuerbaren Energien, die Errichtung von Anlagen zur Nutzung von erneuerbaren Energien sowie Verminderungen des Energieverbrauchs von Gebäuden dargestellt (§ 13 Abs. 2 Nr. 1–Nr. 4 BremKEG). Weiterhin geht es auch um die Anpassung an die Folgen des Klimawandels (§ 13 Abs. 2 Nr. 5 BremKEG). Das bremische Konzept enthält damit insbesondere Aussagen für die Bauleitplanung sowie für den Abschluss von städtebaulichen Verträgen (§ 13 Abs. 1 S. 2 Nr. 1 und Nr. 2 BremKEG).[475] In Baden-Württemberg wurde die Pflicht zur Aufstellung eines Klimaschutzplans nach §§ 7c ff. KSG BW a.F. gestrichen und stattdessen in § 7 S. 1 KlimaG BW mit einem Berücksichtigungsgebot für die öffentliche Hand im Rahmen der Aufstellung von Planungen und Entscheidungen ersetzt.

In den übrigen Bundesländern, in denen Vorgaben zur kommunalen Klimaschutzplanung getroffen wurden, sind diese nicht verpflichtend ausgestaltet.[476] In Berlin sind die Bezirke dazu „*gehalten*“, Energie- und Kohlendioxidbilanzen zu erstellen (§ 12 Abs. 1 S. 2 EWG Bln). In diesen Bilanzen werden Ziele zur Reduktion von Kohlendioxidemissionen aufgeführt sowie Aussagen zur Einsparung von Energie in Gebäuden getroffen. In Hamburg gestalten die zuständigen Behörden eine Wärme- und Kälteplanung aus, die sich vornehmlich an den Zielen des § 2 HmbKliSchG orientiert (§ 25 Abs. 1 S. 1 HmbKliSchG). Es geht darin vorrangig darum, energie- und kosteneffiziente Maßnahmen in einer räumlichen Gebietseinheit zu identifizieren, Infrastrukturmaßnahmen im Versorgungsbereich zu koordinieren sowie diese mit der Stadtentwicklung sowie Bauleitplanung zu verknüpfen (§ 25 Abs. 1 S. 2 HmbKliSchG).[477] In Thüringen kann gem. § 8 Abs. 2 S. 1 ThürKlimaG eine Klimaschutzstrategie erstellt werden. Darin wird ein Weg

---

475 Vgl. hierzu auch *Groß*, NordÖR 2022, 557 (558).

476 Vgl. *Shirvani*, ZUR 2022, 579 (582); *Groß*, NordÖR 2022, 557 (558).

477 Vgl. *Wickel* in: Säcker/Ludwigs (Hrsg.), Berliner Kommentar zum EnergieR, Bd. 3, 5. Aufl. 2022, Teil 2 A. Rn. 146.

zur Minderung der Treibhausgase sowie dem Ausbau von erneuerbaren Energien beschrieben. In Hessen werden gem. § 8 Abs. 2 HKlimaG die Gemeinden vom Land dabei unterstützt, kommunale Klimaschutz- und Klimawandelanpassungsstrategien zu erstellen. Im Saarland „*können*" die Gemeinden und Gemeindeverbände ein Klimaschutzkonzept erlassen (§ 6 Abs. 3 SKSG). Damit soll ein kommunaler Beitrag zum Klimaschutz geleistet werden. In Bayern wird es ebenfalls lediglich „*empfohlen*", ein Klimaschutzprogramm zu erstellen und die darin enthaltenen Maßnahmen umzusetzen (Art. 5 Abs. 2 S. 1 BayKlimaG).[478]

6. Zwischenergebnis

Zur Beitragspflichterfüllung aus Art. 4 Abs. 2 S. 1 Pariser Abkommen werden verschiedene Klimaschutzpläne aufgestellt. Europarechtlich ist der integrierte nationale Energie- und Klimaplan vorgesehen, in dem eine treibhausgasneutrale Energiepolitik vorgestellt werden muss. Das Klimaschutzprogramm sowie die Landesklimaschutzpläne sehen konkrete Maßnahmen zur nationalen Klimaschutzzielerreichung vor. In den kommunalen Klimaschutzpläne werden hingegen vornehmlich Daten und Prognosen für weiteres kommunales Handeln dargestellt.

II. Langfrist-Strategie gem. Art. 4 Abs. 19 Pariser Abkommen

Das Pariser Abkommen sieht in Art. 4 Abs. 19 vor, dass unter Berücksichtigung der Einhaltung des Pariser Temperaturziels gem. Art. 2 Abs. 1 lit. a) Pariser Abkommen sowie der unterschiedlichen Verantwortlichkeiten und Möglichkeiten für die Vertragsstaaten, Ziele und Maßnahmen zum Schutz des Klimas aufzustellen, sogenannte Langfrist-Strategien ausgearbeitet werden müssen. Die Vertragsstaaten „*sollen*" die Entwicklung der Reduktion der Treibhausgasemissionen in Form langfristiger Strategien ausarbeiten und an das Klimasekretariat übermitteln. Insofern kann ein Vergleich der nationalen Beiträge sowie eine Vorausschau, ob das Temperaturziel erreicht werden kann, ermöglicht werden. Mit der Aufstellung der Langfrist-Strategie geht es also nach dem Pariser Abkommen um die Darstellung der zu erwartenden Entwicklungen der nationalen Treibhausgasemissions-Reduktionen.

---

[478] Vgl. zu dem Abschnitt auch *Groß*, NordÖR 2022, 557 (558); ferner *Kohlrausch*, EurUP 2021, 95 (99 ff.).

Diese Vorgabe zur Übermittlung einer Langfrist-Strategie aus dem Pariser Abkommen ist im Europarecht sowie im Bundesrecht mit der Ausgestaltung eigener gesetzlicher Regelung umgesetzt worden (Art. 15 EU-Governance-VO, § 2 Nr. 7 KSG).[479]

In Art. 15 EU-Governance-VO ist Art. 4 Abs. 19 Pariser Abkommen ins Europarecht umgesetzt worden.[480] Gem. Art. 15 Abs. 2 S. 1 und Abs. 3 EU-Governance-VO sind zwei Vorgaben hinsichtlich der Langfrist-Strategie geregelt. Zum einen besteht nach Abs. 2 die Vorgabe, dass die Europäische Union selbst eine Langfrist-Strategie erstellt. Nach Abs. 3 wird die Pflicht zur Aufstellung einer solchen Strategie für die europäischen Mitgliedstaaten geregelt. In § 2 S. 7 KSG ist die Langfrist-Strategie im Bundesrecht benannt.[481] Sie ist als nationaler Klimaschutzplan bezeichnet.

1. Langfrist-Strategie der Europäischen Union

Die Europäische Union ist gem. Art. 15 Abs. 2 S. 1 EU-Governance-VO zur Übermittlung der Reduktionsvorhersagen ihrer eigenen Treibhausgase an das Klimasekretariat verpflichtet. Berücksichtigt werden bei der Ausgestaltung der Strategie die Inhalte der integrierten nationalen Energie- und Klimapläne der Mitgliedstaaten (Art. 15 Abs. 2 S. 1 EU-Governance-VO). Auf dessen Grundlage können zuverlässige Entwicklungsprognosen der Treibhausgasemissions-Reduktion innerhalb der Europäischen Union getroffen werden. Konkreter Zweck der europäischen Langfrist-Strategie ist es unter anderem darzustellen, wie die Netto-Null-Treibhausgasemission der Europäischen Union bis zum Jahr 2050 eintreten kann und wie ab diesem Zeitpunkt negative Emissionen erreicht werden (Art. 15 Abs. 2 S. 2 lit. a) EU-Governance-VO).[482] Aus diesen Prognosen soll auch ein Rückschluss auf die weltweit verbleibenden CO_2-Emissionen getroffen werden, um die Erreichung des Pariser Temperaturziels weltweit sicherstellen zu können.[483]

---

479 *Franßen/Operhalsky* in: Frenz (Hrsg.), KlimaschutzR, 3. Aufl. 2025, § 2 KSG Rn. 33 f.; *Wickel* in: Säcker/Ludwigs (Hrsg.), Berliner Kommentar zum EnergieR, Bd. 3, 5. Aufl. 2022, § 2 KSG Rn. 12.

480 *Franßen/Operhalsky* in: Frenz (Hrsg.), KlimaschutzR, 3. Aufl. 2025, § 2 KSG Rn. 34.

481 Vgl. *Peters* in: Fellenberg/Guckelberger (Hrsg.), KlimaschutzR, 2022, § 2 KSG Rn. 13.

482 Vgl. *Lammers*, Die europäische Governance-VO und das EU-Klimagesetz, 2023, S. 162.

483 *Lammers*, Die europäische Governance-VO und das EU-Klimagesetz, 2023, S. 162 f.

2. Langfrist-Strategie der Mitgliedstaaten der Europäischen Union

Auch für die Mitgliedstaaten ist eine Pflicht zur Aufstellung einer Langfrist-Strategie in Art. 15 Abs. 1 und Abs. 3 EU-Governance-VO ausgestaltet.[484] Daraus folgt, dass sich die Soll-Vorschrift aus Art. 4 Abs. 19 Pariser Abkommen gem. Art. 15 Abs. 1 und Abs. 3 EU-Governance-VO in eine Pflicht gewandelt hat, nationale Langfrist-Strategien aufzustellen. Die Langfrist-Strategie war erstmals bis zum 01.01.2020 aufzustellen (Art. 15 Abs. 1 S. 1 EU-Governance-VO). Die zweite Strategie muss bis zum 01.01.2029 der Kommission übermittelt und sodann alle zehn Jahre aktualisiert werden (Art. 15 Abs. 1 S. 1 EU-Governance-VO).[485] Erforderlichenfalls werden die Strategien *„alle fünf Jahre aktualisiert"* (Art. 15 Abs. 1 S. 2 EU-Governance-VO).[486] Mit der Aufstellung der Langfrist-Strategie sollen die europäischen Mitgliedstaaten einen nationalen Beitrag zur Erreichung des Temperaturziels des Pariser Abkommens leisten (Art. 15 Abs. 3 lit. a) und lit. b) EU-Governance-VO). Konkret geht es darum, dass eine Darstellung der geplanten nationalen Treibhausgasemissions-Reduktion vorgelegt wird (Art. 15 Abs. 3 lit. c) EU-Governance-VO) und aufgezeigt wird, wie ein Energiesystem geschaffen werden kann, das auf energieeffizienten und erneuerbaren Energien beruht (Art. 15 Abs. 3 lit. d) EU-Governance-VO). Es sollen also die jeweiligen nationalen Strategien vorgelegt werden, durch die die europäischen und damit schließlich das Pariser Klimaschutzziel eingehalten werden können.

Um den Zweck der Strategie zu erreichen, müssen die Mitgliedstaaten darlegen, wie eine Treibhausgasemissions-Reduktion erfolgen kann sowie welche Fortschritte und Auswirkungen erwartet werden (Art. 15. Abs. 4 lit. a) – lit. e) EU-Governance-VO).[487] Es geht also vorrangig um das Aufzeigen nationaler Politiken, Strategien und Möglichkeiten zur Erreichung der Treibhausgas-Netto-Null-Reduktion.[488] Aufgrund dessen unterscheidet sich die Strategie

---

[484] *Lammers*, Die europäische Governance-VO und das EU-Klimagesetz, 2023, S. 124 f.; *Shirvani*, ZUR 2022, 579 (580); *Schlacke/Thierjung* in: Kreuter-Kirchhof/Schlacke, KlimaschutzR, 2025, Einführung Rn. 58.

[485] Vgl. *Klafki/Schlacke* in: Kreuter-Kirchhof/Schlacke, KlimaschutzR, 2025, § 9 Rn. 2.

[486] Vgl. auch *Klafki/Schlacke* in: Kreuter-Kirchhof/Schlacke, KlimaschutzR, 2025, § 9 Rn. 2.

[487] Vgl. *Guckelberger* in: Fellenberg/Guckelberger (Hrsg.), KlimaschutzR, 2022, § 9 KSG Rn. 3.

[488] *Guckelberger* in: Fellenberg/Guckelberger (Hrsg.), KlimaschutzR, 2022, § 9 KSG Rn. 3.

von den übrigen Klimaschutzplänen, die bereits dargestellt wurden. Mit der Langfrist-Strategie wird kein konkreter Beitrag zur Erreichung des Temperaturziels selbst gesetzt, sondern es werden die nationalen Beiträge der Vertragsstaaten zusammengefasst und aufgezeigt, sodass ein Vergleich stattfinden kann.

Die Pflicht zur Aufstellung einer Langfrist-Strategie wurde im Bundesrecht in § 2 Nr. 7 KSG aufgenommen.[489] In § 2 Nr. 7 KSG ist der Klimaschutzplan normiert. Der Klimaschutzplan stellt die deutsche Langfrist-Strategie nach dem Übereinkommen von Paris sowie nach Art. 15 Abs. 1 und Abs. 3 EU-Governance-VO dar.[490] § 2 Nr. 7 KSG benennt jedoch keine Anforderungen oder Voraussetzungen für die Aufstellung des Klimaschutzplans.

III. Zwischenergebnis

Die in Art. 4 Abs. 19 Pariser Abkommen vorgesehene Langfrist-Strategie ist durch die EU-Governance-VO aufgegriffen und rechtlich ausgestaltet worden. Zum einen ist die Europäische Union selbst in der Pflicht, eine EU-weite Langfrist-Strategie zu erstellen. Zum anderen ist geregelt, dass die Mitgliedstaaten der Europäischen Union ebenfalls jeweils eigene Langfrist-Strategien erarbeiten müssen. Damit eine Einheitlichkeit der Langfrist-Strategien der Mitgliedstaaten entstehen kann, sind in der EU-Governance-VO selbst Vorgaben enthalten, die durch die Mitgliedstaaten bei Aufstellung der Strategien eingehalten werden müssen. Bundesrechtlich ist die Langfrist-Strategie in Deutschland in § 2 Nr. 2 KSG als Klimaschutzplan aufgenommen worden. Rechtliche Voraussetzungen für die Aufstellung des Plans sind allerdings nicht getroffen.

---

[489] *Guckelberger* in: Fellenberg/Guckelberger (Hrsg.), KlimaschutzR, 2022, § 9 KSG Rn. 3; *Franßen/Operhalsky* in: Frenz (Hrsg.), KlimaschutzR, 3. Aufl. 2025, § 2 KSG Rn. 33; *Wickel* in: Säcker/Ludwigs (Hrsg.), Berliner Kommentar zum EnergieR, Bd. 3, 5. Aufl. 2022, § 2 KSG Rn. 12; *Schlacke/Thierjung* in: Kreuter-Kirchhof/Schlacke, KlimaschutzR, 2025, Einführung Rn. 58.

[490] *Guckelberger* in: Fellenberg/Guckelberger (Hrsg.), KlimaschutzR, 2022, § 9 KSG Rn. 3; *Franßen/Operhalsky* in: Frenz (Hrsg.), KlimaschutzR, 3. Aufl. 2025, § 2 KSG Rn. 33; *Wickel* in: Säcker/Ludwigs (Hrsg.), Berliner Kommentar zum EnergieR, Bd. 3, 5. Aufl. 2022, § 2 KSG Rn. 12.

C. Monitoring zur Sicherstellung der Beitragszielerreichung

Für die Klimaschutzpläne ist jeweils ein Monitoring-Verfahren ausgestaltet worden, mit dessen Hilfe überwacht und sichergestellt wird, dass die nationalen Beiträge ausreichend ambitioniert ausgestaltet sind, um eine entsprechende Treibhausgasemissions-Reduktion herbeizuführen, sodass nicht nur die nationalen, sondern auch die europäischen sowie die internationalen Klimaschutzziele erreicht werden können.[491]

I. Erforderlichkeit des Monitorings

Die Notwendigkeit eines Monitoring-Verfahrens besteht für die europäischen Klimaschutzpläne, weil die Europäische Union für die Pläne in der EU-Governance-VO selbst keine konkreten Maßnahmen und Zielbeiträge festgelegt hat, die im Rahmen der Pläne konkret ausgestaltet werden müssen.[492] Vielmehr müssen die Mitgliedstaaten eigenständig nationale Maßnahmen und Zielbeiträge festlegen. Dennoch sollen die jeweiligen Beiträge der Mitgliedstaaten die Erreichung der europäischen Klimaschutzziele sicherstellen.[493] Da es jedoch keine Vorgaben gibt, welche Beiträge die Mitgliedstaaten erfüllen müssen, muss auf eine andere Art überprüft werden, ob die nationalen Beiträge ausreichend ambitioniert sind. Aus diesem Grund gehören der integrierte nationale Energie- und Klimaplan sowie die Langfrist-Strategie zum sogenannten Governance-Mechanismus (Art. 1 Abs. 1 EU-Governance-VO).[494] Der Governance-Mechanismus enthält neben dem Planungsinstrument die Vorgabe eines umfassend geregelten Monitoring-Verfahrens, durch das gewährleistet werden soll, dass die Energie- und Klimaschutzpläne der Mitgliedstaaten ausreichend ambitioniert und kohärent sind, um eine Zielerreichung zu ermöglichen (Art. 1 Abs. 1 S. 2 EU-Governance-VO).[495] Es soll ein iterativer Planungsprozess zwischen dem jeweiligen Mitgliedstaat und der Europäischen Kommission ermöglicht

---

[491] Vgl. *Shirvani*, ZUR 2022, 579 (583).

[492] Vgl. für den integrierten nationalen Energie- und Klimaplan *Schlacke/Lammers*, EurUP 2018, 424 (426).

[493] *Schlacke/Lammers*, EurUP 2018, 424 (426); vgl. *Schlacke/Knodt*, ZUR 2019, 404 (406).

[494] *Ludwigs* in: Ruffert, Europäisches Sektorales WirtschaftsR, 2. Aufl. 2020, § 5 Rn. 278.

[495] Vgl. *Schlacke/Lammers*, EurUP 2018, 424 (426).

werden (Art. 1 Abs. 1 S. 2 und S. 3 EU-Governance-VO).[496] Kommission und Mitgliedstaaten arbeiten zusammen, um die Energie- und Klimaschutzziele zu erreichen.[497] Auch gehört eine ausreichende Öffentlichkeitsbeteiligung zum Governance-Mechanismus über den integrierten nationalen Energie- und Klimaplan, um einen ausreichend ambitionierten Inhalt der Pläne herzustellen (Art. 1 Abs. 1 S. 3 EU-Governance-VO). Die Öffentlichkeitsbeteiligung wird weitergehend in Kapitel 5 behandelt.[498]

Aber nicht nur hinsichtlich der Beitragsfestlegung ist die Europäische Union auf ein ausreichendes Ambitionsniveau der Mitgliedstaaten angewiesen. Auch die tatsächliche Umsetzung liegt in der Hand der Mitgliedstaaten.[499] Aus diesem Grund soll auch die ausreichende Umsetzung der festgelegten Ambitionen mit Hilfe des Monitorings überprüft werden.[500] Gleiches gilt auch für die Klimaschutzpläne im nationalen Recht. Die in den Klimaschutzplänen des Bundes sowie der Länder dargestellten Maßnahmen müssen zur Erreichung der nationalen Treibhausgasemissions-Reduktionsziele ausreichend sein.[501] Insofern müssen die Pläne ebenfalls einer Kontrolle unterliegen.

Zusammengefasst dient das Monitoring also der Kontrolle. Zum einen soll damit das festgesetzte Ambitionsniveau der Mitgliedstaaten in den Klimaschutzplänen überprüft werden und zum anderen geht es um die Kontrolle der tatsächlichen Umsetzung der Beiträge.

II. Monitoring für den integrierten nationalen Energie- und Klimaplan

Die Vorschriften der EU-Governance-VO ermöglichen der Europäischen Kommission bei der Aufstellung sowie Umsetzung der integrierten nationalen Energie- und Klimapläne eine Überprüfung der nationalen Beiträge auf ein hinreichendes Ambitionsniveau sowie deren tatsächliche Realisierung.

---

496 *Franzius*, ZUR 2023, 199 (199 f.).
497 *Franzius*, ZUR 2023, 199 (199 f.).
498 Siehe Kap. 5 A I 1 a).
499 *Schlacke/Knodt*, ZUR 2019, 404 (407).
500 *Schlacke/Knodt*, ZUR 2019, 404 (407).
501 Siehe § 9 Abs. 1 S. 2 KSG für das Klimaschutzprogramm.

1. Monitoring im Rahmen der Planaufstellung

Die Europäische Union ist bereits bei der Erarbeitung der integrierten nationalen Energie- und Klimapläne beteiligt und kann so am Entstehungsprozess des Plans mitwirken.[502]

Bevor die Mitgliedstaaten ihre integrierten nationalen Energie- und Klimapläne der Europäischen Kommission übermitteln, müssen Planentwürfe erstellt werden (Art. 9 Abs. 1 EU-Governance-VO).[503] Der nächste Entwurf muss bis zum 01.01.2028 und danach alle zehn Jahre vorgelegt werden (Art. 9 Abs. 1 EU-Governance-VO). Die Kommission bewertet sodann die vorgelegten Entwürfe (Art. 9 Abs. 2 S. 1 EU-Governance-VO).[504] Die Bewertung bezieht sich auf das angestrebte Ambitionsniveau sowie auf die geplanten Politiken und Maßnahmen, durch die die nationalen Ziele erreicht werden sollen (Art. 9 Abs. 2 S. 2 lit. a) und lit. b) EU-Governance-VO).[505] Kommt die Kommission bei ihrer Bewertung der Entwürfe zu dem Ergebnis, dass das angestrebte Ambitionsniveau der dargestellten Politiken oder Maßnahmen nicht ausreichen, um eine Erreichung der europäischen Energie- und Klimaschutzziele sicherzustellen, kann sie dem jeweiligen Mitgliedstaat Empfehlungen aussprechen, wie das entsprechende Ambitionsniveau zu steigern bzw. zu verbessern ist (Art. 9 Abs. 2 S. 1 und S. 2 lit. a) – lit. d) EU-Governance-VO).[506] Die Empfehlungen dürfen von der Kommission bis spätestens sechs Monate vor Ablauf der Frist zur Abgabe der finalen integrierten nationalen Energie- und Klimapläne ausgesprochen werden (Art. 9 Abs. 2 S. 1 EU-Governance-VO).[507]

Die Empfehlungen der Kommission sind rechtlich als solche im Sinne des Art. 288 Abs. 5 AEUV zu bewerten; sie haben also keine Bindungswirkung.[508] Die Mitgliedstaaten müssen ihnen daher lediglich „*gebührend*" Rechnung

---

[502] Vgl. auch *Schlacke/Lammers*, EurUP 2018, 424 (427).

[503] Vgl. auch *Schlacke/Lammers*, EurUP 2018, 424 (427); vgl. auch *Klafki/Schlacke* in: Kreuter-Kirchhof/Schlacke, KlimaschutzR, 2025, § 9 Rn. 4.

[504] Vgl. *Schlacke/Lammers*, EurUP 2018, 424 (427); *Frenz*, EuR 2020, 605 (617).

[505] Vgl. auch *Schlacke/Lammers*, EurUP 2018, 424 (427).

[506] Vgl. auch *Schlacke/Lammers*, EurUP 2018, 424 (427); *Frenz*, EuR 2020, 605 (617); ferner *Schlacke/Thierjung* in: Kreuter-Kirchhof/Schlacke, KlimaschutzR, 2025, Einführung Rn. 58; *Klafki/Schlacke* in: Kreuter-Kirchhof/Schlacke, KlimaschutzR, 2025, § 9 Rn. 4.

[507] Vgl. *Lammers*, Die Europäische Governance-VO und das EU-Klimagesetz, 2023, S. 98.

[508] *Schlacke/Knodt*, ZUR 2019, 404 (407).

tragen (Art. 9 Abs. 3 S. 1 EU-Governance-VO).[509] Auch besteht keine Pflicht, die Empfehlungen in den integrierten nationalen Energie- und Klimaplan einzuarbeiten.[510] Geregelt ist jedoch, dass die Mitgliedstaaten eine Begründung angeben müssen, sollten sie den Empfehlungen der Europäischen Kommission nicht folgen (Art. 9 Abs. 3 S. 2 EU-Governance-VO).[511]

Nachdem den Empfehlungen der Europäischen Kommission, die aus dem Monitoring hervorgehen, gebührend Rechnung getragen wurde (Art. 9 Abs. 3 EU-Governance-VO), wird schließlich der finale Entwurf an die Europäische Kommission übermittelt, der ebenfalls den Vorschriften des Monitorings unterliegt (Art. 13 EU-Governance-VO).[512] Auch die endgültigen integrierten nationalen Energie- und Klimapläne werden von der Europäischen Kommission bewertet (Art. 13 EU-Governance-VO). Die Bewertung bezieht sich gem. Art. 13 lit. a) und lit. b) EU-Governance-VO auf das national festgelegte Ambitionsniveau der dargestellten „*Ziele, Vorgaben und Beiträge*“ sowie darauf, ob den ausgesprochenen Empfehlungen der Kommission für die Planentwürfe ausreichend Rechnung getragen wurden (Art. 9 Abs. 2 S. 1 und S. 2 lit. a) – lit. d) EU-Governance-VO).[513]

Aktualisierungen der integrierten nationalen Energie- und Klimapläne gem. Art. 14 Abs. 1 EU-Governance-VO werden ebenfalls von der Kommission bewertet (Art. 13 EU-Governance-VO).[514] Nach Art. 31 Abs. 1 EU-Governance-VO kann die Europäische Kommission beim Vorliegen eines unzureichenden Ambitionsniveaus ebenfalls Empfehlungen zu dessen Verbesserung aussprechen.[515]

---

509 Siehe auch *Schlacke/Lammers*, EurUP 2018, 424 (427); *Frenz*, EuR 2020, 605 (617); *Schlacke/Thierjung* in: Kreuter-Kirchhof/Schlacke, KlimaschutzR, 2025, Einführung Rn. 58.

510 Vgl. *Lammers*, Die Europäische Governance-VO und das EU-Klimagesetz, 2023, S. 99.

511 Vgl. *Schlacke/Lammers*, EurUP 2018, 424 (427); *Frenz*, EuR 2020, 605 (617); *Lammers*, Die Europäische Governance-VO und das EU-Klimagesetz, 2023, S. 99.

512 Vgl. dazu auch *Schlacke/Lammers*, EurUP 2018, 424 (428).

513 Vgl. dazu auch *Schlacke/Lammers*, EurUP 2018, 424 (428).

514 Vgl. *Schlacke/Lammers*, EurUP 2018, 424 (428).

515 Vgl. *Schlacke/Lammers*, EurUP 2018, 424 (430); *Lammers*, Die Europäische Governance-VO und das EU-Klimagesetz, 2023, S. 99.

2. Monitoring im Rahmen der Planumsetzung

Nach den Regelungen der Art. 17–Art. 25 EU-Governance-VO kommt den Mitgliedstaaten die Pflicht zu, die Fortschritte hinsichtlich der Umsetzung der Beiträge für die Erreichung der Ziele der Energieunion aufzuzeigen.[516] Im Rahmen der Berichte soll der Stand der Durchführung der in den integrierten nationalen Energie- und Klimaplänen aufgeführten Beiträge dargestellt werden (Art. 17 Abs. 1 EU-Governance-VO).[517]

Setzen die Mitgliedstaaten ihre Zielbeiträge nach den Bewertungsergebnissen der Kommission nicht ausreichend um, liegt ein sogenannter *„delivery gap"* vor (Art. 32 Abs. 1 EU-Governance-VO).[518] Die Kommission spricht hinsichtlich der Durchführung der Pläne sodann Empfehlungen aus (Art. 32 Abs. 1, Art. 34 Abs. 1 S. 1 EU-Governance-VO).[519]

3. Weiteres Verfahren zur Überprüfung des Ambitionsniveaus

Die Schwierigkeit zur Erreichung ausreichend ambitionierter nationaler Beiträge für die integrierten nationalen Energie- und Klimapläne der Mitgliedstaaten zeigt sich noch einmal darin, dass neben der erforderlichen Öffentlichkeitsbeteiligung sowie der Herstellung des iterativen Planungsprozesses durch die Entwurfsprüfung ein zusätzlicher Austausch durch einen Dialog auf mehreren Ebenen (Art. 11 S. 1 EU-Governance-VO) sowie eine regionale Zusammenarbeit (Art. 12 Abs. 1 EU-Governance-VO) für die Ausarbeitung der Pläne vorgeschrieben ist. Gem. Art. 11 S. 1 EU-Governance-VO soll jeder Mitgliedstaat einen Dialog über klima- und energiepolitische Themen einrichten, *„in den sich lokale Gebietskörperschaften, Organisationen der Zivilgesellschaft, die Wirtschaft, Investoren, andere bedeutende Interessenträger und die Allgemeinheit aktiv einbringen können"*.[520] Während dieses Dialogs sollen langfristige Szenarien, die im Rahmen der Energie- und

---

516 *Schlacke/Lammers*, EurUP 2018, 424 (428).

517 *Schlacke/Lammers*, EurUP 2018, 424 (428).

518 *Schlacke/Lammers*, EurUP 2018, 424 (431); *Ludwigs* in: Ruffert, Europäisches Sektorales WirtschaftsR, 2. Aufl. 2020, § 5 Rn. 282 f.; *Lammers*, Die europäische Governance-VO und das EU-Klimagesetz, 2023, S. 100; *Schlacke/Thierjung* in: Kreuter-Kirchhof/Schlacke, KlimaschutzR, 2025, Einführung Rn. 58.

519 Hierzu auch *Schlacke/Lammers*, EurUP 2018, 424 (431); *Klafki/Schlacke* in: Kreuter-Kirchhof/Schlacke, KlimaschutzR, 2025, § 9 Rn. 4.

520 Vgl. *Schlacke/Knodt*, ZUR 2019, 404 (406).

Klimapolitik erreicht werden sollen sowie dessen Fortschritt, also die Erreichung der Energieziele diskutiert werden (Art. 11 S. 1 EU-Governance-VO).[521] Gegenstand des Diskurses sind die Langfrist-Strategie sowie der integrierte nationale Energie- und Klimaplan (Art. 11 S. 2 EU-Governance-VO).[522] Bei diesem Dialog handelt es sich um einen nationalen Austausch.[523] Das bedeutet, dass jeder Mitgliedstaat mit der Hilfe fachwissender Stellen in einen Diskurs über die Erreichung der europäischen Klimaschutzziele tritt.[524]

Auch ein Austausch mit allen Mitgliedstaaten ist in der EU-Governance-VO vorgesehen. Gem. Art. 12 Abs. 1 EU-Governance-VO müssen die Mitgliedstaaten zusammenarbeiten, um ihre Ziele und Maßnahmen, die sie in den integrierten nationalen Energie- und Klimaplänen ausgearbeitet haben, auch tatsächlich zu erreichen.[525] Eine solche regionale Zusammenarbeit kann überdies bereits bei der Entwurfsplanung sowie bei der Ausarbeitung des fertigen Klimaplans angestrebt werden (Art. 12 Abs. 2 S. 1 und Abs. 3 S. 1 EU-Governance-VO). Dem Austausch zwischen den Mitgliedstaaten muss sodann in den integrierten nationalen Energie- und Klimaplan ausreichend Rechnung getragen werden (Art. 12 Abs. 5 EU-Governance-VO). Das bedeutet, der Austausch hat nicht lediglich einen symbolischen Charakter, sondern er soll einen tatsächlichen Einfluss auf den Inhalt der fertigen Pläne haben.[526]

III. Monitoring für die Langfrist-Strategie der Mitgliedstaaten

Auch für die in Art. 15 Abs. 1 und Abs. 3 EU-Governance-VO ausgestaltete Langfrist-Strategie besteht ein Monitoring-Verfahren.[527] Die Langfrist-Strategie ist ebenfalls Teil des Governance-Mechanismus (Art. 1 Abs. 1 EU-Governance-VO). Es soll daher ebenfalls überwacht werden, ob die langfristig geplanten Politiken, Maßnahmen und Ziele der europäischen Mitgliedstaaten zu einer europäischen und schließlich zu einer internationalen Klimaschutzzielerreichung führen. Das Monitoring für die

---

521 Vgl. *Lammers*, Die Europäische Governance-VO und das EU-Klimagesetz, 2023, S. 540 f.
522 Vgl. *Lammers*, Die Europäische Governance-VO und das EU-Klimagesetz, 2023, S. 541.
523 *Lammers*, Die Europäische Governance-VO und das EU-Klimagesetz, 2023, S. 540 f.
524 *Lammers*, Die Europäische Governance-VO und das EU-Klimagesetz, 2023, S. 540 f.
525 Vgl. *Lammers*, Die Europäische Governance-VO und das EU-Klimagesetz, 2023, S. 548.
526 Vgl. *Lammers*, Die Europäische Governance-VO und das EU-Klimagesetz, 2023, S. 548 ff.
527 Vgl. *Schlacke/Lammers*, EurUP 2018, 424 (429).

Langfrist-Strategie ist im Vergleich mit dem Verfahren hinsichtlich des integrierten nationalen Energie- und Klimaplans eher dürftig ausgestaltet. Gem. Art. 15 Abs. 9 EU-Governance-VO werden die Langfrist-Strategien der europäischen Mitgliedstaaten gem. Art. 15 Abs. 3 EU-Governance-VO von der Europäischen Kommission zunächst darauf hin überprüft, ob mit den darin festgesetzten Ambitionen die in Art. 1 EU-Governance-VO genannten Ziele erreicht werden können. Kommt die Europäische Kommission bei der Prüfung zu dem Ergebnis, dass die Ziele nicht erreicht werden können, stellt sie Informationen zur Verfügung, um den Weg zur Zielerreichung vorzubereiten (Art. 15 Abs. 9 EU-Governance-VO). Der Wortlaut „*stellt Informationen* [...] *bereit*" lässt darauf schließen, dass keine zwingenden Vorgaben von dem Monitoring-Verfahren für die Mitgliedstaaten entstehen.

Durch das Monitoring-Verfahren unterstützt die Europäische Kommission lediglich die Mitgliedstaaten bei der Wahl der in der Langfrist-Strategie festgelegten Beiträge (Art. 15 Abs. 8 S. 1 EU-Governance-VO). Es werden „*Informationen über den Stand des zugrunde liegenden wissenschaftlichen Fachwissens bereit*" gestellt „*und* [...] *Möglichkeiten für den Austausch von Fachwissen und bewährten Verfahren*" geboten. Schließlich werden auch Informationen nach einer Überprüfung der Ambitionsniveaus der Langfrist-Strategien zur Verfügung gestellt (Art. 15 Abs. 9 EU-Governance-VO).

IV. Monitoring für das Klimaschutzprogramm

Auch für das Klimaschutzprogramm ist ein Monitoring-Verfahren im KSG ausgestaltet (§ 5 KSG).[528] Das Monitoring bezieht sich ebenfalls zum einen auf die Planausgestaltung und zum anderen auf dessen Umsetzung. Zum einen geht es im Monitoring um die Überwachung der Treibhausgasemissionsdaten, sodass entsprechende Festsetzungen hinsichtlich einer Reduktion im Klimaschutzprogramm eingefügt werden.[529] Zum anderen beinhaltet das Monitoring auch eine Berichterstattung gem. § 10 S. 1 KSG, durch die die Treibhausgasemissionsentwicklung nach Aufstellung des Klimaschutzprogramms dokumentiert wird.[530]

---

[528] Vgl. *Schlacke* in: Kreuter-Kirchhof/Schlacke, KlimaschutzR, 2025, § 5 Rn. 2.

[529] BT-Drs. 20/8290, S. 21; *Schlacke in:* Kreuter-Kirchhof/Schlacke, KlimaschutzR, 2025, § 4 Rn. 2.

[530] *Guckelberger* in: Fellenberg/Guckelberger (Hrsg.), KlimaschutzR, 2022, § 10 KSG Rn. 4.

1. Monitoring für die Planaufstellung

Das Monitoring im Rahmen der Aufstellung des Klimaschutzprogramms bezieht sich auf eine Auswertung der vergangenen Treibhausgasemissionsdaten.[531] In § 5 Abs. 1 S. 1 KSG ist geregelt, dass die Treibhausgasemissionsdaten des vergangenen Jahres vom Umweltbundesamt erstellt werden.[532] Insbesondere wird dargestellt, ob die Jahresemissionsgesamtmengen nach Anlage 2 zum KSG eingehalten wurden (§ 5 Abs. 2 Nr. 1 KSG).[533] Auf dieser Grundlage werden sodann vom Umweltbundesamt sogenannte Projektionsdaten erstellt, die die künftige Entwicklung des Treibhausgasausstoßes darstellen (§ 5a S. 1 KSG). Die Emissionsdaten des Umweltbundesamtes sowie die Projektionsdaten werden sodann an den Expertenrat für Klimafragen übersandt (§ 5 Abs. 1 S. 4, § 5a S. 5 KSG).[534] Der Expertenrat für Klimafragen, bestehend aus fünf sachverständigen Personen (§ 11 Abs. 1 S. 1 KSG), prüft die Emissionsdaten nach § 5 Abs. 1 und Abs. 2 KSG sowie die Projektionsdaten nach § 5a KSG und legt seine Prüfungsergebnisse der Bundesregierung sowie dem Deutschen Bundestag vor (§ 12 Abs. 1 S. 1 KSG).[535] Dabei wird vor allem dargestellt, inwiefern die zulässigen Jahresemissionsgesamtengen der letzten Jahre über- oder unterschritten wurden (§ 12 Abs. 1 S. 2 KSG).[536] Die konkrete Aufgabe des Expertenrates liegt also in der Prüfung der Emissionsdaten nach § 5 Abs. 1 und Abs. 2 KSG sowie der Projektionsdaten nach § 5a KSG.[537] Durch die Bewertung dieser Daten durch den Expertenrat wird der Bundesregierung eine unabhängige Einschätzung der Treibhausgasemissionsentwicklung übermittelt.[538] Die Bundesregierung legt die Ergebnisse des Expertenrates

---

531 BT-Drs. 20/8290, S. 21; *Schlacke/Franzius* in: Kreuter-Kirchhof/Schlacke, KlimaschutzR, 2025, § 4 Rn. 5.

532 Vgl. auch *Schlacke* in: Kreuter-Kirchhof/Schlacke, KlimaschutzR, 2025, § 5 Rn. 7.

533 BT-Drs. 20/8290, S. 21.

534 Vgl. *Schlacke* in: Kreuter-Kirchhof/Schlacke, KlimaschutzR, 2025, § 5 Rn. 13.

535 Vgl. *Klinski/Scharlau/von Swieykowski-Trzaska/Keimeyer/Sina*, NVwZ 2020, 1 (4 f.); *Busche* in: Kreuter-Kirchhof/Schlacke, KlimaschutzR, 2025, § 12 Rn. 1.

536 Vgl. *Stäsche*, ZfU 2024, 299 (313).

537 Vgl. hierzu *Expertenrat für Klimafragen*, Prüfbericht zur Berechnung der deutschen Treibhausgasemissionen für das Jahr 2023; siehe auch *Wickel* in: Säcker/Ludwigs (Hrsg.), Berliner Kommentar zum EnergieR, Bd. 3, 5. Aufl. 2022, § 12 KSG Rn. 5; vgl. *Schlacke* in: Kreuter-Kirchhof/Schlacke, KlimaschutzR, 2025, § 5a Rn. 1; ferner auch *Busche* in: Kreuter-Kirchhof/Schlacke, KlimaschutzR, 2025, § 12 Rn. 7 f.

538 *Thienel* in: Frenz (Hrsg.), KlimaschutzR, 2. Aufl. 2022, § 12 KSG Rn. 2.

sodann einer Fortschreibung des Klimaschutzprogramms nach § 9 Abs. 1 KSG zugrunde (§ 12 Abs. 3 Nr. 3 KSG).[539] Auch die aktuellen Projektionsdaten nach § 5a KSG werden bei der Aufstellung eines Klimaschutzprogramms berücksichtigt (§ 9 Abs. 1 S. 2 KSG).[540] Entsprechend können dann geeignete Maßnahmen zur Einhaltung der Jahresemissionsgesamtmengen im Klimaschutzprogramm festgelegt werden (§ 9 Abs. 1 S. 2 KSG).

Weisen die Projektionsdaten, bewertet durch den Expertenrat, eine Zielverfehlung aus, werden Gegensteuerungsmaßnahmen getroffen.[541] Konkrete Maßnahmen für eine Gegensteuerung sollen jedoch nicht bei jedweder Zielverfehlung erlassen werden. Vielmehr ergeht lediglich bei einer langfristigen Zielverfehlung die Pflicht zur Aufstellung weiterer Maßnahmen (§ 8 Abs. 1 S. 1 Hs. 1 KSG).[542] Bei einer kurzfristigen Zielverfehlung erfolgt hingegen eine Anrechnung (§ 4 Abs. 2 S. 1 KSG).[543]

a) Kurzfristige Zielverfehlung

Eine kurzfristige Zielverfehlung liegt vor, wenn es zu einer Über- oder Unterschreitung der zulässigen Jahresemissionsgesamtmengen innerhalb der Zieljahre des § 3 Abs. 1 KSG kommt (§ 4 Abs. 2 S. 1 KSG).[544] Werden die zulässigen Jahresemissionsmengen nach § 4 Abs. 1 KSG i.V.m. Anlage 2 zum KSG verfehlt, werden lediglich die zu viel oder zu wenig verbrauchten Treibhausgasemissionen eines Jahres auf die verbleibenden Jahresemissionsgesamtmengen der kommenden Jahre bis zum in § 3 Abs. 1 KSG nächsten genannten Zieljahr angerechnet (§ 4 Abs. 2 S. 1 KSG).[545] Dementsprechend werden die Sektormengen der Anlage 2a zum KSG durch Rechtsverordnung der Bundesregierung angepasst (§ 5 Abs. 5 KSG). Es erfolgt also lediglich eine Umverteilung des Emissionsverbrauchs innerhalb der Jahre bis zum nächsten Zieljahr. Konkret bedeutet dies, dass wenn beispielsweise

---

[539] Vgl. *Klafki/Schlacke* in: Kreuter-Kirchhof/Schlacke, KlimaschutzR, 2025, § 9 Rn. 55.
[540] *Klafki/Schlacke* in: Kreuter-Kirchhof/Schlacke, KlimaschutzR, 2025, § 9 Rn. 21.
[541] Vgl. *Stäsche*, ZfU 2024, 299 (312).
[542] Vgl. *Stäsche*, ZfU 2024, 299 (312).
[543] *Stäsche*, ZfU 2024, 299 (311).
[544] Vgl. *Stäsche*, ZfU 2024, 299 (311); *Schlacke/Franzius* in: Kreuter-Kirchhof/Schlacke, KlimaschutzR, 2025, § 4 Rn. 25, 27.
[545] *Stäsche*, ZfU 2024, 299 (311); *Schlacke/Franzius* in: Kreuter-Kirchhof/Schlacke, KlimaschutzR, 2025, § 4 Rn. 25.

im Jahr 2025 zu viele Emissionsgesamtmengen verbraucht werden, eine entsprechende Anrechnung auf die Jahre 2026–2030 erfolgen muss. Die Minderungsquote bis zum Jahr 2030 nach § 3 Abs. 1 KSG muss dabei aber weiterhin eingehalten werden können.[546]

b) Langfristige Zielverfehlung

Eine langfristige Zielverfehlung liegt hingegen dann vor, wenn deutlich wird, dass die Summe der zulässigen Treibhausgasemissionsgesamtmengen derart überschritten werden, dass die Minderungsquote bis 2030 nach § 3 Abs. 1 KSG nicht mehr eingehalten werden kann (§ 8 Abs. 1 S. 1 KSG).[547] Gem. § 8 Abs. 1 S. 1 KSG werden nach einer Überschreitung innerhalb von zwei aufeinander folgenden Jahren Maßnahmen zur Zielsicherung festgelegt, wenn diese Überschreitungen dazu führen werden, dass die Minderungsziele bis zum Jahr 2030 nicht eingehalten werden können.[548] In diesem Fall ist eine Anrechnung nach § 4 Abs. 2 S. 1 KSG nicht mehr zielführend.[549] Vielmehr müssen dann Maßnahmen beschlossen werden, die eine Erreichung der Minderungsquote bis zum Jahr 2030 sicherstellen können (§ 8 Abs. 1 S. 1 Hs. 1 KSG).[550] Grundlage für die Berechnung der Gesamtschau nach § 8 Abs. 1 S. 1 Hs. 1 KSG sind nach der zweiten Novelle des KSG nicht mehr die Emissionen des Vorjahrs, sondern die Projektionsdaten nach § 5a KSG.[551] Nach § 8 Abs. 1 S. 1 Hs. 1 KSG festgelegte Maßnahmen gelten als Aktualisierung des Klimaschutzprogramms (§ 9 Abs. 1 S. 5 KSG).[552] Insofern werden die nach § 8 Abs. 1 S. 1 KSG festgelegten Maßnahmen ins Klimaschutzprogramm inkorporiert.

Die vorgeschlagenen Maßnahmen können sowohl sektorbezogen als auch sektorübergreifend ausgestaltet sein.[553] Eine grundsätzliche Ressortpflicht

---

[546] Vgl. *Stäsche*, ZfU 2024, 299 (312).

[547] *Stäsche*, ZfU 2024, 299 (312); *Schlacke* in: Kreuter-Kirchhof/Schlacke, KlimaschutzR, 2025, § 8 Rn. 4.

[548] *Stäsche*, ZfU 2024, 299 (312); *Schlacke* in: Kreuter-Kirchhof/Schlacke, KlimaschutzR, 2025, § 8 Rn. 6.

[549] Vgl. *Stäsche*, ZfU 2024, 299 (312).

[550] *Stäsche*, ZfU 2024, 299 (312).

[551] BT-Drs. 20/8290, S. 24.

[552] Vgl. *Klafki/Schlacke* in: Kreuter-Kirchhof/Schlacke, KlimaschutzR, 2025, § 9 Rn. 26.

[553] BT-Drs. 20/8290, S. 15; *Schlacke* in: Kreuter-Kirchhof/Schlacke, KlimaschutzR, 2025, § 8 Rn. 10.

für die jeweiligen Bundesministerien, die nach altem Recht noch bestand (siehe § 8 Abs. 1 KSG 2019/2021), liegt jedoch nicht mehr vor.[554] Bei der Ausarbeitung der Vorschläge sollen sich alle Bundesministerien beteiligen.[555] Es reicht dabei aus, dass ein angemessener Beitrag zur Klimaschutzzielerreichung erfolgt (§ 5 Abs. 3 KSG). In welchem Sektor die zulässigen Emissionen überschritten wurden, spielt somit im Grunde keine Rolle mehr.[556]

§ 8 Abs. 1 S. 2 KSG enthält zudem eine Ausnahme, die von der Pflicht zur Gegensteuerung befreit.[557] Demnach müssen Gegenmaßnahmen bei einer langfristigen Zielverfehlungen nicht aufgestellt werden, wenn die Bundesregierung in dem vorangegangenen oder im selben Jahr, in dem die zweite Emissionsüberschreitung festgestellt wurde, bereits einen Beschluss gefasst hat, der die Anforderungen nach § 8 Abs. 1 S. 1 Hs. 1 KSG erfüllt.[558]

2. Berichterstattung

Nach Erstellung des Klimaschutzprogramms nach § 9 Abs. 1 S. 1 KSG folgt die Berichterstattung gem. § 10 S. 1 KSG.[559] Die Treibhausgasemissions-Entwicklung wird insgesamt sowie in den einzelnen Sektoren überwacht.[560] Es werden Aussagen hinsichtlich der aktuellen Entwicklung getroffen und prognostiziert, wie die weitere Entwicklung der Treibhausgasemissionen aussehen wird.[561]

---

[554] BT-Drs. 20/8290, S. 15; *Schlacke* in: Kreuter-Kirchhof/Schlacke, KlimaschutzR, 2025, § 8 Rn. 6.

[555] BT-Drs. 20/8290, S. 15; *Beckmann* in: Landmann/Rohmer, UmweltR, Bd. II, 108. EL. August 2025, § 8 KSG Rn. 2; *Schlacke* in: Kreuter-Kirchhof/Schlacke, KlimaschutzR, 2025, § 8 Rn. 5.

[556] Vgl. *Stäsche*, ZfU 2024, 299 (312).

[557] *Stäsche*, ZfU 2024, 299 (316); *Schlacke* in: Kreuter-Kirchhof/Schlacke, KlimaschutzR, 2025, § 8 Rn. 8.

[558] BT-Drs. 20/8290, S. 24; *Stäsche*, ZfU 2024, 299 (316); *Schlacke* in: Kreuter-Kirchhof/Schlacke, KlimaschutzR, 2025, § 8 Rn. 8.

[559] Vgl. *Klafki/Schlacke* in: Kreuter-Kirchhof/Schlacke, KlimaschutzR, 2025, § 10 Rn. 1.

[560] *Klafki/Schlacke* in: Kreuter-Kirchhof/Schlacke, KlimaschutzR, 2025, § 10 Rn. 6.

[561] *Guckelberger* in: Fellenberg/Guckelberger (Hrsg.), KlimaschutzR, 2022, § 10 KSG Rn. 4; *Klafki/Schlacke* in: Kreuter-Kirchhof/Schlacke, KlimaschutzR, 2025, § 10 Rn. 6.

V. Monitoring für die Landesklimaschutzpläne

In einigen der Landesklimaschutzgesetze sind ebenfalls Vorschriften für ein Monitoring hinsichtlich der Aufstellung der Klimaschutzpläne vorgesehen.[562]

In Hamburg stellt gem. § 6 Abs. 2 S. 1 HmbKliSchG der Senat alle zwei Jahre einen Bericht auf, der die Fortschritte hinsichtlich der Zielerreichung sowie die Umsetzung der Maßnahmen enthält. Kommt es dabei zu dem Ergebnis, dass Ziele nicht erreicht wurden, müssen, wenn dies möglich ist, auf Landesebene weitere Maßnahmen entwickelt werden (§ 6 Abs. 2 S. 2 HmbKliSchG). In Bremen wird gem. § 4a Abs. 1 S. 1 BremKEG alle zwei Jahre ein Bericht veröffentlicht, der die Umsetzung der Klimaschutzstrategie beschreibt. Das Monitoring in Berlin bezieht sich auf eine Überprüfung der Umsetzung der Klimaschutzstrategie (§ 5 Abs. 1 EWG Bln). Wird deutlich, dass die Ziele nicht erreicht werden können, wird ein Sofortprogramm mit weiteren Maßnahmen aufgestellt (§ 6 S. 1 EWG Bln). Die sich daraus ergebenden Berichte werden als Grundlage für die Weiterentwicklung des Programms herangezogen (§ 5 Abs. 3 EWG Bln). In Niedersachsen dient das Monitoring der Überprüfung der Erreichung der Landesklimaschutzziele (§ 7 Abs. 1 NKlimaG). In Hessen dient das Monitoring gem. § 9 Abs. 1 S. 2 HKlimaG ebenfalls als Grundlage für die Fortschreibung des Klimaplans. Auch im Saarland wird das Klimaschutzkonzept auf der Grundlage des Monitorings nach § 7 Abs. 1 S. 1 SKSG fortgeschrieben (§ 6 Abs. 1 S. 3 SKSG).

VI. Zwischenergebnis

Die Planungsinstrumente im Klimaschutzrecht sind mit Monitoring-Verfahren ausgestattet. Durch das Monitoring soll sichergestellt werden, dass die in den Plänen enthaltenen Festsetzungen ambitioniert genug sind und den wissenschaftlichen Anforderungen entsprechen, um die Klimaschutzziele tatsächlich zu erreichen. Das Monitoring bezieht sich zum einen auf die Planausgestaltung. Zum anderen wird auch geprüft, ob es einer Aktualisierung eines Plans bedarf. Auf europäischer Ebene wird vor der Aufstellung des integrierten nationalen Energie- und Klimaplans erst eine Entwurfsprüfung durchgeführt mit anschließenden Empfehlungen. Für die

---

[562] Vgl. *Kohlrausch*, ZUR 2020, 262 (267); *Wickel* in: Säcker/Ludwigs (Hrsg.), Berliner Kommentar zum EnergieR, Bd. 3, 5. Aufl. 2022, Teil 2 A. Rn. 96; *Schlacke/Thierjung* in: Kreuter-Kirchhof/Schlacke, KlimaschutzR, 2025, Einführung Rn. 164.

Langfrist-Strategie werden hingegen Informationen zur Ambitionserhöhung ausgesprochen. Nach dem KSG werden für die Aufstellung und Aktualisierung des Klimaschutzprogramm Emissionsdaten erhoben und ausgewertet. Auf der Grundlage dieser Daten werden Aussagen für die Geeignetheit der im Klimaschutzprogramm festgelegten Maßnahmen getroffen.

D. Fazit des dritten Kapitels

Klimaschutzplanung hat grundsätzlich das Ziel, Treibhausgasemissionen zu mindern. Sie zielt damit primär auf den Schutz des Klimas ab und ist als Umweltschutzplanung im engeren Sinne zu kategorisieren. Dennoch unterscheiden sich die Klimaschutzpläne im Mehrebenenrecht untereinander. Zum einen werden Klimaschutzpläne aufgestellt, die einen Teil zur Beitragspflichterfüllung aus Art. 4 Abs. 2 S. 1 Pariser Abkommen leisten sollen. Dazu gehören der integrierte nationale Energie- und Klimaplan gem. Art. 3 ff. EU-Governance-VO, das Klimaschutzprogramm nach § 9 Abs. 1 S. 1 KSG sowie die Landesklimaschutzpläne. Mit dem integrierten nationalen Energie- und Klimaplan legen die Mitgliedstaaten Ziele und Maßnahmen zur Erreichung der europäischen Ziele hinsichtlich der Energieunion fest. Durch die Herstellung eines auf erneuerbaren Energien beruhenden Energiesystems können Treibhausgasemissionen reduziert werden. Mit Hilfe des Klimaschutzprogramms des Bundes sowie der Landesklimaschutzpläne werden hingegen konkrete Ziele festgelegt, die zu einer nationalen Klimaschutzzielerreichung des Bundes sowie der Länder führen sollen. Die kommunalen Klimaschutzpläne leisten einen Beitrag zum kommunalen Klimaschutz.

Die Langfrist-Strategie setzt hingegen die Vorgabe des Art. 4 Abs. 19 Pariser Abkommens um. Danach sollen die langfristigen Strategien der einzelnen Vertragsstaaten aufgezeigt, zusammengefasst und miteinander verglichen werden, um eine Temperaturzielerreichung gem. Art. 2 Abs. 1 lit. a) Pariser Abkommen sicherzustellen. Die Europäische Union hat diese Vorgabe in Art. 15 EU-Governance-VO umgesetzt. Gem. Art. 15 Abs. 2 S. 1 EU-Governance-VO besteht die Pflicht für die Europäische Union selbst, eine solche Strategie zu entwickeln. In Art. 15 Abs. 3 EU-Governance-VO ist die Pflicht auch für die einzelnen Mitgliedstaaten normiert.

Neben der Aufstellung der einzelnen Klimaschutzpläne spielt das Monitoring für die Klimaschutzzielerreichung eine gewichtige Rolle. Da auf europäischer Ebene keine konkreten Vorgaben hinsichtlich der Wahl von Zielen und Maßnahmen für die Mitgliedstaaten zur Erreichung der Energieziele vorgegeben sind, muss durch eine Überwachung und Bewertung der angestrebten Beiträge überprüft werden, ob diese überhaupt ausreichend sind. Auf nationaler Ebene liegen konkrete Jahresemissionsmengen vor, die nicht überschritten werden dürfen, sodass eine nationale Treibhausgasemissions-Reduktion stattfinden kann. Auch dahingehend unterliegen die im Klimaschutzprogramm festgelegten Maßnahmen einer steten Kontrolle, ob diese überhaupt ausreichend geeignet sind. Auch viele Landesklimaschutzgesetze sehen ein entsprechendes Monitoring-Verfahren vor, dass eine Zielerreichung sicherstellen soll.

Charakterisierung der Klimaschutzpläne

A. Begriff „Planung"

Planung wird in den gängigen Lehrbüchern häufig beschrieben als das *„vorausschauende Setzen von Zielen und die gedankliche Vorwegnahme der zu ihrer Verwirklichung erforderlichen Verhaltensweisen"*.[563] Was unter dem Begriff der Planung jedoch genau zu verstehen ist, wodurch sie sich auszeichnet und was sie bezweckt, geht aus dieser kurzen, eher abstrakten Definition nicht hervor.[564] Vielmehr ist es fast unmöglich, den Begriff der Planung mit all seinen Facetten und Ausformungen zusammenfassend und vereinheitlichend darzustellen oder zu systematisieren.[565] Der Grund für die lediglich abstrakte Möglichkeit einer kurzen Beschreibung liegt darin, dass Planung in verschiedenen Bereichen und zu unterschiedlichen Zwecken eingesetzt werden kann. Variieren können nicht nur Adressaten und Inhalt der Planung, sondern auch Zeitdauer, Wirkung sowie Erscheinungsform.[566]

---

563 *Detterbeck*, Allgemeines VerwaltungsR, 23. Aufl. 2025, Rn. 892; vgl. auch *Köck* in: Voßkuhle/Eifert/Möllers (Hrsg.), Grundlagen d. VerwaltungsR Bd. II, 3. Aufl. 2022, § 36 Rn. 10; ähnlich auch *Wallerath*, Allgemeines VerwaltungsR, 6. Aufl. 2009, § 10 Rn. 105; *Korte* in: Wolff/Bachof/Stober/Kluth, VerwaltungsR, Bd. I, 13. Aufl. 2017, § 56 Rn. 2.

564 *Schlacke*, EurUP 2020, 338 (339 f.); *Hoppe* in: Isensee/Kirchhof (Hrsg.), Hdb. d. StaatsR, Bd. IV, 3. Aufl. 2006, § 77 Rn. 7.

565 Vgl. auch *von Weschpfennig* in: Kahl/Ludwigs (Hrsg.), Hdb. d. VerwaltungsR, Bd. V, 2023, § 156 Rn. 6.

566 *Maurer/Waldhoff*, Allgemeines VerwaltungsR, 21. Aufl. 2024, § 16 Rn. 13.

B. Merkmale eines Plans

Ein Plan wird grundsätzlich aufgestellt, wenn verschiedenartige Interessen miteinander koordiniert werden müssen.[567] Ein Planungsprozess hat den Zweck, Konflikte zwischen verschiedenen rechtlichen Belangen zu lösen.[568] Um welche Konflikte oder Interessen es sich dabei im Einzelnen handelt, hängt von der zu beplanenden Situation ab.[569] So wird die Klimaschutzplanung, wie bereits dargelegt[570], herangezogen, um Maßnahmen und Strategien zur Treibhausgasemissions-Reduktion sicherzustellen und so die Klimaschutzziele zu erreichen. Da es verschiedene Ausprägungen der Klimaschutzplanung gibt, wird im Weiteren dargestellt, wie die Klimaschutzpläne in ihrer Grundarchitektur ausgestaltet sind. Aus der Lehrbuch-Beschreibung des Begriffs „Planung" lassen sich sogenannte „typusbestimmende Wesensmerkmale"[571] herausarbeiten. Solche Merkmale werden auch in der Literatur verwendet, um die Ausgestaltungsmöglichkeiten von Planung zu systematisieren.[572] Für eine Systematisierung der Klimaschutzplanung werden im Weiteren diese „typusbestimmenden Wesensmerkmale" herangezogen und angewendet. Zu diesen Merkmalen gehören die Zukunftsorientierung, die Geltungsdauer, die Flexibilität, die Situationsbezogenheit sowie der Gestaltungsspielraum.[573]

---

567 *Wittern/Baßlsperger*, Verwaltungs- und VerwaltungsprozessR, 20. Aufl. 2016, Rn. 38.

568 *Korte* in: Wolff/Bachof/Stober/Kluth, VerwaltungsR, Bd. I, 13. Aufl. 2017, § 56 Rn. 3.

569 So ergeht Planung bspw. zur Steuerung von Nutzungen und Interessen im Raum oder zur Bereitstellung von Informationen und Daten vgl. dazu *Koch/Hendler* (Hrsg.), BauR, Raumordnungs- und LandesplanungsR, 6. Aufl. 2015, § 1 Rn. 31.

570 Kap. 3 B I 2.

571 *Schmidt-Aßmann*, Aufgaben und Perspektiven verwaltungsrechtlicher Forschung, 2006, S. 164; *ders.* in: Schlichter, Planung und Plankontrolle, 1995, S. 9 f.; so auch *von Weschpfennig* in: Kahl/Ludwigs (Hrsg.), Hdb. d. VerwaltungsR, Bd. V, 2023, § 156 Rn. 7 ff.

572 *Schmidt-Aßmann*, Aufgaben und Perspektiven verwaltungsrechtlicher Forschung, 2006, S. 164; *von Weschpfennig* in: Kahl/Ludwigs (Hrsg.), Hdb. d. VerwaltungsR, Bd. V, 2023, § 156 Rn. 7 ff.; *Roellecke*, DÖV 1994, 1024 (1026); *Köck* in: Voßkuhle/Eifert/Möllers (Hrsg.), Grundlagen d. VerwaltungsR Bd. II, 3. Aufl. 2022, § 36 Rn. 11 ff.

573 *Schmidt-Aßmann*, Aufgaben und Perspektiven verwaltungsrechtlicher Forschung, 2006, S. 164 ff.; *ders.* in: Schlichter, Planung und Plankontrolle, 1995, S. 11 ff; so auch *von Weschpfennig* in: Kahl/Ludwigs (Hrsg.), Hdb. d. VerwaltungsR, Bd. V, 2023, § 156 Rn. 7 ff.; *Schlacke* in: Kahl/Ludwigs (Hrsg.), Hdb. d. VerwaltungsR, Bd. I, 2021, § 20 Rn. 7; *Spannowsky*, DÖV 1996, 1017 (1022).

I. Typusbestimmende Wesensmerkmale

Erstes „typusbestimmendes Wesensmerkmal" eines Plans liegt in seiner Zukunftsorientierung.[574] Ein Plan wird unter anderem dann aufgestellt, wenn zukünftige Entwicklungen gelenkt, vorbereitet oder vorausgesagt werden sollen.[575] Grundlage für einen Plan bilden Prognosen, um die Zukunftsorientierung zu ermöglichen.[576] Mit den Prognosen soll die Ist-Situation erfasst und eine mögliche künftige Entwicklung dargestellt werden. Insofern wird auf eine Soll-Situation hingearbeitet.[577] Weiterhin haben Pläne eine Geltungsdauer.[578] Beschrieben wird die zeitliche Wirkung eines Plans beziehungsweise seine Geltungsdauer als eine *„Selbstfestlegung eigenen künftigen Verhaltens"*.[579] Die Geltungsdauer eines Plans darf allerdings nicht zwingend sein.[580] Schließlich bezieht sich ein Plan auf eine gegebene Situation. Insofern muss Planung auf Veränderungen einer Gegebenheit auch reagieren können. Ein Plan darf also nicht irreversibel sein, sondern muss sich dem Wandel der Gegebenheiten anpassen können – ein Plan muss daher flexibel sein.[581] Planung ist überdies situationsbezogen.[582] Der Situationsbezug eines Plans führt dazu, dass dieser dann funktionslos wird, wenn sich die Gegebenheiten derart verändern, dass der aufgestellte Plan daran nicht mehr anknüpfen kann.[583] Die Funktion eines Plans hängt daher in gewisser Weise auch von der gegebenen

---

[574] *von Weschpfennig* in: Kahl/Ludwigs (Hrsg.), Hdb. d. VerwaltungsR, Bd. V, 2023, § 156 Rn. 8; *Spannowsky*, DÖV 1996, 1017 (1022).

[575] *Detterbeck*, Allgemeines VerwaltungsR, 23. Aufl. 2025, Rn. 891.

[576] *Detterbeck*, Allgemeines VerwaltungsR, 23. Aufl. 2025, Rn. 891.

[577] *Schmidt-Aßmann*, DÖV 1974, 541 (542); *Schlacke*, UmweltR, 9. Aufl. 2023, § 5 Rn. 6.

[578] Vgl. *Roellecke*, DÖV 1994, 1024 (1026); *Spannowsky*, DÖV 1996, 1017 (1022).

[579] *Roellecke*, DÖV 1994, 1024 (1026).

[580] *Spannowsky*, DÖV 1996, 1017 (1022).

[581] Vgl. *Schmidt-Aßmann*, Aufgaben und Perspektiven verwaltungsrechtlicher Forschung, 2006, S. 169 f.; *ders.* in: Schlichter, Planung und Plankontrolle, 1995, S. 17; *von Weschpfennig* in: Kahl/Ludwigs (Hrsg.), Hdb. d. VerwaltungsR, Bd. V, 2023, § 156 Rn. 8; *Spannowsky*, DÖV 1996, 1017 (1022).

[582] *Schmidt-Aßmann*, Aufgaben und Perspektiven verwaltungsrechtlicher Forschung, 2006, S. 168; *ders.* in: Schlichter, Planung und Plankontrolle, 1995, S. 15; *von Weschpfennig* in: Kahl/Ludwigs (Hrsg.), Hdb. d. VerwaltungsR, Bd. V, 2023, § 156 Rn. 8.

[583] *Schmidt-Aßmann*, Aufgaben und Perspektiven verwaltungsrechtlicher Forschung, 2006, S. 169.

Planungssituation ab.[584] Überdies kann eine planende Stelle nur dann in der Lage sein, auf die Gegebenheiten der zu beplanenden Situation einzugehen, wenn ihr ein planerischer Gestaltungsspielraum zukommt.[585] Das Merkmal des Gestaltungsspielraums ist dem Prozess der Planung immanent und stellt damit ebenfalls ein „typusbestimmendes Merkmal" dar.[586] Das BVerwG hat festgestellt, dass *„Planung ohne Gestaltungsspielraum ein Widerspruch in sich wäre"*.[587] Abgeleitet wird der planerische Gestaltungsspielraum aus der Übertragung der Planungsbefugnis.[588] Der planerische Gestaltungsspielraum beschreibt das Ordnen von verschiedenen Interessen, denen keine gesetzliche Rangbestimmung zukommt.[589] Der planenden Stelle wird es ermöglicht, ein planerisches Konzept zu erarbeiten, in dem bestimmte Belange besonders gewichtet und andere zurückstellt werden.[590] Es geht im Rahmen des planerischen Gestaltungsspielraums darum, dass die planende Stelle selbstständig eine planerische Entscheidung unter Berücksichtigung aller relevanten Belange trifft.[591]

II. Geltungsdauer und Zukunftsorientierung

Zunächst werden die Merkmale der „Geltungsdauer" und der „Zukunftsorientierung" der Klimaschutzpläne analysiert und miteinander verglichen.

---

584 *Schmidt-Aßmann*, Aufgaben und Perspektiven verwaltungsrechtlicher Forschung, 2006, S. 169.

585 *Schmidt-Aßmann*, Aufgaben und Perspektiven verwaltungsrechtlicher Forschung, 2006, S. 165.

586 *von Weschpfennig* in: Kahl/Ludwigs (Hrsg.), Hdb. d. VerwaltungsR, Bd. V, 2023, § 156 Rn. 10.

587 BVerwGE 34, 301 (304).

588 BVerwGE 48, 56 (59); 55, 220 (226); *Ziekow* in: Ziekow (Hrsg.), Hdb. d. FachplanungsR, 3. Aufl. 2024, § 4 Rn. 2.

589 *Schmidt-Aßmann*, Aufgaben und Perspektiven verwaltungsrechtlicher Forschung, 2006, S. 165; *ders.* in: Schlichter, Planung und Plankontrolle, 1995, S. 11; *Wolff* in: Sodan/Ziekow (Hrsg.), VwGO, 5. Aufl. 2018, § 114 Rn. 216.

590 *Schmidt-Aßmann*, Aufgaben und Perspektiven verwaltungsrechtlicher Forschung, 2006, S. 165; *Durner*, Konflikte räumlicher Planung, 2005, S. 305.

591 *Dirnberger* in: Spannowsky/Uechtritz (Hrsg.), BeckOK BauGB, 68. Ed. 01.05.2025, § 1 Rn. 132; vgl. *Loeser*, System des VerwaltungsR Bd. 1, 1993, § 8 Rn. 120.

1. Langfristige Pläne im Europarecht

Die Geltungsdauer des integrierten nationalen Energie- und Klimaplans sowie der Langfrist-Strategie sind gesetzlich vorgegeben. Gem. Art. 3 Abs. 1 S. 1 und Art. 15 Abs. 1 S. 1 EU-Governance-VO werden die europäischen Klimaschutzpläne alle zehn Jahre aktualisiert, was eine zehn-jährige Geltungsdauer bedeutet. Diese lange Geltungsdauer der beiden Planungsinstrumente lässt sich damit erklären, dass sie darauf angelegt sind, die langfristigen Klimaschutzziele der Europäischen Union sowie das Pariser Temperaturziel zu erreichen. Es ist nicht möglich, ad hoc Maßnahmen zu treffen, um die Zielerreichung kurzfristig sicherstellen zu können.[592] Vielmehr müssen die Staaten langsam ihre Politiken und Strategien an die internationalen und europäischen Klimaschutzziele anpassen. Die nationalen Beiträge der Mitgliedstaaten müssen weiterhin daraufhin erprobt werden, ob mit ihnen tatsächlich eine Zielerreichung möglich ist.

Neben einer langfristigen Geltungsdauer ist auch eine langfristige Zukunftsorientierung mit den europäischen Planungsinstrumenten gegeben. Die langfristige Zukunftsorientierung der europäischen Klimaschutzpläne geht vorrangig aus der gesetzlich festgelegten Perspektive für die Pläne hervor. Die Langfrist-Strategie muss eine Perspektive von mindestens 30 Jahren aufweisen (Art. 15 Abs. 1 S. 1 EU-Governance-VO).[593] Die Mitgliedstaaten müssen also Zielbeiträge und Strategien festlegen, die auf die nächsten 30 Jahre hin zu einer europäischen sowie internationalen Klimaschutzzielerreichung führen. Gleiches gilt für den integrierten nationalen Energie- und Klimaplan. Auch dieser weist eine langfristige Zukunftsorientierung auf. Der Plan wird alle zehn Jahre aktualisiert (Art. 3 Abs. 1 S. 1 EU-Governance-VO). Der Grund für diese langfristige Zukunftsorientierung der europäischen Klimaschutzpläne liegt darin, dass die Klimaschutz- und Energieziele nur mit Hilfe langfristiger Beiträge eingehalten werden können. Dies geht bereits aus dem jeweiligen Zweck hervor. Die Klimaschutzpläne auf europäischer Ebene werden

---

592 Vgl. BT-Drs. 19/22180 S. 90 f.; siehe auch *Guckelberger* in: Fellenberg/Guckelberger (Hrsg.), KlimaschutzR, 2022, § 9 KSG Rn. 3.

593 *Wickel* in: Säcker/Ludwigs (Hrsg.), Berliner Kommentar zum EnergieR, Bd. 3, 5. Aufl. 2022, § 2 KSG Rn. 16; *Schlacke/Thierjung* in: Kreuter-Kirchhof/Schlacke, KlimaschutzR, 2025, Einführung Rn. 58; *Klafki/Schlacke* in: Kreuter-Kirchhof/Schlacke, KlimaschutzR, 2025, § 9 Rn. 2.

aufgestellt, weil nationale Beiträge, Maßnahmen und Ziele zur Erreichung der europäischen sowie internationalen Klimaschutzziele dargestellt werden müssen.[594] Die europäischen Klimaschutzziele sind solche, die nur mit der Aufstellung von langfristigen nationalen Beiträgen erreicht werden können.[595] Gem. Art. 2 Abs. 1 EU-Klimagesetz soll die Klimaneutralität im Jahr 2050 eingehalten werden. Ab diesem Jahr sollen sodann negative Emissionen entstehen. Es liegen also langfristige Ziele vor. Die in der Klimaschutz-VO dargestellten Reduktionsziele für den Zeitraum von 2021–2030 (Art. 2 Abs. 1, Art. 4 Abs. 1 i.V.m. Anhang I Spalte I EU-Klimaschutz-VO)[596] machen ebenfalls deutlich, dass die Treibhausgasemissions-Reduktion kein Ziel ist, das schnell verwirklicht werden kann. Vielmehr müssen über mehrere Jahrzehnte Beiträge zur langfristigen Zielerreichung festgelegt werden. Die europäische Klimaschutzzielerreichung ist nur möglich, wenn ausreichende Ambitionsbeiträge der Mitgliedstaaten vorliegen.[597] Die nationalen Beiträge der Mitgliedstaaten zusammen müssen eine europäische Klimaschutzzielerreichung sicherstellen.[598] Insofern besteht die Notwendigkeit, dass die Mitgliedstaaten bereits langfristige Maßnahmen in ihren Plänen festsetzen. Nur so kann die Europäischen Kommission überprüfen, ob ausreichend ambitionierte Beiträge vorliegen, durch die die langfristigen Ziele erreicht werden können. Insofern wird durch das Monitoring, wie bereits beschrieben[599], ein iterativer Planungsprozess für die Langfrist-Strategie als auch für den integrierten nationalen Energie- und Klimaplan zwischen der Europäischen Kommission sowie den europäischen Mitgliedstaaten geschaffen.[600] Die Europäische Kommission kann durch das Monitoring, also der Überwachung und Bewertung der nationalen Beiträge (Art. 9 Abs. 1 und Abs. 2, Art. 15 Abs. 9, Art. 17–25, Art. 31, Art. 34 EU-Governance-VO)[601] sicherstellen, dass ausreichende Beiträge zur Erreichung der jeweiligen Ziele

---

594 *Jope*, EWeRK 2020, 189 (190); *Guckelberger* in: Fellenberg/Guckelberger (Hrsg.), KlimaschutzR, 2022, § 9 KSG Rn. 3, 6; vgl. auch *Shirvani*, ZUR 2022, 579 (580).

595 Vgl. Kap. 3 B I 1, II 2.

596 Vgl. Kap. 2 C II 2.

597 Vgl. *Schlacke*, NVwZ 2022, 905 (906).

598 Vgl. *Schlacke*, NVwZ 2022, 905 (906).

599 Kap. 3 C.

600 *Franzius*, ZUR 2023, 199 (199 f.).

601 Vgl. Kap. 3 C II.

in den nächsten 30 Jahren aufgestellt sind.[602] Insofern sind die Inhalte der Klimaschutzpläne nach dem Europarecht als langfristig zu charakterisieren.

2. Mittelfristiges Programm für eine langfristige Zielerreichung im Bundesrecht

Die Geltungsdauer des Klimaschutzprogramms ist ebenfalls gesetzlich festgelegt. Gem. § 9 Abs. 1 S. 1 Hs. 1 KSG wird ein Klimaschutzprogramm spätestens zwölf Monate nach Beginn einer Legislaturperiode von der Bundesregierung beschlossen.[603] Grundsätzlich hat das Klimaschutzprogramm daher die Geltungsdauer der Länge einer Legislaturperiode.[604] Der Grund für diese gesetzliche Ausgestaltung liegt darin, dass eine jeweils neue Bundesregierung Verantwortung für die Maßnahmen des Klimaschutzprogramms übernehmen soll.[605] Überdies wird das Klimaschutzprogramm nach Aktualisierung des Klimaschutzplans dahingehend überprüft, ob es ebenfalls erneuert werden muss (§ 9 Abs. 1 S. 1 Hs. 2 KSG).[606] Die Geltungsdauer hängt also in diesem Fall von äußeren Faktoren ab. Sie passt sich der Entwicklung der Langfrist-Strategie an.

Das auf Bundesebene aufzustellende Klimaschutzprogramm (§ 9 Abs. 1 S. 1 KSG) hat zudem eine gesetzlich festgelegte mittelfristige Zukunftsorientierung.[607] Im KSG ist geregelt, dass das Programm stets zu Beginn einer neuen Legislaturperiode erneuert wird (§ 9 Abs. 1 S. 1 Hs. 1 KSG). Es liegt damit eine Zukunftsorientierung von vier Jahren, also für eine Legislaturperiode, für das Klimaschutzprogramm vor. Der Zweck des Klimaschutzprogramms liegt darin, Maßnahmen aufzustellen, durch die die jährlichen Jahresemissionsgesamtmengen nach § 4 Abs. 1 S. 2 und S. 3 KSG i.V.m. Anlage 2 zum KSG eingehalten werden können (§ 9 Abs. 1 S. 3 KSG).[608] Die jährliche

---

[602] Vgl. *Schlacke*, NVwZ 2022, 905 (906).
[603] *Klafki/Schlacke* in: Kreuter-Kirchhof/Schlacke, KlimaschutzR, 2025, § 9 Rn. 18, 19.
[604] Vgl. *Klafki/Schlacke* in: Kreuter-Kirchhof/Schlacke, KlimaschutzR, 2025, § 9 Rn. 1, 11.
[605] BT-Drs. 20/8290, S. 24; *Klafki/Schlacke* in: Kreuter-Kirchhof/Schlacke, KlimaschutzR, 2025, § 9 Rn. 19.
[606] BT-Drs. 20/8290, S. 24 f.
[607] Vgl. *Schlacke*, NVwZ 2024, 564 (568).
[608] BT-Drs. 20/8290, S. 25; *Klafki/Schlacke* in: Kreuter-Kirchhof/Schlacke, KlimaschutzR, 2025, § 9 Rn. 22.

Einhaltung der Jahresemissionsgesamtmengen soll sodann dazu führen, dass die nationalen Klimaschutzziele nach § 3 Abs. 1 KSG, also für die Jahre 2030 und 2040 erreicht werden.[609] Die Maßnahmen des Klimaschutzprogramms müssen entsprechend ausgestaltet sein, sodass die Jahresemissionsgesamtmengen zumindest der nächsten vier Jahre eingehalten werden können. Nach Ablauf einer Legislaturperiode werden im folgenden Klimaschutzprogramm erneut entsprechende Maßnahmen normiert, um die ab dann einzuhaltenden Jahresemissionsgesamtmengen zu erfüllen. Das Klimaschutzprogramm hat somit die Aufgabe, jährlich zulässige Emissionsmengen zu erreichen. Da die zulässigen Jahresemissionsgesamtmengen in Anlage 2 zum KSG bereits bis zum Zieljahr 2030 festgelegt sind, können in einem Klimaschutzprogramm bereits Maßnahmen festgesetzt werden, um die Emissionsmengen der nächsten vier Jahre, also einer Legislaturperiode einzuhalten. Es muss daher nicht jedes Jahr ein neues Programm erlassen werden.

Allerdings ist zu beachten, dass der Grund für diese gesetzliche Zukunftsorientierung darin liegt, dass eine neu gewählte Regierung Verantwortung für das Klimaschutzprogramm übernimmt.[610] Es ist hingegen nicht normiert, dass die Zukunftsorientierung des Programms lediglich auf die normierten vier Jahre, also die Dauer einer Legislaturperiode begrenzt sein muss.[611] Die Vorgabe des KSG, dass das Klimaschutzprogramm alle vier Jahre zu Beginn einer neuen Legislaturperiode neu aufgestellt werden muss (§ 9 Abs. 1 S. 1 Hs. 1 KSG) hat nicht zwingend zur Folge, dass auch nur die Jahresemissionsgesamtmengen der nächsten vier Jahre zu beachten sind. Vielmehr geht aus dem Gesetzeswortlaut nicht hervor, dass das Klimaschutzprogramm umfassend zu erneuern ist. Insofern kann die Zukunftsorientierung eines Plans auch über die Dauer einer Legislaturperiode hinaus angelegt sein.[612] Es können also auch Maßnahmen festgelegt werden, durch die über die

---

609 BT-Drs. 20/8290, S. 25; vgl. auch *Franzius* in: Kreuter-Kirchhof/Schlacke, KlimaschutzR, 2025, § 3 Rn. 4.

610 BT-Drs. 20/8290, S. 24; *Klafki/Schlacke* in: Kreuter-Kirchhof/Schlacke, KlimaschutzR, 2025, § 9 Rn. 19.

611 Vgl. *Wickel* in: Säcker/Ludwigs (Hrsg.), Berliner Kommentar zum EnergieR, Bd. 3, 5. Aufl. 2022, § 9 KSG Rn. 14.

612 *Wickel* in: Säcker/Ludwigs (Hrsg.), Berliner Kommentar zum EnergieR, Bd. 3, 5. Aufl. 2022, § 9 KSG Rn. 14.

Dauer einer Legislaturperiode hinaus die Jahresemissionsmengen eingehalten werden. Insofern kommt dem Klimaschutzprogramm eine langfristige Geltungsdauer zu.

3. Mittelfristige Zukunftsorientierung der Landesklimaschutzpläne

Eine gesetzlich festgelegte Geltungsdauer für die Klimaschutzpläne der Bundesländer findet sich nur teilweise in den Landesklimaschutzgesetzen. Der Klimaplan in Hamburg muss alle vier Jahre neu fortgeschrieben werden (§ 6 Abs. 3 S. 1 HmbKliSchG). In Rheinland-Pfalz *„soll"* die Klimaschutzstrategie alle fünf Jahre fortgeschrieben werden (§ 7 Abs. 4 S. 1 LKSG RP). In Berlin wird das Energie- und Klimaschutzprogramm jeweils innerhalb eines Jahres *„nach Konstituierung des Abgeordnetenhauses auf Basis der Berichte nach § 5"* weiterentwickelt (§ 4 Abs. 2 S. 1 EWG Bln). In Niedersachsen wird die Strategie *„mindestens"* alle fünf Jahre fortgeschrieben (§ 4 Abs. 1 S. 2 NKlimaG). Die Geltungsdauer hängt dementsprechend vom Planerfordernis sowie der Veränderung äußerer Umstände ab.

Aus der Geltungsdauer der Klimaschutzpläne lässt sich noch kein Rückschluss auf deren Zukunftsperspektive ziehen. Schließlich sollen ausreichend Maßnahmen festgelegt werden, um die langfristigen Minderungsquoten der jeweiligen Gesetze erreichen zu können.[613] Trotz regelmäßiger Fortschreibung der Pläne muss daher darin ein schlüssiges Gesamtkonzept vorliegen, durch welches die Klimaschutzziele erreicht werden können.

Die Klimaschutzpläne der Bundesländer haben grundsätzlich den Zweck, dass die landeseigenen Minderungsquoten für die Reduktion der Treibhausgasemissionen in den Bundesländern eingehalten werden können.[614] Insofern sind sie dem Klimaschutzprogramm nach § 9 Abs. 1 S. 1 KSG ähnlich. Sie unterscheiden sich vom Klimaschutzprogramm allerdings dahingehend, dass in den Landesklimaschutzgesetzen keine jährlichen Treibhausgasemissions-Minderungsmengen festgesetzt sind.[615] Daher sind in

---

[613] Kap. 3 B I 4.

[614] § 6 Abs. 2 S. 1 HmbKliSchG, § 3 Abs. 1 LKSG RP, § 4 Abs. 1 S. 4 BremKEG, § 3 Abs. 1 S. 1 EWG Bln, § 6 Abs. 1 S. 1 ThürKlimaG, § 3 Abs. 1 und Abs. 2 HKlimaG, Art. 5 Abs. 1 Nr. 1 BayKlimaG.

[615] BVerfG, NJW 2022, 844, Rn. 16.

den Plänen auch keine Maßnahmen zu finden, mit deren Hilfe jährliche Ziele erreicht werden sollen. Dementsprechend haben die Klimaschutzpläne in den Bundesländern eine längerfristige Perspektive, da ausreichend Maßnahmen ermittelt werden müssen, durch die die jeweiligen Minderungsquoten eingehalten werden können. Beachtlich ist auch, dass hinsichtlich der Aktualisierungen der Landesklimaschutzpläne ein Entschließungsermessen besteht.[616] Die Pläne werden also größtenteils dann aktualisiert, wenn dies erforderlich ist. Die Erforderlichkeit besteht, wenn die Maßnahmen nicht mehr ausreichen, um einen Beitrag zur Landesklimaschutzzielerreichung zu leisten. In den Plänen werden also solche Maßnahmen gewählt, die für eine Zielerreichung notwendig sind.

Die Stellung der Landesklimaschutzpläne im Mehrebenensystem hat ebenfalls Auswirkungen auf dessen Zukunftsorientierung. Das BVerfG hat in seinem Beschluss vom 18.01.2022[617] festgestellt, dass die Bundesländer keine jährlichen Treibhausgasemissions-Minderungsmengen aufstellen müssen, da für sie aus Art. 20a GG keine Treibhausgasemissionsbudgets ableitbar sind.[618] Insofern sind die Klimaschutzpläne nicht dafür da, dass jährliche Ziele erreicht werden müssen. Vielmehr können die Klimaschutzpläne der Bundesländer darauf angelegt sein, dass die jeweiligen landeseigenen Minderungsquoten erreicht werden. Insofern entsteht auch durch die Stellung der Landesklimaschutzpläne im Mehrebenensystem die langfristige Zukunftsperspektive der Pläne.

4. Beschreibung und Prognosen in der kommunalen Klimaschutzplanung

Eine Zukunftsorientierung beziehungsweise eine Geltungsdauer werden in den Landesklimaschutzgesetzen für die kommunalen Klimaschutzpläne nicht angeordnet. Lediglich für die Kommunen in Bremen ist festgelegt, dass das Klimaschutzkonzept „*mindestens*“ alle fünf Jahre fortgeschrieben wird (§ 13 Abs. 1 S. 3 BremKEG). Der Grund für die fehlenden Regelungen hinsichtlich der beiden Punkte liegt darin, dass die Kommunen überwiegend lediglich

---

[616] Vgl. bspw. § 7 Abs. 4 S. 1 LKSG RP, § 6 Abs. 1 S. 3 SKSG, § 4 Abs. 1 S. 4 BremKEG, Art. 5 Abs. 1 BayKlimaG, § 4 Abs. 1 S. 2 NKlimaG.

[617] Kap. 2 E III.

[618] BVerfG, NJW 2022, 844, Rn. 16.

Konzepte, Berichte oder Bilanzen über die Treibhausgasemissionsentwicklung zu erstellen haben (siehe beispielsweise § 17 Abs. 1 S. 1 NKlimaG, § 12 Abs. 1 S. 2 EWG Bln).[619] Konkrete Maßnahmen, die umgesetzt werden sollen, sind nur selten vorhanden (siehe Art. 5 Abs. 2 S. 1 BayKlimaG). Insofern liegt eine Zukunftsorientierung der Pläne nur in geringem Maße vor. Grundsätzlich werden Berichte der aktuellen Situation hinsichtlich der Treibhausgasemissionen sowie Prognosen hinsichtlich einer Entwicklung dargestellt. Aus diesen Darstellungen sollen sich weitere Handlungsmöglichkeiten beispielsweise für die Bauleitplanung ergeben (siehe § 13 Abs. 1 S. 2 Nr. 1 und Nr. 2 BremKEG, § 25 Abs. 1 S. 2 HmbKliSchG). Auch eine Geltungsdauer ist daher für die kommunale Klimaschutzplanung in dem Sinne nicht vorhanden, als dass sie grundsätzlich lediglich eine Beschreibung liefern.

III. Flexibilität und Situationsbezogenheit

Im Weiteren werden die Merkmale der „Flexibilität" sowie der „Situationsbezogenheit" für die Klimaschutzplanung betrachtet.

1. Eingeschränkte Reaktionsmöglichkeit auf Veränderungen im Europarecht

Im europäischen Recht wird die Erreichung langfristiger Ziele angesteuert.[620] Die festgesetzten Politiken und Strategien müssen erprobt und erforscht werden, insofern sind die Pläne eher als unflexibel zu beschreiben. Die Langfrist-Strategie ist *„erforderlichenfalls"* alle fünf Jahre zu aktualisieren (Art. 15 Abs. 1 S. 2 EU-Governance-VO). Eine Aktualisierung muss vorgenommen werden, wenn veränderte Umstände oder wissenschaftliche Erkenntnisse dies erfordern (vgl. § 12 Abs. 3 Nr. 2 KSG).[621] Hinsichtlich des Merkmals der Flexibilität gilt für den integrierten nationalen Energie- und Klimaplan ähnliches wie für die Langfrist-Strategie. Der integrierte nationale Energie- und Klimaplan wird alle zehn Jahre erneuert (Art. 3 Abs. 1 S. 1 EU-Governance-VO). Er ist damit ebenfalls als unflexibel zu beschreiben. Der Grund liegt darin, dass

---

619 Vgl. Kap. 3 B I 5.

620 Vgl. Art. 2 Abs. 1 EU-Klimagesetz.

621 Vgl. *Wickel* in: Säcker/Ludwigs (Hrsg.), Berliner Kommentar zum EnergieR, Bd. 3, 5. Aufl. 2022, § 12 KSG Rn. 13.

die Umstellung in den einzelnen Dimensionen der Energieunion einen langfristigen Prozess beschreibt.

Die europäischen Klimaschutzpläne haben einen Situationsbezug, der auf die Prüfung von wissenschaftlichen Daten sowie einem Monitoring-Verfahren zurückgeführt wird. So ist in § 12 Abs. 3 Nr. 2 KSG normiert, dass der Expertenrat für Klimafragen eine Stellungnahme über seine Annahmen hinsichtlich der Treibhausgasemissions-Reduktion gegenüber der Bundesregierung vor der Fortschreibung des Klimaschutzplans (deutsche Langfrist-Strategie nach § 2 Nr. 7 KSG) abgeben muss.[622] Durch diese Vorgabe wird gewährleistet, dass der Klimaschutzplan wissenschaftlichen Erkenntnissen entsprechend ausgestaltet werden kann.[623]

Überdies ist gem. Art. 15 Abs. 9 EU-Governance-VO ein Monitoring-Verfahren für die Langfrist-Strategie ausgestaltet.[624] Danach werden nach einer Bewertung der Langfrist-Strategien der Mitgliedstaaten durch die Kommission Informationen durch die Europäische Kommission zur Verfügung gestellt, sollte ein zu schwaches Ambitionsniveau der Strategien vorliegen.[625]

Auch für die Aufstellung des integrierten nationalen Energie- und Klimaplans ist ein Monitoring-Verfahren ausgestaltet, durch welches ein ausreichendes Ambitionsniveau im Plan sichergestellt werden kann.[626] Sowohl die Planentwürfe als auch die fertigen integrierten nationalen Energie- und Klimapläne der Mitgliedstaaten werden von der Kommission auf ihr Ambitionsniveau hin überprüft (Art. 9 Abs. 2 S. 1, Art. 13 EU-Governance-VO).[627] Es können sodann von der Europäischen Kommission Empfehlungen ausgesprochen werden (Art. 9 Abs. 2 S. 1 EU-Governance-VO).

Durch das Monitoring sowie die Einholung der Stellungnahme des Expertenrates wird sichergestellt, dass die Langfrist-Strategie sowie der

---

622 *Wickel* in: Säcker/Ludwigs (Hrsg.), Berliner Kommentar zum EnergieR, Bd. 3, 5. Aufl. 2022, § 12 KSG Rn. 13.

623 *Edenharter* in: Fellenberg/Guckelberger (Hrsg.), KlimaschutzR, 2022, § 12 KSG Rn. 11.

624 Vgl. Kap. 3 C III.

625 Vgl. Kap. 3 C III.

626 Vgl. *Schlacke/Lammers*, EurUP 2018, 424 (427 ff.).

627 Kap. 3 C II 1.

integrierte nationale Energie- und Klimaplan auf fundierten Erkenntnissen beruhen und eine europäische Klimaschutzzielerreichung möglich ist.[628]

Abgesehen von diesen beiden Punkten sind in der EU-Governance-VO jedoch grundsätzlich lediglich solche Vorgaben ausgestaltet, die sich auf eine Darstellung und Beschreibung der nationalen Strategien beziehen.[629] Tatsächliche inhaltliche Anforderungen für die Ausgestaltung der Pläne sind weniger zu finden. Zwar besteht die Pflicht, dass mit den Beiträgen die europäischen Klimaschutzziele erreicht werden müssen (Art. 3 ff., Art. 15 Abs. 2 und Abs. 3 EU-Governance-VO). Inwiefern entsprechende Beiträge aussehen, bleibt jedoch weitestgehend den Mitgliedstaaten überlassen.[630]

Weiterhin kann auch dem Zweck der Pläne ein nur geringer Situationsbezug entnommen werden. Auf europäischer Ebene sollen in der Langfrist-Strategie sowie dem integrierten nationalen Energie- und Klimaplan politische Strategien, Richtungen, Ziele und Maßnahmen festgelegt werden, durch die die europäischen Klimaschutzziele erreicht werden können.[631] Allerdings erfolgt mit Hilfe der Pläne keine Maßnahmenfestsetzung.[632] Es werden vielmehr Richtungen vorgegeben, die weiter konkretisiert werden müssen.[633] Dementsprechend wurden nur wenige Einschränkungen normiert. Tatsächliche Vorgaben, die zu einer Bindung führen, sind nicht zu finden. Weiterhin lässt sich aus der Stellung der europäischen Klimaschutzpläne im Mehrebenensystem ebenfalls ein geringer Situationsbezug ableiten. Zwar ist es für die Erreichung der europäischen Klimaschutzziele notwendig, dass die Mitgliedstaaten ausreichend ambitionierte Beiträge setzen, die mit den vorhandenen Daten und wissenschaftlichen Erkenntnissen konform sind. Schließlich kann nur mit Hilfe aller Beiträge zusammen die Treibhausgasemissionsneutralität ab dem Jahr 2050 erreicht werden.[634] Eine tatsächliche Ausgestaltung muss jedoch in weiteren Rechtsakten ausgestaltet werden.

---

[628] Kap. 3 C II, III.
[629] *Schlacke/Lammers*, EurUP 2018, 424 (426).
[630] Kap. 3 B I 1.
[631] Vgl. *Guckelberger* in: Fellenberg/Guckelberger (Hrsg.), KlimaschutzR, 2022, § 9 KSG Rn. 3, 6.
[632] *Schlacke*, EurUP 2020, 338 (340).
[633] *Schlacke*, EurUP 2020, 338 (340).
[634] Vgl. *Schlacke*, NVwZ 2022, 905 (906).

2. Hoher Situationsbezug im Bundesrecht

Hinsichtlich der Flexibilität des Klimaschutzprogramms ist im KSG geregelt, dass das Programm gem. § 9 Abs. 1 S. 1 Hs. 2 nach der Fortschreibung der deutschen Langfrist-Strategie zumindest dahingehend zu überprüfen ist, ob eine Anpassung des Programms an die Strategie notwendig ist.[635] Insofern kann das Klimaschutzprogramm auf veränderte Umstände, die von der Europäischen Union ausgehen, reagieren. Dementsprechend folgt das Klimaschutzprogramm zumindest einer Kohärenz der Planungsinstrumente im Mehrebenensystem. Eine besonders hohe Flexibilität des Klimaschutzprogramms lässt sich daraus jedoch nicht ableiten, da auch der Klimaplan (deutsche Langfriststrategie gem. § 2 Nr. 7 KSG) nur in einem fünf- bis zehn-Jahres-Rhythmus fortgeschrieben wird.[636] Auch die Aktualisierungspflicht im Falle der Neubildung einer Regierung dient nicht der flexiblen Anpassung des Programms. Vielmehr geht es um die Übernahme von Verantwortung in den darin geltenden Festsetzungen.[637]

Weiterhin weist das Klimaschutzprogramm gem. § 9 Abs. 1 S. 1 KSG einen hohen Situationsbezug auf. Für die Aufstellung des Klimaschutzprogramms sind einige gesetzliche Vorgaben geregelt, die einen intensiven Situationsbezug sicherstellen sollen. Das Klimaschutzprogramm wird unter Berücksichtigung der jeweils aktuellen Projektionsdaten nach § 5a KSG aufgestellt (§ 9 Abs. 1 S. 2 KSG).[638] Gem. § 5a S. 1 KSG werden jedes Jahr Projektionsdaten vom Umweltbundesamt auf Grundlage der aktuellen verfügbaren Emissionsdaten erstellt.[639] Darin wird prognostiziert, wie die künftige Emissionsentwicklung insgesamt sowie in den nach § 5 Abs. 1 S. 2 KSG aufgestellten Sektoren bis zum Jahr 2030 verlaufen wird. Der Projektionsbericht wird sodann vom Expertenrat für Klimafragen geprüft und der Bundesregierung sowie dem Bundestag vorgelegt (§ 12 Abs. 1 S. 1 KSG).[640] Überdies muss für die Aufstellung des Klimaschutzprogramms nach § 9 Abs. 1 S. 1 KSG die Stellungnahme des

---

[635] BT-Drs. 20/8290, S. 24 f.

[636] Kap. 4 B III 1.

[637] BT-Drs. 20/8290, S. 24.

[638] BT-Drs. 20/8290, S. 22; *Klafki/Schlacke* in: Kreuter-Kirchhof/Schlacke, KlimaschutzR, 2025, § 9 Rn. 21.

[639] Kap. 3 C IV 1.

[640] BT-Drs. 20/8290, S. 25; *Klafki/Schlacke* in: Kreuter-Kirchhof/Schlacke, KlimaschutzR, 2025, § 9 Rn. 5.

Expertenrates eingeholt werden (§ 12 Abs. 3 Nr. 3 KSG).[641] Weiterhin müssen *„wissenschaftliche Abschätzungen"* die voraussichtliche Treibhausgasemissions-Entwicklung bestimmen, um geeignete Maßnahmen finden zu können (§ 9 Abs. 2 S. 2 KSG).[642] Zudem ermittelt das Umweltbundesamt den Verbrauch der Treibhausgasemissionen insgesamt sowie in den einzelnen Sektoren der vergangenen Jahre (§ 5 Abs. 1 S. 1 KSG).[643] Eine Überprüfung der ermittelten Daten erfolgt sodann ebenfalls durch den unabhängigen Expertenrat (§ 11 Abs. 1 S. 1, § 12 Abs. 1 S. 1 KSG).[644] Auch diese Daten werden der Bundesregierung vor Aufstellung des Klimaschutzprogramms vorgelegt (§ 12 Abs. 1 S. 1 KSG). Insofern besteht ein umfangreicher Evaluierungs- sowie Monitoringapparat, der den Situationsbezug der Planung sicherstellt und auf dem das Klimaschutzprogramm basiert. Weiterhin leitet sich aus dem Zweck des Klimaschutzprogramms ab, dass dieses einen hohen Situationsbezug aufweisen muss. Schließlich müssen mit den darin festgesetzten Maßnahmen die konkreten Jahresemissionsgesamtmengen nach § 4 Abs. 1 S. 2 und S. 3 KSG i.V.m. Anlage 2 zum KSG erreicht werden.[645] Es werden konkrete Maßnahmen festgesetzt, die in einem zweiten Schritt umgesetzt werden sollen.[646] Das Klimaschutzprogramm weist somit einen konkreten Inhalt auf, der Auswirkungen auf den Treibhausgasausstoß hat.

3. Flexible Anpassungsmöglichkeiten der Landesklimaschutzpläne

Für die Aufstellung der Klimaschutzpläne in den Bundesländern werden, wie zuvor dargestellt, die Begriffe *„regelmäßig"*, *„spätestens"* und *„mindestens"* in den Landesklimaschutzgesetzen verwendet, wenn es um dessen Fortschreibungen geht.[647] Dies zeigt, dass die Planungsinstrumente dahingehend flexibel sind, als dass sie sich ebenfalls veränderten Umständen anpassen sollen. Eine Aktualisierungsnotwendigkeit muss damit stets geprüft werden.

---

641 *Edenharter* in: Fellenberg/Guckelberger (Hrsg.), KlimaschutzR, 2022, § 12 KSG Rn. 11; *Klafki/Schlacke* in: Kreuter-Kirchhof/Schlacke, KlimaschutzR, 2025, § 9 Rn. 5, 55.

642 *Schlacke*, EurUP 2020, 338 (341); ferner *Busche* in: Kreuter-Kirchhof/Schlacke, KlimaschutzR, 2025, § 12 Rn. 16.

643 *Schlacke*, EurUP 2020, 338 (341).

644 *Schlacke*, EurUP 2020, 338 (341).

645 BT-Drs. 20/8290, S. 24 f.

646 *Schlacke*, EurUP 2020, 338 (341).

647 Vgl. Kap. 4 B II 3.

Die flexible Ausgestaltung der Landespläne ergibt sich daraus, dass keine Jahresemissionsbudgets – wie sie auf der Bundesebene bestehen – festgelegt sind.[648] Vielmehr müssen langfristige Minderungsquoten erzielt werden. Insofern sind Veränderungen und neue Erkenntnisse in die Planung notwendig einzubeziehen. Der Unterschied zu den europäischen Klimaschutzplänen liegt darin, dass die Stellung der Landesklimaschutzpläne im Mehrebenensystem es zulässt, dass konkrete Maßnahmen festgesetzt werden, die zu einer konkreten Zielerreichung führen sollen. Wie bereits dargelegt[649], dienen die Klimaschutzpläne der konkreten Landesklimaschutzzielerreichung. Insofern sind sie davon abhängig, dass wissenschaftliche Daten bestehen, durch die Festsetzungen erstellt werden können. Ändern sich diese Daten, sind die Pläne von der planenden Stelle anzupassen, da sonst das konkrete Ziel nicht erreicht werden kann (bspw. § 6 Abs. 2 S. 1 HmbKliSchG, § 4 Abs. 2 S. 1 EWG Bln). Ein Plan muss daher flexibel sein, um auf unvorhergesehene Veränderungen reagieren zu können.

Durch gesetzlich festgelegte Vorgaben wird in den Bundesländern ein Situationsbezug sichergestellt. In Hamburg beispielsweise regelt § 6 Abs. 1 S. 3 HmbKliSchG, dass der Klimaschutzplan eine „*Bestandsaufnahme* [...], *eine Beschreibung der ergriffenen Maßnahmen zur Zielerreichung sowie eine Prognose der erforderlichen Maßnahmen zur weiteren Zielerreichung* [...]“ enthält. Auch sind in einzelnen Landesklimaschutzgesetzen Vorschriften für ein Monitoring-Verfahren zu finden (§ 6a BremKEG, § 5 EWG Bln, § 9 HKlimaG). Mit Hilfe des Monitorings wird auch auf Landesebene sichergestellt, dass vorhandene Daten und frühere Entwicklungen zur Fortschreibung der Pläne herangezogen werden. Vorschriften zum Monitoring finden sich jedoch nur vereinzelt in den Bundesländern.[650] Dennoch ist zu beachten, dass in den Klimaschutzplänen der Bundesländer Maßnahmen und Strategien zur Erreichung der Klimaschutzziele festgelegt werden. Insofern ist ein ausreichender Situationsbezug zur tatsächlichen Erreichung zu gewährleisten. Zwar werden die Pläne teilweise nur als „*Entscheidungs-*“ oder als

---

648 Vgl. BVerfG, NJW 2022, 844, Rn. 16.
649 Vgl. Kap. 3 B I 4.
650 Vgl. Kap. 3 C V.

„*Handlungsgrundlage*" gebraucht (§ 6 Abs. 1 S. 1 ThürKlimaG).[651] Dennoch sind realisierbare Maßnahmen aufzustellen.[652]

4. Situationsbezogenheit und Flexibilität in der kommunalen Klimaschutzplanung

Die Situationsbezogenheit der kommunalen Pläne besteht in besonderem Maße, da mit den Plänen Beschreibungen des jeweiligen Energieverbrauchs (bspw. § 17 Abs. 1 S. 1 und S. 2 NKlimaG) oder der Treibhausgasausstöße vorliegen. Weiterhin geht es um Wärme- und Kältepläne, durch die beispielsweise der Energieverbrauch von Gebäuden dargestellt wird (§ 10 Abs. 1 S. 2 EWKG SH). Um diese Darstellungen und Beschreibungen zu erarbeiten, ist ein hoher Situationsbezug notwendig. Hinsichtlich Aktualisierungen der Pläne sind keine Angaben in den Landesgesetzen vorhanden. Aktualisierungen werden daher dann notwendig, wenn sich die tatsächlichen Gegebenheiten verändern.

IV. Gestaltungsspielraum

Schließlich folgt eine Betrachtung des „Gestaltungsspielraums" in der Klimaschutzplanung.

1. Planerische Gestaltungsmöglichkeiten im Europarecht

Die gesetzlichen Vorgaben der EU-Governance-VO schränken den Gestaltungsspielraum für die Langfrist-Strategie sowie den integrierten nationalen Energie- und Klimaplan der jeweiligen planenden Stellen der Mitgliedstaaten nur gering ein.

Die Langfrist-Strategie sowie der integrierte nationale Energie- und Klimaplan dienen jeweils dem Aufzeigen von politischen Strategien und Prognosen, wie die Ziele des europäischen Klimaschutzes erreicht werden

---

[651] Vgl. *Beye*, Die Klimaschutzgesetze der Bundesländer: Eine rechtliche Analyse und Bewertung der Landesklimaschutzgesetze unter besonderer Berücksichtigung des völker-, europa- und bundesrechtlichen Rahmens, 2021, S. 210; *Shirvani*, ZUR 2022, 579 (585).

[652] Vgl. *Knappe*, Die Maßnahmenplanung im europäisierten VerwaltungsR, 2022, S. 242 f.

sollen.[653] Konkrete Maßnahmen oder Handlungsaufträge lassen sich daraus jedoch nicht ableiten.[654]

Auch die Stellung der beiden europäischen Planungsinstrumente im Mehrebenensystem hat Einfluss auf den Gestaltungsspielraum. Grundsätzlich können auf „höheren Ebenen" des Rechts nur kaum konkrete Maßnahmen abgewogen und ermittelt werden. Die Möglichkeit einer konkreten Aufstellung von Maßnahmen zur schnellen Zielerreichung besteht nicht. Vielmehr sind – so im Klimaschutzrecht – langfristige Strategien notwendig, um eine Zielerreichung sicherstellen zu können. Die Detailschärfe der Abwägung hängt daher von den faktischen Möglichkeiten, die den einzelnen Ebenen zukommen, ab.

2. Eingeschränkter Gestaltungsspielraum im Bundesrecht

Für das Klimaschutzprogramm gem. § 9 Abs. 1 KSG liegen weitergehende Einschränkungen des Gestaltungsspielraums vor, als bei den europäischen Planungen.[655] § 9 Abs. 1 S. 2 KSG normiert das Ziel des Klimaschutzprogramms. Es sollen Maßnahmen festgesetzt werden, mit Hilfe derer die Klimaschutzziele des § 3 Abs. 1 KSG erreicht werden können.[656] Welche Maßnahmen zur Verfügung stehen oder festgesetzt werden können, bleibt ungeregelt.[657] Allerdings wird durch die Auswertung wissenschaftlicher Daten sowie Berichte, in Form von Projektionsdaten nach § 5a S. 1 KSG oder der Stellungnahme des Expertenrates nach § 12 Abs. 3 Nr. 3 KSG, sichergestellt, dass nur solche Maßnahmen festgesetzt werden, die nach wissenschaftlichen Daten und Erkenntnissen geeignet sind, die nationalen Klimaschutzziele zu erreichen.[658] Insofern besteht die Einschränkung für die Auswahl der Festsetzungen durch die Berücksichtigung von wissenschaftlichen Erkenntnissen.

---

[653] *Jope*, EWeRK 2020, 189 (190); *Guckelberger* in: Fellenberg/Guckelberger (Hrsg.), KlimaschutzR, 2022, § 9 KSG Rn. 3, 6.

[654] Vgl. *Schlacke*, EurUP 2020, 338 (340).

[655] Vgl. *Klafki/Schlacke* in: Kreuter-Kirchhof/Schlacke, KlimaschutzR, 2025, § 9 Rn. 5.

[656] Vgl. *Guckelberger* in: Fellenberg/Guckelberger (Hrsg.), KlimaschutzR, 2022, § 9 Rn. 3; *Klafki/Schlacke* in: Kreuter-Kirchhof/Schlacke, KlimaschutzR, 2025, § 9 Rn. 21.

[657] Vgl. *Franzius*, ZUR 2021, 131 (139).

[658] Vgl. *Wickel* in: Säcker/Ludwigs (Hrsg.), Berliner Kommentar zum EnergieR, Bd. 3, 5. Aufl. 2022, § 9 KSG Rn. 33 f.

Auch der Zweck des Klimaschutzprogramms zeigt, dass der Gestaltungsspielraum der planenden Stelle Einschränkungen unterliegen muss. So sind wissenschaftliche Erkenntnisse im Planungsprozess zu beachten.[659] Schließlich sollen die jeweiligen Bundesministerien sektorspezifische oder sektorübergreifende Maßnahmen festsetzen können, die auch möglich und erreichbar sind.[660] Als Rechtsgrundlage für die im Programm enthaltenen Maßnahmen fungiert das Klimaschutzprogramm zwar weitestgehend nicht.[661] Dennoch muss mit dem Klimaschutzprogramm ein stimmiges Gesamtkonzept vorliegen, sodass zumindest eine rechtliche Realisierbarkeit der darin enthalten Maßnahmen möglich bleibt.[662] Insofern muss im Klimaschutzprogramm bereits ausreichend abgewogen werden, dass die enthaltenden Maßnahmen realisiert werden können.

3. Gestaltungsspielraum der Landesklimaschutzpläne

Hinsichtlich des Gestaltungsspielraums bestehen, wie auch beim Klimaschutzprogramm, rechtliche Voraussetzungen, die von der planenden Stelle zu berücksichtigen sind, um eine Landesklimaschutzzielerreichung sicherzustellen. Schließlich werden auch in den Landesklimaschutzplänen konkrete Maßnahmen zur weiteren Umsetzung festgelegt, durch die eine Landesklimaschutzzielerreichung bewirkt werden kann.[663] Insoweit müssen bei den Landesklimaschutzplänen die entsprechenden widerstreitenden Belange ausreichend abgewogen werden. Dabei ist zu beachten, dass einige der Pläne, wie bereits dargelegt, nur als „*Entscheidungs*"- oder „*Handlungsgrundlage*" fungieren (vgl. § 6 Abs. 1 S. 1 ThürKlimaG).[664] Die Abwägung erfolgt dementsprechend oberflächlicher als bei den konkret umzusetzenden Maßnahmen des Klimaschutzprogramms nach § 9 Abs. 1 S. 2 KSG.

---

659 *Wickel* in: Säcker/Ludwigs (Hrsg.), Berliner Kommentar zum EnergieR, Bd. 3, 5. Aufl. 2022, § 9 KSG Rn. 33 f.

660 *Guckelberger* in: Fellenberg/Guckelberger (Hrsg.), KlimaschutzR, 2022, § 9 KSG Rn. 11.

661 Vgl. *Lammers*, Die europäische Governance-Verordnung und das EU-Klimagesetz, 2023, S. 57.

662 *Guckelberger* in: Fellenberg/Guckelberger (Hrsg.), KlimaschutzR, 2022, § 9 KSG Rn. 10 f.; vgl. auch *Knappe*, Die Maßnahmenplanung im europäisierten VerwaltungsR, 2022, S. 242 f., 248 ff.

663 Kap. 3 B I 4.

664 Kap. 4 B III 3.

4. Gestaltungsspielraum in der kommunalen Klimaschutzplanung

Der Gestaltungsspielraum der planenden Stellen ist hinsichtlich der Darstellung und Beschreibungen für die energiebezogenen Belange oder die Treibhausgasausstöße nur gering. Schließlich geht es mit der kommunalen Klimaschutzplanung vorrangig um das Aufzeigen von Daten, Bilanzen oder Berichten (§ 17 Abs. 1 S. 1 NKlimaG, § 12 Abs. 1 S. 2 EWG Bln). Überdies finden sich allerdings auch konkrete Strategien hinsichtlich einer Wärme- oder Kälteplanung, in die die entsprechend Informationen, Möglichkeiten und Prognosen aufzunehmen sind (§ 20 Abs. 1 S. 1 und S. 2 NKlimaG, § 25 Abs. 1 S. 1 HmbKliSchG, § 10 Abs. 1 S. 2 EWKG SH). Auch werden Strategien oder Konzepte erarbeitet, die dem Klimaschutz oder der Anpassung an die Folgen des Klimawandels dienen (§ 13 Abs. 1 S. 1 BremKEG, § 8 Abs. 2 S. 1 ThürKlimaG, § 6 Abs. 3 SKSG, § 18 Abs. 1 S. 1 NKlimaG, Art. 5 Abs. 2 S. 1 BayKlimaG). Dahingehend ist der Gestaltungsspielraum enger ausgestaltet.

V. Zwischenergebnis

Die europäischen Klimaschutzpläne sind langfristige Planungsinstrumente. Sie haben nur einen geringen Situationsbezug und sind als unflexibel zu beschreiben. Der planerische Gestaltungsspielraum ist nur durch wenige Vorgaben eingeschränkt. Diese Ausgestaltung der beiden Pläne ist ihrem jeweiligen Zweck geschuldet. Die europarechtlichen Klimaschutzpläne müssen die langfristigen europäischen Ziele erreichen[665] und dementsprechend auch langfristige Maßnahmen aufstellen. Überdies müssen die europäischen Pläne von allen europäischen Mitgliedstaaten aufgestellt und koordiniert werden. Es ist daher nicht möglich, konkrete inhaltliche Vorgaben auszugestalten, da die Besonderheiten der jeweiligen europäischen Staaten zu berücksichtigten sind.

Das Klimaschutzprogramm ist ein mittel- bis langfristiges Planungsinstrument. Es wird alle vier Jahre zu Beginn einer neuen Legislaturperiode aufgestellt und hat den grundsätzlichen Zweck, die nationalen Klimaschutzziele nach § 3 Abs. 1 KSG zu erreichen. Diesbezüglich müssen die in § 4 Abs. 1 S. 2 und S. 3 KSG i.V.m. Anlage 2 zum KSG festgelegten Emissionsbudgets eingehalten werden (§ 9 Abs. 1 S. 3 KSG).[666] Um die Emissionsmengen einzuhalten,

---

[665] Siehe Kap. 2 C II.

[666] *Klafki/Schlacke* in: Kreuter-Kirchhof/Schlacke, KlimaschutzR, 2025, § 9 Rn. 22.

bedarf es eines intensiven Situationsbezugs, sodass wissenschaftliche Daten für die Aufstellung des Programms beachtet werden müssen. Eine Flexibilität ist nicht gegeben. Lediglich die Anpassungsmöglichkeit an die deutsche Langfrist-Strategie besteht. Der planerische Gestaltungsspielraum wird durch die Vorgabe der jährlichen Emissionsmengenerreichung eingegrenzt.

Die Landesklimaschutzpläne zeigen, wie auch das Klimaschutzprogramm, eine mittelfristige Geltungsdauer sowie Zukunftsorientierung auf. In den Landesklimaschutzgesetzen sind Klimaschutzziele gesetzt worden, die mit Hilfe der Pläne erreicht werden sollen. Insofern sind die Landesklimaschutzpläne entsprechend aufzustellen. Weiterhin liegt eine hohe Flexibilität vor, da die Pläne wissenschaftlichen Erkenntnissen angepasst werden müssen und auch der Situationsbezug ist als hoch einzuschätzen, da es um eine konkrete Zielerreichung geht. Hinsichtlich des Gestaltungsspielraums besteht, wie auch beim Klimaschutzprogramm, die Einschränkung, dass geeignete Maßnahmen festgelegt und ein stimmiges Gesamtkonzept zu einer Landesklimaschutzzielerreichung erarbeitet werden müssen.

Die kommunalen Klimaschutzpläne dienen vorrangig dem Aufzeigen verschiedener Daten. Insofern sind sie dahingehend ausgestaltet, dass keine Aussagen für eine Geltungsdauer oder Zukunftsorientierung zu finden sind. Auch der planerische Gestaltungsspielraum ist gering, da es insgesamt nur um Datenbeschreibungen geht.

C. Steuerungswirkung eines Plans

Neben der Bestimmung der Merkmale eines Plans lässt sich auch dessen Funktion, insbesondere dessen Steuerungswirkung, ermitteln. Grundsätzlich dient ein Plan der Steuerung.[667] Die Steuerungswirkung gehört nicht zu den beschriebenen typusbestimmenden Merkmalen, da sie den Zweck beziehungsweise den Grund für die Aufstellung des Plans angibt. Pläne werden aufgestellt, um eine bestehende Situation hin zu einem gewünschten Ergebnis zu lenken.[668] Voraussetzung für die Steuerung eines Geschehens

---

667 *von Weschpfennig* in: Kahl/Ludwigs (Hrsg.), Hdb. d. VerwaltungsR, Bd. V, 2023, § 156 Rn. 22 f.

668 Vgl. hierzu auch *Kloepfer*, UmweltR, 4. Aufl. 2016, § 5 Rn. 78.

ist die Analyse einer Situation und das Aufstellen von Prognosen.[669] Der Grad der Steuerungswirkung kann mit den verschiedenen Plänen ebenfalls variieren.[670] Die Intensität der Steuerungswirkung hängt unter anderem von der rechtlichen Ausgestaltung, dem Zweck und der Bindungswirkung eines jeden Plans ab.[671] Die Klimaschutzplanung hat die Aufgabe, das staatliche Handeln so zu lenken, dass die festgelegten Klimaschutzziele erreicht werden können.[672] Insofern kommt den Klimaschutzplänen eine Steuerungswirkung zu. Inwiefern die Steuerungswirkung in den einzelnen Klimaschutzplänen ausgestaltet ist, soll im Weiteren ermittelt werden. Diesbezüglich werden verschiedene Möglichkeiten zur Ermittlung der Steuerungswirkung eines Plans dargestellt. Die Steuerungswirkung kann durch die Betrachtung verschiedener Merkmale der einzelnen Pläne dargestellt werden.[673] Steuerungswirkung meint dabei, inwiefern die Klimaschutzpläne rechtliche Auswirkungen auf die tatsächliche Entwicklung der Reduktion der Treibhausgasemissionen haben können.

Als erstes wird die Rechtsform der Klimaschutzpläne bestimmt. So kommen einem Plan, der beispielsweise als Gesetz oder Verordnung ergeht, Bindungswirkung gegenüber staatlichen Stellen und auch gegenüber den Bürgern zu.[674] Überdies wird auch der Zweck der Planung dargestellt.[675] Der Planungszweck lässt ebenfalls Aussagen auf die Steuerungswirkung zu. Einem Plan, der beispielsweise nur lenkend auf eine Entwicklung Einfluss haben soll, kommt eine geringere Steuerungswirkung zu, als einem Plan, der konkrete Festsetzungen enthält, die umgesetzt werden müssen.[676] Zuletzt spielt auch

---

669 Vgl. *Kloepfer*, UmweltR, 4. Aufl. 2016, § 5 Rn. 78 f.

670 Vgl. *Köck* in: Voßkuhle/Eifert/Möllers (Hrsg.), Grundlagen d. VerwaltungsR Bd. II, 3. Aufl. 2022, § 36 Rn. 43 ff.

671 Vgl. *Köck* in: Voßkuhle/Eifert/Möllers (Hrsg.), Grundlagen d. VerwaltungsR Bd. II, 3. Aufl. 2022, § 36 Rn. 48 ff., 54 ff.

672 *Shirvani*, ZUR 2022, 579 (579); vgl. Kap. 3 B.

673 Vgl. *Köck* in: Voßkuhle/Eifert/Möllers (Hrsg.), Grundlagen d. VerwaltungsR Bd. II, 3. Aufl. 2022, § 36 Rn. 48 ff., 54 ff.

674 *Shirvani*, DVBl 2025, 554 (556).

675 Vgl. dazu *Köck* in: Voßkuhle/Eifert/Möllers (Hrsg.), Grundlagen d. VerwaltungsR Bd. II, 3. Aufl. 2022, § 36 Rn. 47 ff.

676 Vgl. dazu *Köck* in: Voßkuhle/Eifert/Möllers (Hrsg.), Grundlagen d. VerwaltungsR Bd. II, 3. Aufl. 2022, § 36 Rn. 48 ff.

die Charakterisierung von Planung als politisches Planungsinstrument oder als Verwaltungsplan für die Steuerungswirkung eine Rolle.[677]

I. Bindungswirkung

Die Bindungswirkung eines Plans kann sich aus der Betrachtung seiner Rechtsform ermitteln lassen. Grundsätzlich kann nicht einheitlich beantwortet werden, in welcher Rechtsform ein Plan ergeht.[678] Die verwaltungsrechtliche Form des „Plans" als solchen gibt es nicht.[679] Pläne können daher in jeder Rechtsform erlassen werden.[680] Sie können unter anderem als Gesetze, Rechtsverordnung oder Satzungen, aber auch als Verwaltungsakte ausgestaltet sein.[681] In welcher Rechtsform die Klimaschutzpläne ergehen, ist daher einzelfallspezifisch zu ermitteln. Das Vorliegen der Merkmale der jeweiligen Rechtsformen sind für die Klimaschutzpläne zu überprüfen. Nach der Feststellung der Rechtsform der Klimaschutzpläne kann sodann auch deren Bindungswirkung festgestellt werden. Die Bindungswirkung kann hilfsweise aber auch durch die Betrachtung der gesetzlichen Vorgaben für die jeweiligen sowie der im Plan enthaltenen Festsetzungen ermittelt werden. Die Pläne sind entsprechend auszulegen.

---

677 Vgl. *Köck* in: Voßkuhle/Eifert/Möllers (Hrsg.), Grundlagen d. VerwaltungsR Bd. II, 3. Aufl. 2022, § 36 Rn. 44.

678 *von Weschpfennig* in: Kahl/Ludwigs (Hrsg.), Hdb. d. VerwaltungsR, Bd. V, 2023, § 156 Rn. 11; *Püttner*, Allg. VerwaltungsR, 7. Aufl. 1995, S. 130; *Maurer/Waldhoff*, Allgemeines VerwaltungsR, 21. Aufl. 2024, § 16 Rn. 18.

679 *Wolf*, UmweltR, 2002, § 2 Rn. 130; *Schlacke*, UmweltR, 9. Aufl. 2023, § 5 Rn. 6; *Peters/Hesselbarth/Peters*, UmweltR, 6. Aufl. 2024, Rn. 123; *Maurer/Waldhoff*, Allgemeines VerwaltungsR, 21. Aufl. 2024, § 16 Rn. 13; *Wallerath*, Allgemeines VerwaltungsR, 6. Aufl. 2009, § 10 Rn. 106; *Steinwede*, Planerhaltung im StädtebauR durch Gesetz und richterliche Rechtsfortbildung, 2003, S. 34; *Schmidt-Aßmann* in: Schlichter, Planung und Plankontrolle, 1995, S. 8 f.

680 *Schlacke*, UmweltR, 9. Aufl. 2023, § 5 Rn. 6; *Schmidt-Aßmann* in: Schlichter, Planung und Plankontrolle, 1995, S. 8 f; ferner *Schlacke/Thierjung* in: Kreuter-Kirchhof/Schlacke, KlimaschutzR, 2025, Einführung Rn. 9.

681 Planfeststellungen ergehen beispielsweise als Verwaltungsakte, *Kupfer* in: Schoch/Schneider, VerwaltungsR, 7. EL. Mai 2025, § 74 VwVfG Rn. 9, wohingegen Bebauungspläne als Satzung aufgestellt werden, § 10 Abs. 1 BauGB, *Schmidt-Aßmann* in: Schlichter, Planung und Plankontrolle, 1995, S. 9; siehe ferner *Schlacke/Thierjung* in: Kreuter-Kirchhof/Schlacke, KlimaschutzR, 2025, Einführung Rn. 9.

1. Europäische Klimaschutzpläne

Zur Ermittlung der Bindungswirkung der europäischen Klimaschutzpläne ist die Rechtsform festzustellen. Eine Rechtsform ist für die europäischen Klimaschutzpläne in der EU-Governance-VO nicht vorgegeben. So ist nicht geregelt, ob die Langfrist-Strategie beispielsweise als nationale Verordnung oder Satzung zu ergehen hat.[682] Vielmehr wird die Langfrist-Strategie von der Bundesregierung erlassen und ist somit ein Rechtsakt der Bundesregierung.[683] Die Zuständigkeit der Bundesregierung für die Planung folgt aus § 12 Abs. 3 Nr. 2 KSG, nach dem der Bundesregierung vor der Fortschreibung des nationalen Klimaschutzplans (die deutsche Langfrist-Strategie nach § 2 Nr. 7 KSG) die Stellungnahme des Expertenrates für Klimafragen einholen muss.[684] Die Langfrist-Strategie entfaltet daher keine Bindungswirkung „*gegenüber Bürgern, Unternehmen oder Gerichten*".[685] Allerdings entsteht durch die Langfrist-Strategie nach einhelliger Meinung in der Literatur eine Bindungswirkung für die einzelnen Fachressorts der Bundesregierung.[686]

Der integrierte nationale Energie- und Klimaplan des Art. 3 Abs. 1 S. 1 EU-Governance-VO wurde nicht in nationales Recht integriert.[687] Aufgestellt wird der Plan ebenfalls von der Bundesregierung.[688] Der integrierte nationale Energie- und Klimaplan wird damit ebenfalls nicht im Rahmen eines Gesetzgebungsverfahrens erlassen und hat somit keine Bindungswirkung gegenüber den Bürgern.[689] Bindungswirkung ergeht daher lediglich innerhalb

---

682 Vgl. *Saurer*, NVwZ 2017, 1574 (1578); siehe auch *Guckelberger* in: Fellenberg/Guckelberger (Hrsg.), KlimaschutzR, 2022, § 9 KSG Rn. 3; *Shirvani*, ZUR 2022, 579 (583).

683 *Lammers*, Die europäische Governance-VO und das EU-Klimagesetz, 2023, S. 50; *Saurer*, NVwZ 2017, 1574 (1578).

684 Vgl. *Shirvani*, ZUR 2022, 579 (583).

685 *Saurer*, NVwZ 2017, 1574 (1578).

686 *Schlacke*, EurUP 2020, 338 (340); *Albrecht*, NuR 2020, 370 (376); *Saurer*, NVwZ 2017, 1574 (1578); *Wickel* in: Säcker/Ludwigs (Hrsg.), Berliner Kommentar zum EnergieR, Bd. 3, 5. Aufl. 2022, § 2 KSG Rn. 16.

687 *Schlacke*, UmweltR, 9. Aufl. 2023, § 16 Rn. 45.

688 Siehe dazu *Bundesministerium für Wirtschaft und Energie*, Aktualisierung des integrierten nationalen Energie- und Klimaplans.

689 Vgl. *Shirvani*, ZUR 2022, 579 (583).

der Bundesregierung. Die beiden europäischen Klimaschutzpläne ergehen damit als Erklärung der Bundesregierung.[690]

2. Interne Bindungswirkung des Klimaschutzprogramms

Die Bindungswirkung des Klimaschutzprogramms bestimmt sich ebenfalls vorrangig durch dessen Rechtsform. Das Klimaschutzprogramm ist nach dem KSG keiner Rechtsform zugeordnet.[691] Mit Hilfe einer Auslegung ist daher die für das Klimaschutzprogramm vorliegende Rechtsform zu bestimmen. Gegen die Einordnung des Klimaschutzprogramms als formelles Gesetz spricht, dass die Legislative nicht darüber entscheidet.[692] Vielmehr wird das Klimaschutzprogramm durch die Bundesregierung selbst aufgestellt (§ 9 Abs. 1 S. 1 Hs. 1 KSG).[693] Eine Bindungswirkung gegenüber Bürgern besteht zwar nicht.[694] Allerdings sind im Klimaschutzprogramm konkrete Maßnahmen festgelegt, die zu einer Erreichung der Jahresemissionsgesamtmengen nach § 4 Abs. 1 S. 2 und S. 3 KSG i.V.m. Anlage 2 zum KSG und schließlich zu einer nationalen Klimaschutzzielerreichung nach § 3 Abs. 1 KSG führen sollen (§ 9 Abs. 1 S. 2 und S. 3 KSG).[695] Ein Großteil der im Programm enthaltenen Maßnahmen sind zu dessen Umsetzung von der Bundesregierung in den Bundestag einzubringen.[696] Eine interne Bindungswirkung gegenüber der Bundesregierung würde allerdings nur dann vorliegen, wenn die Bundesregierung durch das Klimaschutzprogramm auch dazu verpflichtet wäre, die darin festgesetzten Maßnahmen tatsächlich in den Bundestag einzubringen.[697] Bestünde lediglich ein Initiativrecht gem. Art. 76 Abs. 1 GG, würde nur eine eingeschränkte Bindungswirkung vorliegen. Grundsätzlich

---

690 Vgl. *Saurer*, NVwZ 2017, 1574 (1578); *Shirvani*, ZUR 2022, 579 (583); *Guckelberger* in: Fellenberg/Guckelberger (Hrsg.), KlimaschutzR, 2022, § 9 KSG Rn. 3, 6.

691 Vgl. *Klafki/Schlacke* in: Kreuter-Kirchhof/Schlacke, KlimaschutzR, 2025, § 9 Rn. 5.

692 *Wickel* in: Säcker/Ludwigs (Hrsg.), Berliner Kommentar zum EnergieR, Bd. 2, 4. Aufl. 2019, G Teil 2 Rn. 67; *Shirvani*, ZUR 2022, 579 (583); *Guckelberger* in: Fellenberg/Guckelberger (Hrsg.), KlimaschutzR, 2022, § 9 KSG Rn. 24; *Saurer* in: Rodi (Hrsg.), Hdb. KlimaschutzR, 2022, § 10 Rn. 22.

693 *Shirvani*, ZUR 2022, 579 (581).

694 *Shirvani*, ZUR 2022, 579 (583); *Klafki/Schlacke* in: Kreuter-Kirchhof/Schlacke, KlimaschutzR, 2025, § 9 Rn. 5.

695 *Shirvani*, ZUR 2022, 579 (581).

696 *Guckelberger* in: Fellenberg/Guckelberger (Hrsg.), KlimaschutzR, 2022, § 9 KSG Rn. 11.

697 Vgl. *Klafki/Schlacke* in: Kreuter-Kirchhof/Schlacke, KlimaschutzR, 2025, § 9 Rn. 17.

beschreibt Art. 76 Abs. 1 GG das Recht der Bundesregierung, Gesetzesvorlagen in den Bundestag einzubringen.[698] Nur im Ausnahmefall kann aus diesem Recht eine Pflicht erstarken.[699] Eine entsprechende Pflicht entsteht dann, wenn *„völker-, unions- oder verfassungsrechtliche Gründe* [...]" dies gebieten.[700] Zu diesen Gründen gehören beispielsweise Pflichten aus völkerrechtlichen Verträgen, Richtlinien der EU, Staatszielbestimmungen oder auch Gesetzgebungsaufträge.[701] Aus § 9 Abs. 1 KSG geht nicht eindeutig hervor, ob eine solche Ausnahme besteht. Gem. § 9 Abs. 1 S. 2 KSG besteht die Vorgabe, dass die Bundesregierung die Maßnahmen festsetzt, die sie *„zur Erreichung der nationalen Klimaschutzziele gemäß § 3 Absatz 1 ergreifen wird."* Aus dem Wortlaut *„ergreifen wird"* könnte ein Gesetzgebungsauftrag ableitbar sein. Die Bundesregierung würde damit bereits im Planungsprozess des Klimaschutzprogramms verbindlich festlegen, welche Maßnahmen im Nachhinein in den Bundestag eingebracht werden müssen. Für eine solche Initiativpflicht spricht ferner der zwingende Charakter der Klimaschutzziele des § 3 Abs. 1 KSG. Es handelt sich dabei nicht um Soll-Ziele.[702] Vielmehr müssen ausreichende Maßnahmen getroffen werden, um diese erreichen zu können. Diese Aufgabe übernimmt das Klimaschutzprogramm mit der Festsetzung seiner Maßnahmen.[703] Weiterhin kann nach einer erneuten Betrachtung des Planungsverfahrens für das Klimaschutzprogramm ein Schluss auf das Bestehen einer solchen Initiativpflicht getroffen werden. Bereits beim Erlass des Klimaschutzprogramms muss ausreichend geprüft werden, ob beispielsweise eine rechtliche Realisierbarkeit der geplanten Maßnahmen besteht,

---

698 *Mann* in: Sachs, GG, 10. Aufl. 2024, Art. 76 Rn. 14.

699 *Mann* in: Sachs, GG, 10. Aufl. 2024, Art. 76 Rn. 14; *Dietlein* in: Epping/Hillgruber (Hrsg.), BeckOK GG, 64. Ed. 15.11.2025, Art. 76 Rn. 14; *Brosius-Gersdorf* in: Dreier (Hrsg.), GG Bd. II, 3. Aufl. 2015, Art. 76 Rn. 38.

700 *Mann* in: Sachs, GG, 10. Aufl. 2024, Art. 76 Rn. 14; *Dietlein* in: Epping/Hillgruber (Hrsg.), BeckOK GG, 64. Ed. 15.11.2025, Art. 76 Rn. 14; *Brosius-Gersdorf* in: Dreier (Hrsg.), GG Bd. II, 3. Aufl. 2015, Art. 76 Rn. 38.

701 *Mann* in: Sachs, GG, 10. Aufl. 2024, Art. 76 Rn. 14; *Dietlein* in: Epping/Hillgruber, BeckOK GG, 64. Ed. 15.11.2025, Art. 76 Rn. 14; *Brosius-Gersdorf* in: Dreier (Hrsg.), GG Bd. II, 3. Aufl. 2015, Art. 76 Rn. 38.

702 Vgl. *Kreuter-Kirchhof*, KlimR 2022, 43 (44); ferner *Schlacke*, UmweltR, 9. Aufl. 2023, § 16 Rn. 40; *Wickel* in: Säcker/Ludwigs (Hrsg.), Berliner Kommentar zum EnergieR, Bd. 3, 5. Aufl. 2022, § 3 KSG Rn. 3.

703 *Shirvani*, ZUR 2022, 579 (581).

sowie ob die Aufstellung auch im Kompetenzbereich des Bundes liegt (siehe Kapitel 5[704]). Daraus kann gefolgert werden, dass nach einer derart aufwendigen Prüfung eine Initiativpflicht bestehen muss. Weiterhin ist zu beachten, dass die Wahrung der nationalen Klimaschutzziele dazu dient, die europarechtlichen sowie internationalen (Pariser Abkommen) Klimaschutzziele einzuhalten (§ 1 S. 3 KSG).[705] Insofern könnte die Gesetzesinitiativpflicht auch aus einer europarechtlichen beziehungsweise völkerrechtlichen Pflicht abgeleitet werden können. Das Klimaschutzprogramm ist daher für die Bundesregierung dahingehend bindend, als dass die im Programm festgesetzten Maßnahmen in den Bundestag eingebracht werden müssen. Müssen Maßnahmen nicht im Wege des Gesetzgebungsverfahren umgesetzt werden, ist die Bundesregierung ebenfalls daran gebunden, diese zu erlassen.[706] Das Klimaschutzprogramm ist daher ein Plan sui generis mit regierungsinterner Bindungswirkung, dem aber keine Bindungswirkung für die Bürger zukommt.[707]

3. Landesklimaschutzpläne

Für die Landesklimaschutzpläne sind in ihren jeweiligen Landesklimaschutzgesetzen ebenfalls keine Angaben hinsichtlich einer Bindungswirkung oder einer Rechtsform enthalten.[708] Es ist daher für die Länder ebenfalls durch eine Auslegung zu bestimmen, welche Rechtsform vorliegt, sodass sich Rückschlüsse auf die Bindungswirkung der Pläne ziehen lassen.[709] Aufgestellt werden die Landesklimaschutzpläne grundsätzlich von der jeweiligen

---

[704] Vgl. *Knappe*, Die Maßnahmenplanung im europäisierten VerwaltungsR, 2022, S. 223; *Guckelberger* in: Fellenberg/Guckelberger (Hrsg.), KlimaschutzR, 2022, § 9 KSG Rn. 11, 24; *dies.*, NuR 2022, 221 (225).

[705] *Peters* in: Fellenberg/Guckelberger (Hrsg.), KlimaschutzR, 2022, § 1 KSG Rn. 1, 3.

[706] *Guckelberger* in: Fellenberg/Guckelberger (Hrsg.), KlimaschutzR, 2022, § 1 KSG Rn. 11.

[707] Vgl. *Shirvani*, DVBl 2025, 554 (556); *Klafki/Schlacke* in: Kreuter-Kirchhof/Schlacke, KlimaschutzR, 2025, § 9 Rn. 17.

[708] Vgl. für den ehemaligen Klimaschutzplan in NRW *Beye*, Die Klimaschutzgesetze der Bundesländer: Eine rechtliche Analyse und Bewertung der Landesklimaschutzgesetze unter besonderer Berücksichtigung des völker-, europa- und bundesrechtlichen Rahmens, 2021, S. 243; *Wickel* in: Säcker/Ludwigs (Hrsg.), Berliner Kommentar zum EnergieR, Bd. 3, 5. Aufl. 2022, Teil 2 A. Rn. 75.

[709] *Wickel* in: Säcker/Ludwigs (Hrsg.), Berliner Kommentar zum EnergieR, Bd. 3, 5. Aufl. 2022, Teil 2 A. Rn. 75.

Landesregierung oder dem Senat (§ 6 Abs. 1 S. 1 und Abs. 3 S. 1 HmbKliSchG, § 4 Abs. 1 S. 1 BremKEG, § 6 Abs. 1 S. 1 ThürKlimaG, § 4 Abs. 2 S. 2 HKlimaG, § 4 Abs. 1 S. 2 NKlimaG, Art. 5 Abs. 1 Nr. 1 BayKlimaG, § 4 Abs. 1 EWG Bln, § 6 Abs. 1 S. 1 SKSG).[710] Die Klimaschutzpläne der Länder werden somit nicht in den jeweiligen Landesparlamenten verhandelt, sodass eine Einordnung als formelles Gesetz bereits nicht in Betracht kommt.[711] Weiterhin können die in den Plänen enthaltenen Maßnahmen nur dann aufgestellt werden, wenn sie einem Gesetzgebungsverfahren unterliegen.[712] Auch dies spricht gegen das Vorliegen eines formellen Gesetzes.[713] Eine Bindungswirkung gegenüber Bürgern besteht somit nicht. Allerdings kommt eine Bindungswirkung gegenüber den jeweiligen öffentlichen Stellen in Betracht, die Maßnahmen, die in den Klimaschutzplänen enthalten sind, umzusetzen.[714] Die Landesklimaschutzgesetze sind demnach auf ihre inhaltlichen Vorgaben hinsichtlich der Festsetzungen in den Plänen zu überprüfen.[715] Gegen eine Bindungswirkung öffentlicher Stellen spricht zunächst, dass einige der

---

710 Vgl. *Sina*, EurUP 2018, 314 (318); *Wickel* in: Säcker/Ludwigs (Hrsg.), Berliner Kommentar zum EnergieR, Bd. 3, 5. Aufl. 2022, Teil 2 A. Rn. 72.

711 Vgl. für den ehemaligen Klimaschutzplan in NRW *Beye*, Die Klimaschutzgesetze der Bundesländer: Eine rechtliche Analyse und Bewertung der Landesklimaschutzgesetze unter besonderer Berücksichtigung des völker-, europa- und bundesrechtlichen Rahmens, 2021, S. 252; *Lammers*, Die europäische Governance-VO und das EU-Klimagesetz, 2023, S. 55; *Wickel* in: Säcker/Ludwigs (Hrsg.), Berliner Kommentar zum EnergieR, Bd. 3, 5. Aufl. 2022, Teil 2 A. Rn. 75.

712 Vgl. für den ehemaligen Klimaschutzplan in NRW *Beye*, Die Klimaschutzgesetze der Bundesländer: Eine rechtliche Analyse und Bewertung der Landesklimaschutzgesetze unter besonderer Berücksichtigung des völker-, europa- und bundesrechtlichen Rahmens, 2021, S. 257.

713 Vgl. für den ehemaligen Klimaschutzplan in NRW *Beye*, Die Klimaschutzgesetze der Bundesländer: Eine rechtliche Analyse und Bewertung der Landesklimaschutzgesetze unter besonderer Berücksichtigung des völker-, europa- und bundesrechtlichen Rahmens, 2021, S. 257.

714 Vgl. für den ehemaligen Klimaschutzplan in NRW *Beye*, Die Klimaschutzgesetze der Bundesländer: Eine rechtliche Analyse und Bewertung der Landesklimaschutzgesetze unter besonderer Berücksichtigung des völker-, europa- und bundesrechtlichen Rahmens, 2021, S. 253.

715 Vgl. für den ehemaligen Klimaschutzplan in NRW, *Beye*, Die Klimaschutzgesetze der Bundesländer: Eine rechtliche Analyse und Bewertung der Landesklimaschutzgesetze unter besonderer Berücksichtigung des völker-, europa- und bundesrechtlichen Rahmens, 2021, S. 253.

Landesklimaschutzgesetze vorsehen, dass die Pläne lediglich als *„Entscheidungs-"* oder *„Handlungsgrundlage"* für weitere klimaschützende Maßnahme anzusehen sind (vgl. § 6 Abs. 1 S. 1 ThürKlimaG).[716] Aus diesem Wortlaut geht hervor, dass gerade keine zwingenden Vorgaben in den Plänen festzusetzen sind. Überdies ist in den Klimaschutzgesetzen der Bundesländer geregelt, dass im jeweiligen Landesklimaschutzplan lediglich eine Darstellung der zur Landesklimaschutzzielerreichung erforderlichen Strategien und Maßnahmen erfolgt (so in § 6 Abs. 2 ThürKlimaG). In § 4 Abs. 1 EWG Bln normiert das Berliner Landesklimaschutzgesetz sogar lediglich die Vorgabe, dass eine Beschreibung der notwendigen Maßnahmen erfolgt. Im Saarland ist hingegen nur ein Konzept zu erarbeiten (§ 6 Abs. 1 S. 1 SKSG). Eine entsprechende Umsetzung der in den Plänen festgelegten Maßnahmen ist nicht normiert. In Bremen ist gem. § 4 Abs. 1 S. 1 BremKEG ebenfalls lediglich eine Strategie zu erarbeiten. Darin sind Maßnahmen zum Klimaschutz aufgeführt (§ 4 Abs. 1 S. 2 BremKEG). Ihre tatsächliche Umsetzung ist jedoch nicht vorgegeben. Die Gemeinden werden lediglich hinsichtlich der Umsetzung *„unterstützt"* (§ 4 Abs. 2 S. 2 BremKEG). Auch in Niedersachsen bestehen in § 4 NKlimaG keine Pflichten hinsichtlich einer Umsetzung.

Hingegen sind in Hamburg konkrete Vorgaben hinsichtlich einer Umsetzung der im Klimaschutzprogramm enthaltenen *„notwendigen Maßnahmen"* geregelt (§ 6 Abs. 1 S. 2 HmbKliSchG). So ist normiert, dass eine Bestandsaufnahme der ergriffenen Maßnahmen durchzuführen ist (§ 6 Abs. 1 S. 3 HmbKliSchG) und dass alle zwei Jahre ein Zwischenbericht über die Umsetzung der Maßnahmen erfolgen muss (§ 6 Abs. 2 S. 1 HmbKliSchG). Überdies ist geregelt, dass bei einer voraussichtlichen Verfehlung der hamburgischen Klimaschutzziele zusätzliche Maßnahmen entwickelt werden sollen (§ 6 Abs. 2 S. 2 HmbKliSchG). In Hessen besteht weiterhin die Regelung, dass die Zuständigkeit zur Umsetzung der im Plan vorhandenen Maßnahmen bei den obersten Landesbehörden liegt (§ 4 Abs. 3 HKlimaG).

Die Bindungswirkung der Klimaschutzpläne der Länder ist daher nicht einheitlich zu bestimmen. Teilweise sind die Landesklimaschutzpläne lediglich als *„Entscheidungs-"* oder *„Handlungsgrundlage"* ausgestaltet.[717] Teilweise

[716] Kap. 4 B III 3.
[717] Vgl. Kap. 4 B III 3.

sind aber auch zwingende Vorgaben hinsichtlich einer Umsetzung der Maßnahmen zu finden.

4. Keine Bindungswirkung der kommunalen Klimaschutzpläne

Die Bindungswirkung der kommunalen Klimaschutzpläne ist ebenfalls gesetzlich nicht festgelegt. Auch eine Rechtsform, aus der sich eine Bindungswirkung ableiten könnte, ist in den Klimaschutzgesetzen der Länder nicht normiert. Eine Bindungswirkung für die Bürger oder die Kommunen selbst ergibt sich aus den kommunalen Klimaschutzplänen nicht. Wie bereits dargelegt[718], enthält ein Großteil der kommunalen Klimaschutzpläne lediglich Beschreibungen oder Prognosen hinsichtlich einer Wärme- und Kälteplanung (§ 20 Abs. 1 S. 1 NKlimaG, § 25 Abs. 1 S. 1 HmbKliSchG, § 10 Abs. 1 S. 2 EWKG SH), oder von Energieberichten (§ 17 Abs. 1 S. 1 NKlimaG, § 12 Abs. 1 S. 2 EWG Bln). Teilweise werden auch städtebauliche Konzepte und Strategien erarbeitet, die einen Beitrag zum Klimaschutz durch energieschonende Konzepte leisten (§ 13 Abs. 1 S. 1 BremKEG, § 6 Abs. 3 SKSG, § 18 Abs. 1 S. 1 NKlimaG, § 8 Abs. 2 S. 1 und S. 2 ThürKlimaG, § 8 Abs. 2 HKlimaG). Lediglich in Bayern enthält das aufzustellende Klimaschutzprogramm Maßnahmen (Art. 5 Abs. 2 S. 1 BayKlimaG). Die Aufstellung derer wird jedoch lediglich *„empfohlen"*. Aus dem jeweiligen Zweck der kommunalen Klimaschutzpläne sowie dessen rechtliche Ausgestaltung geht hervor, dass diese lediglich unverbindlich sind.

II. „Wirkungsweise"

Nach Herausarbeitung der Bindungswirkung eines Plans kann auch dessen „Wirkungsweise" festgestellt werden.[719] Hinsichtlich der Wirkungsweise kann unterschieden werden zwischen Plänen, die lediglich einen informativen Charakter haben (indikative Wirkung), Plänen, die zwar Ziele festsetzen, diese aber nicht durch verbindliche Maßnahmen erreichen sollen, sondern beispielsweise durch Anreize (influenzierende Wirkung), und solchen, die die Adressaten berechtigen und verpflichten (imperative Wirkung).[720] Plänen mit imperativem

---

[718] Kap. 3 B I 5.

[719] Vgl. dazu *Köck* in: Voßkuhle/Eifert/Möllers (Hrsg.), Grundlagen d. VerwaltungsR Bd. II, 3. Aufl. 2022, § 36 Rn. 54 ff.

[720] *Köck* in: Voßkuhle/Eifert/Möllers (Hrsg.), Grundlagen d. VerwaltungsR Bd. II, 3. Aufl. 2022, § 36 Rn. 54 ff.

Regelungscharakter kommen grundsätzlich eine Bindungswirkung zu.[721] Sie erreichen ihre Ziele durch Rechtssetzung, also durch festgelegte Ziele und Maßnahmen.[722] Insofern kommt den imperativen Plänen ein hoher Grad an Steuerungswirkung zu. Indikative Pläne entfalten weder für die Bürger noch für Behörden eine Bindungswirkung.[723] Die Steuerungswirkung von indikativen Plänen begrenzt sich daher auf das Festlegen von Informationen und Daten.[724] Influenzierende Pläne haben eine eingeschränkte Bindungswirkung.[725] Mit ihnen werden Anreize geschaffen, um konkret formulierte Handlungsziele zu erreichen.[726] Sie haben daher weder einen Regelungscharakter noch eine Außenwirkung. Vielmehr wird mit der Schaffung von Anreizen das weitere Planungsverhalten gesteuert.[727] Insofern liegt auch bei den influenzierenden Plänen ein eher geringer Steuerungsgrad vor.

1. Atypischer Charakter der Europäischen Klimaschutzpläne

Die Langfrist-Strategie sowie der integrierte nationale Energie- und Klimaplan ergehen in der Bundesrepublik Deutschland nicht als formelles

---

[721] Vgl. *Köck* in: Voßkuhle/Eifert/Möllers (Hrsg.), Grundlagen d. VerwaltungsR Bd. II, 3. Aufl. 2022, § 36 Rn. 57 ff.; siehe auch *von Weschpfennig* in: Kahl/Ludwigs (Hrsg.), Hdb. d. VerwaltungsR, Bd. V, 2023, § 156 Rn. 24.

[722] *Roellecke*, DÖV 1994, 1024 (1026); *Köck* in: Voßkuhle/Eifert/Möllers (Hrsg.), Grundlagen d. VerwaltungsR Bd. II, 3. Aufl. 2022, § 36 Rn. 57.

[723] Vgl. *Scheuner*, DÖV 1965, 541 (543); siehe auch *Buchholz*, System des VerwaltungsR, Bd. 3, 1994, § 2 Rn. 58; ferner *von Weschpfennig* in: Kahl/Ludwigs (Hrsg.), Hdb. d. VerwaltungsR, Bd. V, 2023, § 156 Rn. 24; *Köck* in: Voßkuhle/Eifert/Möllers (Hrsg.), Grundlagen d. VerwaltungsR Bd. II, 3. Aufl. 2022, § 36 Rn. 55; ferner *Maurer/Waldhoff*, Allgemeines VerwaltungsR, 21. Aufl. 2024, § 16 Rn. 19.

[724] *von Weschpfennig* in: Kahl/Ludwigs (Hrsg.), Hdb. d. VerwaltungsR, Bd. V, 2023, § 156 Rn. 24; *Köck* in: Voßkuhle/Eifert/Möllers (Hrsg.), Grundlagen d. VerwaltungsR Bd. II, 3. Aufl. 2022, § 36 Rn. 55; *Maurer/Waldhoff*, Allgemeines VerwaltungsR, 21. Aufl. 2024, § 16 Rn. 19; *Scheuner*, DÖV 1965, 541 (543).

[725] Vgl. *Köck* in: Voßkuhle/Eifert/Möllers (Hrsg.), Grundlagen d. VerwaltungsR Bd. II, 3. Aufl. 2022, § 36 Rn. 56.

[726] *Köck* in: Voßkuhle/Eifert/Möllers (Hrsg.), Grundlagen d. VerwaltungsR Bd. II, 3. Aufl. 2022, § 36 Rn. 56; *Roellecke*, DÖV 1994, 1024 (1026); *Korte* in: Wolff/Bachof/Stober/Kluth, VerwaltungsR, Bd. I, 13. Aufl. 2017, § 56 Rn. 12; *von Weschpfennig* in: Kahl/Ludwigs (Hrsg.), Hdb. d. VerwaltungsR, Bd. V, 2023, § 156 Rn. 24; *Scheuner*, DÖV 1965, 541 (543).

[727] *Köck* in: Voßkuhle/Eifert/Möllers (Hrsg.), Grundlagen d. VerwaltungsR Bd. II, 3. Aufl. 2022, § 36 Rn. 56.

oder materielles Gesetz und haben insofern keine Bindungswirkung nach außen gegenüber den Bürgern.[728] Allerdings binden sie, wie bereits dargestellt, die jeweiligen Fachressorts der Bundesregierung.[729] Ein indikativer sowie ein influenzierender Charakter der beiden soeben genannten Klimaschutzpläne liegt damit nicht vor, da sie nicht nur lediglich Daten oder Informationen enthalten oder mittels der Setzung von Anreizen steuern. Aber auch die Einordnung unter den imperativen Charakter ist nicht sachgerecht. Ein imperatives Planungsinstrument steuert, indem verbindliche Festsetzungen in Form von Zielen und Maßnahmen festgesetzt werden.[730] Die europäischen Klimaschutzpläne enthalten hingegen keine verbindlichen Maßnahmen oder Ziele. Sie enthalten vielmehr verschiedene „Elemente" (Art. 3 Abs. 1 S. 2, Art. 15 Abs. 4 S. 1 EU-Governance-VO), mit denen Entwicklungspfade für eine Erreichung der Treibhausgasemissionsreduktionsziele aufgezeigt werden.[731] Die europäischen Klimaschutzpläne legen damit für die Politik fest, wo Klimaschutz stattfinden muss und welche Maßnahmen umzusetzen sind. Sie binden daher die Bundesregierung lediglich zum Erlass einer mit den Plänen konformen Klimaschutzpolitik. Um von einem imperativen Charakter sprechen zu können, müssten hingegen konkrete Ziele und Maßnahmen festgelegt werden, durch die eine konkrete Zielerreichung eintreten soll.[732] Insofern liegt auch ein imperativer Planungscharakter nicht vor. Der Charakter der europäischen Klimaschutzpläne kann somit nicht trennscharf in die gängigen Typen für das Instrument der Planung eingeteilt werden. Vielmehr ist der Charakter als atypisch zu beschreiben. Eine Bindungswirkung der Pläne gegenüber der Bundesregierung liegt nur eingeschränkt vor.

2. Atypischer Charakter des Klimaschutzprogramms

Der Charakter des Klimaschutzprogramms ist, wie auch bei den europäischen Klimaschutzplänen, als atypisch zu bezeichnen. Eine Einordnung in

---

[728] Vgl. *Shirvani*, ZUR 2022, 579 (583); *Saurer*, NVwZ 2017, 1574 (1578).

[729] So zur Langfrist-Strategie *Schlacke*, EurUP 2020, 338 (340); *Albrecht*, NuR 2020, 370 (376); *Saurer*, NVwZ 2017, 1574 (1578).

[730] *Köck* in: Voßkuhle/Eifert/Möllers (Hrsg.), Grundlagen d. VerwaltungsR Bd. II, 3. Aufl. 2022, § 36 Rn. 57.

[731] *Albrecht*, NuR 2020, 370 (376).

[732] *Roellecke*, DÖV 1994, 1024 (1026); *Köck* in: Voßkuhle/Eifert/Möllers (Hrsg.), Grundlagen d. VerwaltungsR Bd. II, 3. Aufl. 2022, § 36 Rn. 57.

die klassischen Steuerungsmodi eines Plans, also indikative, imperative oder influenzierende Charakter ist aufgrund der besonderen Ausgestaltung des Klimaschutzprogramms nicht trennscharf möglich. Gegen das Vorliegen eines indikativen Planungscharakters spricht, dass das Klimaschutzprogramm konkrete Maßnahmen enthält, durch die die Bundesregierung zu einer Initiativpflicht gebunden wird. Das Klimaschutzprogramm enthält insofern nicht lediglich Informationen oder Daten.[733] Auch die Einordnung als influenzierender Charakter ist nicht möglich, da das Klimaschutzprogramm nicht durch Anreize steuert, sondern durch die Selbstbindung der Bundesregierung.[734] In Betracht kommt somit eine Steuerungswirkung durch einen imperativen Charakter.[735] Wie bereits dargelegt, ist es für das Vorliegen eines imperativen Regelungscharakters notwendig, dass ein Plan seine Ziele durch Rechtssetzung, also durch festgelegte Ziele und Maßnahmen erreicht.[736] Vorliegend ist zu beachten, dass das Klimaschutzprogramm Maßnahmen enthält, durch die eine Zielerreichung nach § 3 Abs. 1 KSG erfolgen soll.[737] Allerdings binden die Festsetzungen die Bundesregierung lediglich zur Gesetzesinitiative.[738] Das Klimaschutzprogramm bildet hingegen selbst keine Rechtsgrundlage für die Aufstellung der in ihm festgesetzten Maßnahmen.[739] Es ist vielmehr erst im Gesetzgebungsverfahren im Bundestag zu prüfen, ob die im Programm festgesetzten Maßnahmen umgesetzt werden können.[740] Insofern geht vom Klimaschutzprogramm selbst zwar eine Bindungswirkung für die Bundesregierung aus, die festgelegten Maßnahmen sind hingegen erst im Gesetzgebungsverfahren zu überprüfen. Regelnde Festsetzungen,

---

733 So aber gefordert in *Köck* in: Voßkuhle/Eifert/Möllers (Hrsg.), Grundlagen d. VerwaltungsR Bd. II, 3. Aufl. 2022, § 36 Rn. 55.

734 Vgl. *Köck* in: Voßkuhle/Eifert/Möllers (Hrsg.), Grundlagen d. VerwaltungsR Bd. II, 3. Aufl. 2022, § 36 Rn. 56; siehe auch *Wickel* in: Säcker/Ludwigs (Hrsg.), Berliner Kommentar zum EnergieR, Bd. 3, 5. Aufl. 2022, § 9 KSG Rn. 41.

735 So *Shirvani*, ZUR 2022, 579 (584).

736 *Roellecke*, DÖV 1994, 1024 (1026); *Köck* in: Voßkuhle/Eifert/Möllers (Hrsg.), Grundlagen d. VerwaltungsR Bd. II, 3. Aufl. 2022, § 36 Rn. 57.

737 *Guckelberger* in: Fellenberg/Guckelberger (Hrsg.), KlimaschutzR, 2022, § 9 KSG Rn. 3.

738 Vgl. Kap. 4 C I 2.

739 Vgl. *Lammers*, Die europäische Governance-Verordnung und das EU-Klimagesetz, 2023, S. 57; *Wickel* in: Säcker/Ludwigs (Hrsg.), Berliner Kommentar zum EnergieR, Bd. 3, 5. Aufl. 2022, § 9 KSG Rn. 39.

740 *Guckelberger* in: Fellenberg/Guckelberger (Hrsg.), KlimaschutzR, 2022, § 9 KSG Rn. 11.

wie sie in einem Plan mit imperativem Charakter vorliegen, sind somit im Klimaschutzprogramm selbst nicht zu finden.[741] Der Regelungscharakter des Klimaschutzprogramms ist daher als atypisch mit einer Richtung zur imperativen Wirkung zu beschreiben. Es geht zwar eine Bindungswirkung vom Programm selbst aus. Allerdings binden die Festsetzungen nicht dahingehend, dass sie umzusetzen sind, sondern dahingehend, dass sie in den Bundestag eingebracht werden müssen.

3. Atypischer und indikativer Charakter der Landesklimaschutzpläne

Die Landesklimaschutzpläne haben grundsätzlich den Zweck, den auch das Klimaschutzprogramm verfolgt. Es werden Maßnahmen festgesetzt, die zu einer Erreichung der Landesklimaschutzziele führen sollen (§ 6 Abs. 1 S. 1 und S. 2 HmbKliSchG, § 7 Abs. 1 S. 1 und 2 LKSG RP, § 4 Abs. 1 S. 4 BremKEG, § 4 Abs. 1 EWG Bln, Art. 5 Abs. 1 Nr. 1 BayKlimaG, § 6 Abs. 1 S. 1 ThürKlimaG, § 4 Abs. 1 S. 1 NKlimaG, § 4 Abs. 1 S. 1 HKlimaG). Die Maßnahmen binden, wie auch beim Klimaschutzprogramm, vorrangig die jeweiligen Landesregierungen, sodass es eines weiteren Umsetzungsaktes durch die Landesparlamente bedarf.[742] Insofern besteht auch bei den Landesklimaschutzgesetzen eine atypische Bindungswirkung.

Allerdings entfalten die Landesklimaschutzpläne nicht in allen Bundesländern eine interne Bindungswirkung für die Landesregierungen.[743] Einige der Landespläne ergehen, wie bereits aufgezeigt, lediglich als „*Entscheidungs*"- oder als „*Handlungsgrundlage*" (§ 6 Abs. 1 S. 1 ThürKlimaG).[744] Zwingende Festsetzungen gehen daher von den Landesklimaschutzplänen trotz der darin enthaltenen Maßnahmen nicht hervor. Insofern ist in diesen Bundesländern eine indikative Wirkung anzunehmen. Von einer influenzierenden Wirkung ist nicht auszugehen, da keine Anreize erkennbar sind, durch die die Pläne durchgesetzt werden sollen.[745] Insofern ist auch beim Regelungscharakter der

---

[741] *Köck* in: Voßkuhle/Eifert/Möllers (Hrsg.), Grundlagen d. VerwaltungsR Bd. II, 3. Aufl. 2022, § 36 Rn. 57.

[742] *Lammers*, Die europäische Governance-VO und das EU-Klimagesetz, 2023, S. 58.

[743] Vgl. *Shirvani*, ZUR 2022, 579 (585).

[744] Vgl. Kap. 4 B III 3.

[745] *Köck* in: Voßkuhle/Eifert/Möllers (Hrsg.), Grundlagen d. VerwaltungsR Bd. II, 3. Aufl. 2022, § 36 Rn. 56.

Landesklimaschutzpläne zu differenzieren. Ergehen die Pläne lediglich als Grundlage für das weitere staatliche Handeln, ist ein indikativer Charakter anzunehmen. Sind hingegen zwingende Vorgaben ausgestaltet, liegt ebenfalls ein atypischer Charakter mit Richtung zur imperativen Wirkung vor.

4. Indikativer Charakter der kommunalen Klimaschutzpläne

Die Wirkung der kommunalen Klimaschutzpläne ist als indikativ einzuordnen. Die Pläne stellen größtenteils nur Daten und Prognosen eingebettet in Konzepte und Strategien dar.[746] Sie geben damit eine Orientierung für ein weiteres städtebauliches Handeln.[747]

III. Planungszweck

Nach der Ermittlung der Rechtsform sowie der Wirkungsweise eines Plans kann weiterhin auch die Steuerungsfunktion durch die Beschreibung des jeweiligen Planungszwecks bestimmt werden.[748] Wird auf den Planungszweck abgestellt, kann in Ordnungsplanung, materiale Verwirklichungsplanung sowie Lenkungsplanung unterteilt werden.[749] Grundsätzlich lassen sich die drei Kategorien aber nicht immer eindeutig voneinander abgrenzen; vielmehr können sich Elemente verschiedener Zwecke in einem Plan wiederfinden.[750] Bei der Ordnungsplanung geht es darum, dass Flächen hinsichtlich ihrer Nutzung und Funktion im Raum geordnet werden.[751] Beispielhaft kann die Raumordnungsplanung als Unterfall der Ordnungsplanung

---

746 Vgl. auch *Köck* in: Voßkuhle/Eifert/Möllers (Hrsg.), Grundlagen d. VerwaltungsR Bd. II, 3. Aufl. 2022, § 36 Rn. 97.

747 Vgl. auch *Köck* in: Voßkuhle/Eifert/Möllers (Hrsg.), Grundlagen d. VerwaltungsR Bd. II, 3. Aufl. 2022, § 36 Rn. 97.

748 *Köck* in: Voßkuhle/Eifert/Möllers (Hrsg.), Grundlagen d. VerwaltungsR Bd. II, 3. Aufl. 2022, § 36 Rn. 47 f.

749 Vgl. *Köck* in: Voßkuhle/Eifert/Möllers (Hrsg.), Grundlagen d. VerwaltungsR Bd. II, 3. Aufl. 2022, § 36 Rn. 48.

750 *Köck* in: Voßkuhle/Eifert/Möllers (Hrsg.), Grundlagen d. VerwaltungsR Bd. II, 3. Aufl. 2022, § 36 Rn. 48 ff.

751 *Köck* in: Voßkuhle/Eifert/Möllers (Hrsg.), Grundlagen d. VerwaltungsR Bd. II, 3. Aufl. 2022, § 36 Rn. 49.

herangezogen werden.[752] Weiterhin fällt unter die Ordnungsplanung auch die Ausweisung von Schutzgebieten.[753] Die materiale Verwirklichungsplanung verfolgt hingegen bestimmte Ziele durch das Festlegen von Maßnahmen.[754] Durch sie wird bereits im Plan sichergestellt, dass konkret gesetzte Ziele erreicht werden.[755] Die materiale Verwirklichungsplanung hat damit einen hohen Grad an Steuerungswirkung. Die Lenkungsplanung enthält Strategien und Konzepte und bereitet weitere Entscheidungen vor.[756] Sie hat damit vornehmlich einen nicht-regelnden Charakter.[757] Zwar können innerhalb dieser Pläne auch Maßnahmen festgelegt werden, allerdings handelt es sich dabei eher um solche der Vorbereitung, Ordnung und Entwicklung.[758] Die Steuerungswirkung ist daher für diese Pläne als gering einzuschätzen.

1. Lenkungszweck der europäischen Klimaschutzpläne

Die Langfrist-Strategie sowie der integrierte nationale Energie- und Klimaplan unterscheiden sich insofern von der Ordnungsplanung, als dass durch die beiden Klimaschutzpläne der europäischen Ebene keine Funktionen im Raum geordnet werden. Auch erfolgt keine Ausweisung beispielsweise eines Klimaschutzgebietes. Vielmehr werden in den beiden Planungsarten Ziele und Zwecke der Mitgliedstaaten zum Klimaschutz geordnet und beschrieben.[759] Es wird im Rahmen der Langfrist-Strategie eine politische Strategie zur Erreichung des Temperaturziels des Pariser Abkommens dargestellt.[760] Im integrierten

---

752 *Köck* in: Voßkuhle/Eifert/Möllers (Hrsg.), Grundlagen d. VerwaltungsR Bd. II, 3. Aufl. 2022, § 36 Rn. 49.
753 *Köck* in: Voßkuhle/Eifert/Möllers (Hrsg.), Grundlagen d. VerwaltungsR Bd. II, 3. Aufl. 2022, § 36 Rn. 50.
754 *Köck* in: Voßkuhle/Eifert/Möllers (Hrsg.), Grundlagen d. VerwaltungsR Bd. II, 3. Aufl. 2022, § 36 Rn. 51.
755 *Köck* in: Voßkuhle/Eifert/Möllers (Hrsg.), Grundlagen d. VerwaltungsR Bd. II, 3. Aufl. 2022, § 36 Rn. 51.
756 Vgl. *Köck* in: Voßkuhle/Eifert/Möllers (Hrsg.), Grundlagen d. VerwaltungsR Bd. II, 3. Aufl. 2022, § 36 Rn. 52.
757 *Köck* in: Voßkuhle/Eifert/Möllers (Hrsg.), Grundlagen d. VerwaltungsR Bd. II, 3. Aufl. 2022, § 36 Rn. 52.
758 *Köck* in: Voßkuhle/Eifert/Möllers (Hrsg.), Grundlagen d. VerwaltungsR Bd. II, 3. Aufl. 2022, § 36 Rn. 52.
759 *Guckelberger* in: Fellenberg/Guckelberger (Hrsg.), KlimaschutzR, 2022, § 9 KSG Rn. 3, 6.
760 *Guckelberger* in: Fellenberg/Guckelberger (Hrsg.), KlimaschutzR, 2022, § 9 KSG Rn. 3.

nationalen Energie- und Klimaplan werden Politiken, Maßnahmen, Beiträge und Ziele zum Schutz des Klimas sortiert und aufgezeigt.[761] Insofern liegt der Zweck der europäischen Klimaschutzpläne nicht in der Ordnungsplanung. Auch eine materiale Verwirklichungsplanung liegt mit den europäischen Planungsarten nicht vor. Schließlich lösen die beiden Klimaschutzpläne des europäischen Rechts keine verbindlichen Rechtsfolgen aus und legen keine konkreten Sektormengen oder Maßnahmen fest, die umgesetzt werden müssen.[762] Gegen das Vorliegen einer materialen Verwirklichungsplanung spricht überdies, dass es für eine Nichteinhaltung beziehungsweise eine fehlerhafte Erstellung eines europäischen Klimaschutzplans keine zwingenden Nachsteuerungsmechanismen gibt. Die Europäische Kommission kann lediglich im Rahmen des Monitorings handeln. Sie kann Empfehlungen aussprechen, die jedoch lediglich berücksichtigt werden müssen.[763] Weiterhin kann sie Informationen zur Verfügung stellen.[764] Auch eine Betrachtung der inhaltlichen Festsetzungen der europäischen Pläne spricht gegen eine materiale Verwirklichungsplanung. In den europäischen Klimaschutzplänen sind keine konkreten Maßnahmen enthalten, die von den Mitgliedstaaten umgesetzt werden können.[765] Vielmehr sind politische Richtungen und Ziele aufgeführt, die mit weiterem politischem oder gesetzgeberischem Handeln erreicht werden.[766]

Die europäischen Planungsinstrumente haben somit den Zweck einer Lenkungsplanung. Die Aufgabe der beiden Pläne liegt schließlich darin, die weitere Entwicklung hinsichtlich der Klimaschutzpolitik vorzubereiten. Es werden Strategien und Ziele dargelegt, die mit weiterem politischem Handeln zu erreichen sind.[767] Insoweit ist bei der europarechtlichen Planung von einem vorbereitenden Charakter auszugehen.

---

761 *Guckelberger* in: Fellenberg/Guckelberger (Hrsg.), KlimaschutzR, 2022, § 9 KSG Rn. 6.
762 So aber für die materiale Verwirklichungsplanung gefordert in *Köck* in: Voßkuhle/Eifert/Möllers (Hrsg.), Grundlagen d. VerwaltungsR Bd. II, 3. Aufl. 2022, § 36 Rn. 51.
763 *Schlacke/Knodt*, ZUR 2019, 404 (408).
764 Vgl. *Schlacke/Knodt*, ZUR 2019, 404 (408).
765 *Schlacke*, EurUP 2020, 338 (340).
766 *Albrecht*, NuR 2020, 370 (373); *Guckelberger* in: Fellenberg/Guckelberger (Hrsg.), KlimaschutzR, 2022, § 9 KSG Rn. 3, 6.
767 *Guckelberger* in: Fellenberg/Guckelberger (Hrsg.), KlimaschutzR, 2022, § 9 KSG Rn. 3, 6.

2. Lenkungszweck des Klimaschutzprogramms

Wie bereits dargelegt, sind im Klimaschutzprogramm gem. § 9 Abs. 1 S. 2 KSG konkrete Festsetzungen in Form von Maßnahmen festgelegt, mit Hilfe derer die nationalen Klimaschutzziele nach § 3 Abs. 1 KSG erreicht werden sollen. Für die Einordnung des Klimaschutzprogramms als materiale Verwirklichungsplanung oder als Lenkungsplanung kommt es allerdings auf die Bindungswirkung der festgesetzten Maßnahmen im Plan an. Wie bereits ausgeführt, enthalten materiale Verwirklichungspläne konkrete Maßnahmen, durch die festgesetzte Ziele erreicht werden sollen.[768] Diese finden sich, wie beschrieben, im Klimaschutzprogramm. Insofern ist das Klimaschutzprogramm darauf angelegt, eine nationale Klimaschutzzielerreichung zu bewirken.[769] Die Festsetzung der Maßnahmen erfolgt nach Überprüfung der wissenschaftlichen Erkenntnisse sowie der Einholung der Stellungnahme des Expertenrates (§ 12 Abs. 3 Nr. 3, § 5a S. 1 KSG).[770] Auch besteht ein Monitoring-Verfahren für das Klimaschutzprogramm (§ 5 KSG).[771] Weiterhin passt sich das Klimaschutzprogramm an veränderte Gegebenheiten an (§ 9 Abs. 1 S. 1 Hs. 2 KSG).[772] Insofern erfolgt im Rahmen der Wahl der festgesetzten Maßnahmen eine hinreichende Zusammenschau aller relevanten Faktoren. Dies spricht für das Vorliegen einer materialen Verwirklichungsplanung. Weiterhin spricht für die Einordnung als materiale Verwirklichungsplanung die Nachsteuerungssystematik des § 8 Abs. 1 S. 1 KSG.[773] Im ehemaligen § 8 Abs. 1 KSG 2019/2021 musste bei einer Verfehlung der jährlich zulässigen Sektoremissionsmengen nach § 4 Abs. 1 KSG 2019/2021 i.V.m. Anlage 2 zum KSG 2019/2021 ein Sofortprogramm erlassen werden, durch welches Nachsteuerungsmaßnahmen festgesetzt und das Klimaschutzprogramm

---

768 *Köck* in: Voßkuhle/Eifert/Möllers (Hrsg.), Grundlagen d. VerwaltungsR Bd. II, 3. Aufl. 2022, § 36 Rn. 51.

769 Vgl. dazu auch *Köck* in: Voßkuhle/Eifert/Möllers (Hrsg.), Grundlagen d. VerwaltungsR Bd. II, 3. Aufl. 2022, § 36 Rn. 51.

770 *Edenharter* in: Fellenberg/Guckelberger (Hrsg.), KlimaschutzR, 2022, § 12 KSG Rn. 11; *Klafki/Schlacke* in: Kreuter-Kirchhof/Schlacke, KlimaschutzR, 2025, § 9 Rn. 55.

771 Kap. 3 C IV.

772 Siehe dazu *Guckelberger* in: Fellenberg/Guckelberger (Hrsg.), KlimaschutzR, 2022, § 9 KSG Rn. 13.

773 So argumentiert *Köck* in: Voßkuhle/Eifert/Möllers (Hrsg.), Grundlagen d. VerwaltungsR Bd. II, 3. Aufl. 2022, § 36 Rn. 51.

ergänzt wurde.[774] Damit bestand ein strenger Nachsteuerungsmechanismus.[775] Durch diesen Nachsteuerungsmechanismus wurde sichergestellt, dass das Klimaschutzprogramm, ergänzt durch die Maßnahmen des Sofortprogramms, zu einer nationalen Klimaschutzzielerreichung führen konnte. Auch nach dem aktuellen § 8 Abs. 1 S. 1 KSG besteht weiterhin eine Sicherstellung der Geeignetheit der im Programm festgesetzten Maßnahmen zur Klimaschutzzielerreichung.[776] Ersetzt wurde das Sofortprogramm durch ein Vorgehen bei einer Zielverfehlung nach der die verbrauchten Treibhausgasemissionen zwischen den Jahren 2021–2030 (§ 8 Abs. 1 S. 1 KSG) insgesamt betrachtet werden.[777] Auch nach der neuen Nachsteuerungspflicht müssen Maßnahmen festgesetzt werden, die das Klimaschutzprogramm ergänzen beziehungsweise ersetzen, sofern ersichtlich wird, dass eine nationale Klimaschutzzielerreichung für das Jahr 2030 nicht eingehalten werden kann (§ 8 Abs. 1 S. 1 Hs. 1, § 9 Abs. 1 S. 5 KSG).[778] Insofern kommt dem Klimaschutzprogramm weiterhin der Zweck zu, dass die nationalen Ziele durch die festgesetzten Maßnahmen erreicht werden müssen, da einer langfristigen Zielverfehlung entgegengesteuert wird. Der zwingende Charakter spricht für das Vorliegen einer materialen Verwirklichungsplanung.

Allerdings ist die Bindungswirkung der von den im Klimaschutzprogramm festgesetzten Maßnahmen zu betrachten. Wie bereits dargestellt, wird durch das Klimaschutzprogramm die Bundesregierung dazu verpflichtet, die im Plan festgesetzten Maßnahmen in den Bundestag einzubringen. Die Maßnahmen werden von der Bundesregierung zusammengestellt (§ 9 Abs. 1 S. 2 KSG).[779] Eine Pflicht zur konkreten Umsetzung dieser besteht jedoch nicht. Vielmehr handelt es sich bei dem Plan, bis auf die Bindung gegenüber der Bundesregierung, um eine nichtregelnde Planung, da die Maßnahmen erst nach einem ordnungsgemäßen Verfahren im Bundestag aufgestellt werden

---

[774] Kap. 3 B I 3.

[775] So argumentiert *Köck* in: Voßkuhle/Eifert/Möllers (Hrsg.), Grundlagen d. VerwaltungsR Bd. II, 3. Aufl. 2022, § 36 Rn. 51.

[776] Vgl. *Stäsche*, ZfU 2024, 299 (312 f.).

[777] Vgl. *Stäsche*, ZfU 2024, 299 (312 f.).

[778] Vgl. *Klafki/Schlacke* in: Kreuter-Kirchhof/Schlacke, KlimaschutzR, 2025, § 9 Rn. 26.

[779] Kap. 3 B I 2.

können.[780] Zwar geht es der Bundesregierung mit der Zusammenstellung der Maßnahmen um eine konkrete nationale Klimaschutzzielerreichung.[781] Dennoch bleibt die Notwendigkeit, dass die Maßnahmen zunächst in den Bundestag eingebracht werden müssen, bestehen. Insofern bereitet die Bundesregierung durch ihre Maßnahmenidentifizierung im Klimaschutzprogramm das weitere staatliche Handeln vor.[782] Dementsprechend sind im Klimaschutzprogramm zwar konkrete Maßnahmen zur Erreichung der Klimaschutzziele des Bundes enthalten (§ 9 Abs. 1 S. 2 KSG). Dennoch dienen die Festsetzungen der Vorbereitung auf der Ebene der Gesetzgebung.[783] Insofern ist das Klimaschutzprogramm nicht als materiale Verwirklichungsplanung, sondern als Lenkungsplanung einzuordnen.[784]

3. Lenkungszweck der Landesklimaschutzpläne

Wie bereits dargestellt, weisen einige der Landesklimaschutzpläne Klimaschutzziele aus (§ 6 Abs. 1 S. 2 HmbKliSchG, § 4 Abs. 2 S. 2 Nr. 1 EWG Bln, § 6 Abs. 2 Nr. 2 ThürKlimaG, § 4 Abs. 2 Nr. 1–Nr. 3 NKlimaG, § 4 Abs. 1 S. 3 Nr. 1 HKlimaG).[785] Überdies werden Maßnahmen festgesetzt, durch die die Landesklimaschutzziele der Pläne sowie der Landesgesetze erreicht werden sollen (§ 6 Abs. 1 S. 2 HmbKliSchG, § 7 Abs. 1 S. 2 LKSG RP, § 4 Abs. 1 S. 4 BremKEG, § 4 Abs. 1 EWG Bln, Art. 5 Abs. 1 Nr. 1 BayKlimaG, § 6 Abs. 1 S. 1 ThürKlimaG, § 4 Abs. 1 S. 1 NKlimaG, § 4 Abs. 1 S. 1 HKlima).[786]

Sind keine Ziele im Plan selbst festgelegt, müssen die Pläne die in den Landesgesetzen festgelegten Ziele erreichen (§ 6 Abs. 1 S. 2 HmbKliSchG, § 4 Abs. 1 S. 2 und S. 4 BremKEG, § 4 Abs. 1 EWG Bln, § 6 Abs. 2 Nr. 3 ThürKlimaG, § 4 Abs. 1 S. 1 und S. 3 Nr. 2 HKlimaG, Art. 5 Abs. 1 Nr. 1

---

780 Vgl. *Köck* in: Voßkuhle/Eifert/Möllers (Hrsg.), Grundlagen d. VerwaltungsR Bd. II, 3. Aufl. 2022, § 36 Rn. 52.

781 Vgl. *Köck* in: Voßkuhle/Eifert/Möllers (Hrsg.), Grundlagen d. VerwaltungsR Bd. II, 3. Aufl. 2022, § 36 Rn. 52.

782 Vgl. *Köck* in: Voßkuhle/Eifert/Möllers (Hrsg.), Grundlagen d. VerwaltungsR Bd. II, 3. Aufl. 2022, § 36 Rn. 52.

783 Vgl. *Köck* in: Voßkuhle/Eifert/Möllers (Hrsg.), Grundlagen d. VerwaltungsR Bd. II, 3. Aufl. 2022, § 36 Rn. 52.

784 A.A. *Köck* in: Voßkuhle/Eifert/Möllers (Hrsg.), Grundlagen d. VerwaltungsR Bd. II, 3. Aufl. 2022, § 36 Rn. 51.

785 Kap. 2 E VI 2.

786 Kap. 3 B I 4.

BayKlimaG). Hinsichtlich der gesetzlichen Ausgestaltung liegen somit Ähnlichkeiten zum Klimaschutzprogramm vor.

Der Lenkungscharakter ergibt sich daraus, dass diese Festsetzungen, wie auch beim Klimaschutzprogramm, lediglich zur Einbringung in die Landesparlamente binden.[787]

In den Ländern, in denen die Klimaschutzpläne nur als *„Entscheidungsgrundlage“* oder als *„Handlungsgrundlage“* heranzuziehen sind (§ 6 Abs. 1 S. 1 ThürKlimaG)[788], ist ebenfalls von einer Lenkungsplanung auszugehen. Diese Pläne beeinflussen lediglich die weiteren Entwicklungen zum Klimaschutz.

4. Lenkungszweck der kommunalen Klimaschutzpläne

Der Planungszweck der kommunalen Klimaschutzpläne ist als Lenkungsplanung zu beschreiben. Mit den kommunalen Plänen wird lediglich der Anstoß für eine klimafreundliche Kommunalpolitik gegeben, da eine Bindungswirkung gerade nicht besteht.

IV. Systematische Betrachtung

Planung kann überdies systematisch differenziert betrachtet werden.[789] Grundsätzlich kann Planung als politische Planung sowie als räumliche Gesamt- oder sektorale Fachplanung, also als Verwaltungsplanung ergehen.[790] Die unterschiedlichen Systeme der Planung haben Einfluss auf die Steuerungswirkung.[791]

---

787 Vgl. *Lammers*, Die europäische Governance-VO und das EU-Klimagesetz, 2023, S. 57 f.

788 Vgl. Kap. 4 B III 3.

789 *von Weschpfennig* in: Kahl/Ludwigs (Hrsg.), Hdb. d. VerwaltungsR, Bd. V, 2023, § 156 Rn. 13 ff.; *Köck* in: Voßkuhle/Eifert/Möllers (Hrsg.), Grundlagen d. VerwaltungsR Bd. II, 3. Aufl. 2022, § 36 Rn. 43 ff.

790 *von Weschpfennig* in: Kahl/Ludwigs (Hrsg.), Hdb. d. VerwaltungsR, Bd. V, 2023, § 156 Rn. 13; *Köck* in: Voßkuhle/Eifert/Möllers (Hrsg.), Grundlagen d. VerwaltungsR Bd. II, 3. Aufl. 2022, § 36 Rn. 44; vgl. auch *Hoppe* in: Isensee/Kirchhof (Hrsg.), Hdb. d. StaatsR, Bd. IV, 3. Aufl. 2006, § 77 Rn. 10 ff.

791 *von Weschpfennig* in: Kahl/Ludwigs (Hrsg.), Hdb. d. VerwaltungsR, Bd. V, 2023, § 156 Rn. 13.

1. Charakteristika der politischen Planung

Staatsleitende oder auch politische Pläne werden in der Regel auf Landesebene von der Landesregierung oder auf Bundesebene von der Bundesregierung aufgestellt.[792] Die Fachminister bereiten politische Pläne vor, sodass sie sodann vom Bundeskanzleramt koordiniert und schließlich vom Bundeskabinett beschlossen werden können.[793] Ein politischer Plan wird in der Regel als „Strategie", „Aktionsplan" oder auch „Konzept" bezeichnet.[794] Politische Planung dient dazu, „*Grundentscheidungen*" für „*Zielsetzungen*" festzulegen oder „*Zielkonflikte*" zu lösen.[795] Konkret wird das politische Handeln gelenkt und ausgestaltet, indem Richtlinien für die Politik festgelegt werden.[796] Politische Pläne setzen eine Richtung für die politische Gestaltung.[797] Es werden politische beziehungsweise staatsleitende Entscheidungen vorbereitet.[798] Charakteristisch für politische Pläne ist, dass sie nicht „*ein festes Endziel*" erreichen, sondern nur ein „*temporäres Lenkungssystem*" darstellen.[799] Der Planungsgegenstand einer politischen Planung liegt darin, dass politische Planungsinstrumente „*eine verrechtlichte Zwischenebene zwischen bloßer Politikidee und gesetzlicher Umsetzung schaffen*".[800] Materiell unterliegt die politische Planung dem Gebot der gerechten Abwägung.[801] Jedoch ist die Abwägung im Rahmen der politischen Planung auch politisch ausgeprägt; strenge Vorgaben, wie diese bei der verwaltungsrechtlichen Planung vorkommen, sind weniger vorhanden.[802] Vielmehr gilt für die Verhältnismäßigkeit

---

[792] *Lammers*, Die europäische Governance-VO und das EU-Klimagesetz, 2023, S. 50.

[793] *Lammers*, Die europäische Governance-VO und das EU-Klimagesetz, 2023, S. 50.

[794] *Lammers*, Die europäische Governance-VO und das EU-Klimagesetz, 2023, S. 51.

[795] *Lammers*, Die europäische Governance-VO und das EU-Klimagesetz, 2023, S. 51.

[796] *Lammers*, Die europäische Governance-VO und das EU-Klimagesetz, 2023, S. 51; *Würtenberger*, Staatsrechtliche Probleme politischer Planung, 1979, S. 55.

[797] *von Weschpfennig* in: Kahl/Ludwigs (Hrsg.), Hdb. d. VerwaltungsR, Bd. V, 2023, § 156 Rn. 15.

[798] *von Weschpfennig* in: Kahl/Ludwigs (Hrsg.), Hdb. d. VerwaltungsR, Bd. V, 2023, § 156 Rn. 15.

[799] *Scheuner*, DÖV 1965, 541 (542).

[800] *Lammers*, Die europäische Governance-VO und das EU-Klimagesetz, 2023, S. 57 f.

[801] *Lammers*, Die europäische Governance-VO und das EU-Klimagesetz, 2023, S. 59 f.

[802] *Lammers*, Die europäische Governance-VO und das EU-Klimagesetz, 2023, S. 59 f.

im Rahmen der Abwägung, dass die Prüfung umso schwächer anzusetzen ist, je abstrakter eine Planung ausgestaltet wird.[803]

2. Charakteristika der Verwaltungsplanung

Die Verwaltung hat den primären Zweck der Ausführung öffentlicher Aufgaben.[804] Dazu gehört auch die Planungsaufgabe.[805] Durch Planung soll die Verwaltung Entscheidungen über die „*künftige Gestaltung des Gemeinwesens*“ treffen.[806] Die Aufgabe der Verwaltungsplanung besteht im Grunde darin, lenkend eine Entwicklung zu steuern.[807] Zu der Planung auf Verwaltungsebene gehören die Raumplanung, die in räumliche Gesamtplanung und räumliche Fachplanung unterteilt werden kann, sowie die Fachplanung.[808] Die räumliche Gesamtplanung hat die Aufgabe, Nutzungen und Funktionen des Raumes zukunftsorientiert zu steuern (§ 1 Abs. 1 S. 1 ROG).[809] Sie dient der Gestaltung und Entwicklung eines Raums.[810] Zur Fachplanung gehören die bereits erwähnten räumlichen Planungen in Form der Planfeststellungen, aber auch spezifische Umweltschutzplanungen.[811] Eine Fachplanung zeichnet sich insbesondere dadurch aus, dass „*sektorale Einzelmaterien und Projekte*“ festgelegt werden.[812] Sie können eine örtliche sowie eine überörtliche Bedeutung aufweisen.[813] Es geht um das Lösen fachlicher Problemfelder durch das Instrument der Planung.[814]

---

803 *Lammers*, Die europäische Governance-VO und das EU-Klimagesetz, 2023, S. 59 f.

804 *Badura*, StaatsR, 7. Aufl. 2018, D 54.

805 *Badura*, StaatsR, 7. Aufl. 2018, D 54.

806 *Burth/Gnädinger/Grieger/Hilgers*, Lexikon zur öffentlichen Haushalts- und Finanzwirtschaft, 2012, P, Planungsverwaltung; vgl. auch *Klafki/Schlacke* in: Kreuter-Kirchhof/Schlacke, KlimaschutzR, 2025, § 9 Rn. 5.

807 Vgl. *Klafki/Schlacke* in: Kreuter-Kirchhof/Schlacke, KlimaschutzR, 2025, § 9 Rn. 5.

808 *Burth/Gnädinger/Grieger/Hilgers*, Lexikon zur öffentlichen Haushalts- und Finanzwirtschaft, 2012, P, Planungsverwaltung.

809 *Köck*, UPR 2002, 321 (322); *Sparwasser/Engel/Voßkuhle*, UmweltR, 5. Aufl. 2003, § 2 Rn. 104.

810 *Kloepfer*, UmweltR, 4. Aufl. 2016, § 5 Rn. 109.

811 *Köck* in: Voßkuhle/Eifert/Möllers (Hrsg.), Grundlagen d. VerwaltungsR Bd. II, 3. Aufl. 2022, § 36 Rn. 45.

812 *Durner*, Konflikte räumlicher Planung, 2005, S. 34.

813 *Durner*, Konflikte räumlicher Planung, 2005, S. 34.

814 *Hoppe* in: Isensee/Kirchhof (Hrsg.), Hdb. d. StaatsR, Bd. IV, 3. Aufl. 2006, § 77 Rn. 28.

3. Europäische Klimaschutzpläne als politische Planungsinstrumente

Im Weiteren werden die europäischen Planungsinstrumente systematisch eingeteilt. Dafür werden die bereits dargelegten Charakteristika für eine politische beziehungsweise eine verwaltungsrechtliche Planung angewendet.

Die Langfrist-Strategie wird in der Literatur überwiegend als politisches Planungsinstrument charakterisiert.[815] Für eine solche Einordnung spricht, dass die Langfrist-Strategie von der Bundesregierung erlassen wird.[816] Die Zuständigkeit der Bundesregierung für die Planung folgt aus § 12 Abs. 3 Nr. 2 KSG, nach dem der Bundesregierung vor der Fortschreibung des nationalen Klimaschutzplans (die deutsche Langfrist-Strategie nach § 2 Nr. 7 KSG) die Stellungnahme des Expertenrates für Klimafragen einholen muss.[817] Auch die Bezeichnung als „Strategie" kann als Indikator für das Vorliegen eines Politikplanungsinstruments herangezogen werden.[818] Allerdings wurde in § 2 Nr. 7 KSG die Langfrist-Strategie als *„Klimaschutzplan"* normiert.[819] Die Begrifflichkeit „Plan" führt daher noch zu keiner Einordnung in ein Planungssystem.[820]

Weiterhin kann der Zweck der Langfrist-Strategie zu einer Einordnung als politische oder verwaltungsrechtliche Planung herangezogen werden. Die Langfrist-Strategie dient der Reduktion von Treibhausgasemissionen sowie der Steigerung des Abbaus dieser Emissionen durch Senken, um einen Beitrag zur Erreichung der europäischen und internationalen Klimaschutzziele zu leisten (Art. 15 Abs. 3 lit. a) – lit. c) EU-Governance-VO).[821] Konkrete Maßnahmen, wie der Zweck erfüllt werden kann, finden sich in der Strategie selbst jedoch nicht. Vielmehr wird das weitere politischen Handeln zur

---

815 *Hermes*, EurUP 2021, 162 (164); *Shirvani*, ZUR 2022, 579 (584); *Storm*, UmweltR, 11. Aufl. 2019, § 17 Rn. 317; *Guckelberger* in: Fellenberg/Guckelberger, KlimaschutzR (Hrsg.), 2022, § 9 KSG Rn. 3.

816 *Lammers*, Die europäische Governance-VO und das EU-Klimagesetz, 2023, S. 50.

817 Vgl. *Shirvani*, ZUR 2022, 579 (583).

818 *Lammers*, Die europäische Governance-VO und das EU-Klimagesetz, 2023, S. 51.

819 *Schlacke*, EurUP 2020, 338 (340).

820 Vgl. *Schlacke*, EurUP 2020, 338 (340).

821 Vgl. *Shirvani*, ZUR 2022, 579 (580).

Senkung der Treibhausgasemissionen vorgegeben.[822] Die Langfrist-Strategie dient der Sammlung und Koordinierung verschiedener Handlungsfelder, die von der Politik weiter umzusetzen sind.[823] Es sollen mögliche Vorgehensweisen konkretisiert werden, die durch weitere Instrumente umzusetzen sind.[824] Die Langfrist-Strategie gibt damit einen Rahmen vor, durch den weitere Maßnahmen getroffen werden können.[825] Mit der Langfrist-Strategie und den darin enthaltenen Festsetzungen soll also das weitere politische Handeln vorbereitet werden.[826] Der Zweck der Langfrist-Strategie spricht daher für das Vorliegen eines politischen Planungsinstruments. Überdies spricht für das Vorliegen eines politischen Planungsinstruments die Charakterisierung der Langfrist-Strategie als Lenkungsplanung.[827] Eine konkrete Steuerung des Raums durch die Festsetzung konkreter Maßnahmen ist gerade nicht gegeben.

Das Planungsinstrument des integrierten nationalen Energie- und Klimaplans ist nach der aufgestellten Definition sowie den Kriterien ebenfalls als politisches Planungsinstrument zu charakterisieren. Der integrierte nationale Energie- und Klimaplan wird von der Bundesregierung aufgestellt.[828] Dies stellt ein Kriterium für das Vorliegen eines politischen Planungsinstruments dar.[829] Eine Einordnung nach dem Wortlaut bleibt hingegen ebenfalls unergiebig, da der Begriff „*Plan*" noch nicht auf ein Planungssystem schließen lässt.

Der integrierte nationale Energie- und Klimaplan hat den Zweck, dass politische Strategien, Ziele und Maßnahmen aufgezeigt werden, mit Hilfe derer die europäischen Klima- und Energieziele erreicht werden können.[830] Es geht also konkret darum, dass die weitere angestrebte politische Richtung

---

822 *Guckelberger* in: Fellenberg/Guckelberger (Hrsg.), KlimaschutzR, 2022, § 9 KSG Rn. 3; *Schlacke*, EurUP 2020, 338 (340).

823 Vgl. *Schlacke*, EurUP 2020, 338 (340).

824 *Schlacke*, EurUP 2020, 338 (340).

825 *Schlacke*, EurUP 2020, 338 (340).

826 *Guckelberger* in: Fellenberg/Guckelberger (Hrsg.), KlimaschutzR, 2022, § 9 KSG Rn. 3.

827 *Köck* in: Voßkuhle/Eifert/Möllers (Hrsg.), Grundlagen d. VerwaltungsR Bd. II, 3. Aufl. 2022, § 36 Rn. 52.

828 Siehe dazu *Bundesministerium für Wirtschaft und Energie*, Aktualisierung des integrierten nationalen Energie- und Klimaplans.

829 *Lammers*, Die europäische Governance-VO und das EU-Klimagesetz, 2023, S. 50.

830 *Jope*, EWeRK 2020, 189 (190); *Albrecht*, NuR 2020, 370 (373); *Guckelberger* in: Fellenberg/Guckelberger (Hrsg.), KlimaschutzR, 2022, § 9 KSG Rn. 6.

dargestellt wird.[831] Dem integrierten nationalen Energie- und Klimaplan kommt keine Bindungswirkung nach außen zu.[832] Dies spricht ebenfalls für das Vorliegen eines politischen Plans.[833] Überdies ergeht, wie auch die Langfrist-Strategie, der integrierte nationalen Energie- und Klimaplan als Lenkungsplanung. Es sind keine konkret umsetzbaren Maßnahmen im Plan selbst zu finden.[834] Vielmehr dient der Plan als politische Handlungsgrundlage. Auch dies spricht für das Vorliegen eines politischen Planungsinstruments. Der integrierte nationale Energie- und Klimaplan ist damit als politisches Planungsinstrument zu kategorisieren.

4. Klimaschutzprogramm als politisches Planungsinstrument

Die Literatur ist sich hinsichtlich der Einordnung des Klimaschutzprogramms als politisches oder verwaltungsrechtliches Planungsinstrument uneinig. Teilweise wird davon ausgegangen, es handele sich um eine Form der verwaltungsrechtlichen Fachplanung.[835]

Für das Vorliegen eines verwaltungsrechtlichen Plans spricht, dass mit dem Klimaschutzprogramm konkrete Maßnahmen festgesetzt werden, mit Hilfe derer die Klimaschutzziele des KSG (§ 3 Abs. 1, § 9 Abs. 1 S. 2 KSG) erreicht werden sollen.[836] Zwar müssen die im Klimaschutzprogramm festgelegten Maßnahmen nach den einschlägigen Fachgesetzen umgesetzt werden.[837] Allerdings sind sie im Klimaschutzprogramm bereits hinreichend konkretisiert.[838] Insofern ist das Klimaschutzprogramm auf die konkrete Umsetzung weiterer Maßnahmen angelegt, was für das Vorliegen einer Planung auf verwaltungsrechtlicher Ebene spricht. Zwar sind die Maßnahmen, die im

---

[831] *Albrecht*, NuR 2020, 370 (373); *Guckelberger* in: Fellenberg/Guckelberger (Hrsg.), KlimaschutzR, 2022, § 9 KSG Rn. 6.

[832] *Shirvani*, ZUR 2022, 579 (583).

[833] Vgl. *Lammers*, Die europäische Governance-VO und das EU-Klimagesetz, 2023, S. 56.

[834] *Schlacke*, EurUP 2020, 338 (340).

[835] *Schlacke*, EurUP 2020, 338 (341); *dies.*, NVwZ 2022, 905 (909); *Shirvani*, ZUR 2022, 579 (584); *Guckelberger* in: Fellenberg/Guckelberger (Hrsg.), KlimaschutzR, 2022, § 9 KSG Rn. 25; ferner *Schlacke/Thierjung* in: Kreuter-Kirchhof/Schlacke, KlimaschutzR, 2025, Einführung Rn. 12; *Klafki/Schlacke* in: Kreuter-Kirchhof/Schlacke, KlimaschutzR, 2025, § 9 Rn. 5.

[836] *Schlacke*, EurUP 2020, 338 (341).

[837] *Schlacke*, EurUP 2020, 338 (341).

[838] *Schlacke*, EurUP 2020, 338 (341).

Klimaschutzprogramm festgesetzt werden können, nicht im KSG selbst festgelegt, sondern müssen im Rahmen des Planaufstellungsprozesses identifiziert werden.[839] Allerdings beschränkt sich die Auswahl der festzusetzenden Maßnahmen auf solche, die zur Zielerreichung geeignet sind.[840] Aufgrund der im KSG ausgestalteten Monitoring-Maßnahmen ist das Klimaschutzprogramm ausreichend konkret, sodass die darin festgesetzten Maßnahmen aufgestellt werden.[841] Auch werden wissenschaftliche Abschätzungen herangezogen, die die Wirkung der gewählten Maßnahmen auf die Treibhausgasemissions-Reduktion beurteilen.[842] Weiterhin wird das Klimaschutzprogramm angepasst, sofern sich der Klimaschutzplan verändert (§ 9 Abs. 1 S. 1 Hs. 2 KSG).[843] Die Vorschriften des KSG sind also darauf angelegt, dass sich aus dem Klimaschutzprogramm ausreichend konkrete Maßnahmen ergeben, die tatsächlich umgesetzt werden können.

Jedoch sprechen die überzeugenderen Argumente dafür, das Klimaschutzprogramm als politisches Planungsinstrument zu charakterisieren.[844] Bereits die Bezeichnung als *„Programm"* lässt auf ein politisches Planungsinstrument schließen.[845] Das Klimaschutzprogramm wird zudem durch die Bundesregierung aufgestellt.[846] Auch die interne Bindungswirkung des Programms gegenüber der Bundesregierung spricht für das Vorliegen eines politischen Planungsinstruments.[847] Überdies besteht die Bindungswirkung nur dahingehend, dass die festgesetzten Maßnahmen in den Bundestag eingebracht

---

[839] Vgl. *Wickel* in: Säcker/Ludwigs (Hrsg.), Berliner Kommentar zum EnergieR, Bd. 3, 5. Aufl. 2022, § 9 KSG Rn. 24

[840] *Schlacke*, EurUP 2020, 338 (341).

[841] *Schlacke*, EurUP 2020, 338 (341).

[842] *Schlacke*, EurUP 2020, 338 (341).

[843] *Schlacke*, EurUP 2020, 338 (341).

[844] So *Lammers*, Die europäische Governance-Verordnung und das EU-Klimagesetz, 2023, S. 54 ff.

[845] *Köck* in: Voßkuhle/Eifert/Möllers (Hrsg.), Grundlagen d. VerwaltungsR Bd. II, 3. Aufl. 2022, § 36 Rn. 44.

[846] *Guckelberger* in: Fellenberg/Guckelberger (Hrsg.), KlimaschutzR, 2022, § 9 KSG Rn. 8; *Lammers*, Die europäische Governance-Verordnung und das EU-Klimagesetz, 2023, S. 54 f.

[847] *Lammers*, Die europäische Governance-Verordnung und das EU-Klimagesetz, 2023, S. 56.

werden müssen.[848] Die tatsächliche Umsetzung wird im Rahmen eines Gesetzgebungsverfahrens beschlossen. Das Klimaschutzprogramm bereitet insofern lediglich das Gesetzgebungsverfahren vor.[849] Weiterhin enthält das Klimaschutzprogramm die Festlegung einzelner Maßnahmen in den Fachressorts; dies spricht ebenfalls für das Vorliegen eines politischen Planungsinstruments, da sich die Regierung selbst koordiniert.[850] Schließlich wird die politische Handlungsweise der einzelnen Ministerien durch das Klimaschutzprogramm koordiniert.[851] Untere oder mittlere Verwaltungsvollzugsbehörden werden hingegen nicht adressiert, wie es für eine Verwaltungsplanung üblich wäre.[852] Zwar ist das Planungsverfahren, wie zuvor dargestellt, durch wissenschaftliche Erkenntnisse geprägt. Dieses Verfahren dient aber nicht der Festlegung von Maßnahmen, die konkret von Verwaltungsbehörden umgesetzt werden, sondern lediglich der Koordination der Regierung selbst.[853] Insofern ist das Klimaschutzprogramm als politisches Planungsinstrument zu charakterisieren.

5. Landesklimaschutzpläne als politische Planungsinstrumente

Hinsichtlich der Landesklimaschutzpläne sprechen ebenfalls Aspekte für ein Verwaltungs- sowie auch für ein politisches Planungsinstrument. Die Bezeichnungen als Klima(schutz)plan[854], Klimaschutzkonzept[855], Klimaschutzprogramm[856] oder Klimaschutzstrategie[857] lassen sowohl auf eine verwaltungsrechtliche Planung (Klima(schutz)plan) als auch auf politische Planungsinstrumente (Konzept, Programm, Strategie) schließen.[858]

---

848 *Lammers*, Die europäische Governance-Verordnung und das EU-Klimagesetz, 2023, S. 56.

849 Vgl. *Köck* in: Voßkuhle/Eifert/Möllers (Hrsg.), Grundlagen d. VerwaltungsR Bd. II, 3. Aufl. 2022, § 36 Rn. 52.

850 *Lammers*, Die europäische Governance-VO und das EU-Klimagesetz, 2023, S. 56, 58.

851 *Lammers*, Die europäische Governance-VO und das EU-Klimagesetz, 2023, S. 58.

852 *Lammers*, Die europäische Governance-VO und das EU-Klimagesetz, 2023, S. 54.

853 *Lammers*, Die europäische Governance-VO und das EU-Klimagesetz, 2023, S. 54 ff.

854 § 6 Abs. 1 S. 1 HmbKliSchG, § 4 Abs. 1 S. 1 HKlimaG.

855 § 6 Abs. 1 S. 1 SKSG.

856 § 4 Abs. 1 EWG Bln, Art. 5 Abs. 1 Nr. 1 BayKlimaG.

857 § 4 Abs. 1 S. 1 NKlimaG, § 4 Abs. 1 S. 1 BremKEG, § 7 Abs. 1 S. 1 LKSG RP.

858 Vgl. *Lammers*, Die europäische Governance-VO und das EU-Klimagesetz, 2023, S. 50 f.

Wie auch im Rahmen des Klimaschutzprogramms werden in den Landesklimaschutzplänen Maßnahmen festgesetzt, mittels derer die konkreten Landesklimaschutzziele eingehalten werden sollen.[859] Dementsprechend müssen die Maßnahmen bei der Planaufstellung mit widerstreitenden Belangen abgewogen werden.[860] Auch sind in einigen Landesklimaschutzgesetzen Vorschriften für ein Monitoring-Verfahren[861] sowie eine Öffentlichkeitsbeteiligung[862] ausgestaltet. Diese rechtlichen Ausgestaltungen sprechen für das Vorliegen eines verwaltungsrechtlichen Planungsinstruments.[863]

Für die Charakterisierung der Landesklimaschutzpläne als politische Planungsinstrumente spricht hingegen, dass diese grundsätzlich von der jeweiligen Landesregierung, beziehungsweise dem Senat erlassen werden (§ 6 Abs. 1 S. 1 und Abs. 3 HmbKliSchG, § 4 Abs. 1 S. 1 BremKEG, § 4 Abs. 1 EWG Bln, § 6 Abs. 1 S. 1 ThürKlimaG, § 4 Abs. 2 S. 2 HKlimaG, § 4 Abs. 1 S. 2 NKlimaG, Art. 5 Abs. 1 Nr. 1 BayKlimaG, § 6 Abs. 1 S. 1 SKSG).[864] Der Zweck der Landeslimaschutzpläne liegt in der Aufstellung von Maßnahmen zur Erfüllung der Landesklimaschutzziele. Wie auch auf der Bundesebene werden in den Landesklimaschutzgesetzen Maßnahmen festgesetzt, die jedoch nur das Regierungshandeln zur Einbringung der Maßnahmen in die Landesparlamente binden.[865] Daraus lässt sich ableiten, dass ein politisches Planungsinstrument vorliegt. Auch die materiellen Vorgaben in den einzelnen Klimaschutzgesetzen der Länder ändern nichts an dieser Einschätzung, da die Pläne nicht als Rechtsgrundlage zur Aufstellung der darin enthaltenen

---

[859] *Kohlrausch*, ZUR 2020, 262 (265).

[860] Siehe zum Gebot der gerechten Abwägung BVerwGE 34, 301 (309); 45, 309 (314 f.); 56, 110 (122 f., 128); BVerwG, NJW 2000, 3584 (3585); NVwZ 2008, 899 Rn. 18; *Peters/Hesselbarth/Peters*, UmweltR, 6. Aufl. 2024, Rn. 127 f.; *Schmidt-Aßmann*, Aufgaben und Perspektiven verwaltungsrechtlicher Forschung, 2006, S. 165; *Erbguth*, UPR 2010, 281 (283); *Koch/Hendler* (Hrsg.), BauR, Raumordnungs- und LandesplanungsR, 6. Aufl. 2015, § 17 Rn. 1; vgl. *Knappe*, Die Maßnahmenplanung im europäisierten VerwaltungsR, 2022, S. 239.

[861] Vgl. *Kohlrausch*, ZUR 2020, 262 (267); *Wickel* in: Säcker/Ludwigs (Hrsg.), Berliner Kommentar zum EnergieR, Bd. 3, 5. Aufl. 2022, Teil 2 A. Rn. 96.

[862] So in § 4 Abs. 1 EWG Bln, § 6 Abs. 1 S. 1 SKSG.

[863] Vgl. *Schlacke*, EurUP 2020, 338 (341).

[864] Vgl. Kap. 4 C I 3.

[865] Vgl. *Lammers*, Die europäische Governance-VO und das EU-Klimagesetz, 2023, S. 57 f.

Maßnahmen fungieren. Vielmehr wird das weitere staatliche Handeln in Form der Gesetzgebung vorbereitet.[866]

6. Kommunale Klimaschutzpläne als politische Planungsinstrumente

Für das Vorliegen eines politischen Planungsinstruments bei den kommunalen Klimaschutzplänen spricht bereits die Ausgestaltung als Berichte, Konzepte, Bilanzen, Strategien und Programme.[867] Weiterhin ist auch der Planungszweck der kommunalen Pläne zu betrachten. Die kommunalen Klimaschutzpläne ergehen zum größten Teil, um Aussagen über die weitere Stadtentwicklung oder der Bauleitplanung zu treffen. Es werden entsprechende energiebezogenen Konzepte oder Anpassungsstrategien festgelegt, die zu einer nachhaltigen Entwicklung führen sollen. Dies spricht für das Vorliegen politischer Planungsinstrumente.[868]

V. Zwischenergebnis

Die europäischen Klimaschutzpläne ergehen als atypische Planungen ohne indikativen, influenzierenden oder imperativen Charakter. Sie ergehen vielmehr als Beschlüsse der Bundesregierung und entfalten daher nur eine interne Bindungswirkung. Diese Bindungswirkung besteht aber nur eingeschränkt. Sie enthalten keine konkreten Festsetzungen, die zu einer Bindung der Bundesregierung führen. Vielmehr sind politische Strategien zu finden. Insofern liegt auch ein Lenkungszweck vor, da durch die Inhalte der europäischen Pläne die weiteren politischen Handlungsmöglichkeiten hinsichtlich des Klimaschutzes aufgezeigt werden. Mangels Bindungswirkung sowie konkreter umzusetzender Maßnahmen sind die beiden Pläne nicht als Verwaltungspläne, sondern als politische Planungsinstrumente zu charakterisieren. Sie dienen der Vorbereitung des weiteren politischen Handelns

---

[866] Vgl. zu diesem Abschnitt *Lammers*, Die europäische Governance-VO und das EU-Klimagesetz, 2023, S. 58 f.

[867] Vgl. *Köck* in: Voßkuhle/Eifert/Möllers (Hrsg.), Grundlagen d. VerwaltungsR Bd. II, 3. Aufl. 2022, § 36 Rn. 44.

[868] *Köck* in: Voßkuhle/Eifert/Möllers (Hrsg.), Grundlagen d. VerwaltungsR Bd. II, 3. Aufl. 2022, § 36 Rn. 94 f., 97.

hinsichtlich der Erreichung der Klimaschutzpläne. Umzusetzende konkrete Maßnahmen sind allerdings nicht zu finden.

Das Klimaschutzprogramm gem. § 9 Abs. 1 S. 1 KSG entfaltet eine Bindungswirkung gegenüber der Bundesregierung und verpflichtet sie zur Einbringung der im Programm genannten Maßnahmen in den Bundestag. Von den Festsetzungen selbst geht jedoch keine Bindungswirkung aus. Überdies sind im Programm zwar konkrete Festsetzungen in Form von Maßnahmen geregelt, die zu einer Klimaschutzzielerreichung nach § 3 Abs. 1 KSG führen sollen (§ 9 Abs. 1 S. 2 KSG). Allerdings liegt eine materiale Verwirklichungsplanung gerade nicht vor, da diese erst in einem Gesetzgebungsverfahren auf ihre Aufstellung hin überprüft werden müssen. Das Klimaschutzprogramm stellt somit eine Vorstufe zum Gesetzgebungsverfahren dar und ist als Lenkungsplanung einzuordnen. Aufgrund der nur eingeschränkten Bindungswirkung sowie des regierungskoordinierenden Charakters liegt mit dem Klimaschutzprogramm ein politisches Planungsinstrument vor.

Hinsichtlich der Betrachtung der Steuerungswirkung für die Landesklimaschutzpläne ist zu differenzieren, ob eine Bindungswirkung vorliegt. Die Pläne, die eine interne Bindungswirkung für die jeweilige Landesregierung entfalten, haben, wie auch das Klimaschutzprogramm des Bundes einen atypischen Regelungscharakter. In ihnen sind konkrete Vorgaben enthalten, die umzusetzen sind. Die Landesklimaschutzpläne ohne Bindungswirkung sind hingegen als Pläne mit indikativem Charakter einzuordnen. Weiterhin ergehen die Landesklimaschutzpläne als Lenkungsplanung, da die enthaltenen Maßnahmen durch die Landesparlamente umzusetzen sind. Auch sind die Landesklimaschutzpläne als politische Programmpläne einzuordnen, da sie, wie auch das Klimaschutzprogramm, das weitere staatliche Handeln in Form der Gesetzgebung beeinflussen.

D. Zusammenfassender Vergleich

Die Klimaschutzpläne sind insgesamt unterschiedlich ausgestaltet, obwohl sie grundsätzlich denselben Zweck, die Erfüllung des Pariser Temperaturziels, verfolgen. Die europarechtlichen Planungsinstrumente sind langfristig ausgestaltete Pläne, die auch eine lange Zukunftsorientierung aufweisen. Dies ist dem Umstand geschuldet, dass nur mit Hilfe aller europäischen

Staaten die europäischen Klimaschutzziele erreicht werden können. Die Mitgliedstaaten müssen langfristige Veränderungen festlegen, sodass eine langfristige Zielerreichung möglich ist. Eine besondere Flexibilität ist dabei nicht notwendig, da es um langfristige Strukturveränderungen geht. Auch der Situationsbezug ist als gering einzuschätzen. Der Gestaltungsspielraum ist sehr weit. Es sind nur wenige Vorgaben in der EU-Governance-VO geregelt, die konkret einbezogen werden müssen.

Demgegenüber hat das Klimaschutzprogramm des Bundes eine mittelfristige Geltungsdauer und Zukunftsorientierung. Mit dem Klimaschutzprogramm sollen jährliche Sektormengen an Treibhausgasemissionen eingehalten werden, die zu einer nationalen Klimaschutzzielerreichung führen sollen. Dementsprechend muss das Programm alle vier Jahre erneuert werden, um die jährlich strengeren Sektormengenvorgaben einhalten zu können. Die Flexibilität ist daher ebenfalls als eher hoch zu qualifizieren. Der Gestaltungsspielraum ist entsprechend den Vorgaben, die zu einer Geeignetheit der im Programm festgesetzten Maßnahmen führen, eingeschränkt.

Die Landesklimaschutzpläne dienen oftmals nur als „*Entscheidungs*"- oder „*Handlungsgrundlage*" für ein weiteres staatliches Handeln.[869] Dennoch sollen sie einen Beitrag zur Landesklimaschutzzielerreichung leisten. Sie sind daher ebenfalls als mittelfristige Planungsinstrumente zu qualifizieren, da auch sie auf eine Zielerreichungsfähigkeit hin überprüft werden müssen. Der Gestaltungsspielraum ist wie auch beim Klimaschutzprogramm nach § 9 Abs. 1 KSG entsprechend eingeschränkt.

Die kommunalen Klimaschutzpläne dienen größtenteils lediglich der Datenwiedergabe und der Beschreibung von bestehenden Zuständen hinsichtlich der Treibhausgasemissionen sowie energierechtlicher Belange. Der Gestaltungsspielraum ist entsprechend eingeschränkt.

Die Steuerungswirkung der verschiedenen Klimaschutzpläne ist hingegen ähnlich ausgestaltet. Die europäischen Klimaschutzpläne haben keine Bindungswirkung gegenüber den Bürgern. Sie enthalten vielmehr Strategien und Konzepte, die eine Bindungswirkung für die Bundesregierung entfalten. Die Bindungswirkung beschränkt sich allerdings auf die weitere Umsetzung der geplanten Politiken. Konkret umzusetzende Maßnahmen liegen hingegen

---

[869] Kap. 4 B III 3.

nicht vor. Daraus folgt, dass sie als atypische Planungsinstrumente anzusehen sind, deren Charakter nicht als indikativ, influenzierend oder imperativ zu bezeichnen ist. Der Zweck der Pläne besteht in der Lenkungsplanung. Die Langfrist-Strategie sowie der integrierte nationale Energie- und Klimaplan sind als politische Planungsinstrumente anzusehen. Die beiden Pläne geben politische Strategien vor und enthalten Konzepte, die durch politischen Einfluss durchgesetzt werden.

Das Klimaschutzprogramm enthält zwar konkrete Maßnahmen, allerdings geht von ihnen ebenfalls keine Bindungswirkung für die Bürger aus. Lediglich die Bundesregierung ist zur Aufstellung der Maßnahmen beziehungsweise zur Gesetzesinitiative verpflichtet. Somit besteht eine interne Bindungswirkung. Das Klimaschutzprogramm hat ebenfalls einen atypischen Regelungscharakter, da lediglich die Bundesregierung zur Gesetzesinitiative verpflichtet wird, die Maßnahmen jedoch erst mit Hilfe eines Gesetzgebungsverfahrens umgesetzt werden können. Das Klimaschutzprogramm ist als Lenkungsplanung zu bezeichnen, da es das weitere staatliche Handeln vorbereitet. Weiterhin ergeht das Klimaschutzprogramm als politisches Planungsinstrument. Dies ist bereits am Regelungscharakter sowie am Zweck zu erkennen.

Die Landesklimaschutzpläne entfalten keine Bindungswirkung gegenüber den Bürgern. Gegenüber den Landesregierungen liegt eine Bindungswirkung nur im Einzelfall vor. Ein Großteil der Pläne ergeht als „*Entscheidungs*"- oder als „*Handlungsgrundlage*".[870] Entsprechend sind die Pläne ohne Bindungswirkung als Lenkungsplanung mit indikativem Charakter einzuordnen. Die Landesklimaschutzpläne ergehen als politische Programmpläne. Sie haben die Aufgabe, weitere staatsleitende Entscheidungen zu beeinflussen.

Die kommunalen Klimaschutzpläne zeigen größtenteils Daten und Prognosen auf. Sie haben keine Bindungswirkung und ergehen somit als indikative Pläne. Dementsprechend sind sie auch als Lenkungspläne zu charakterisieren. Weiterhin ergehen die kommunalen Klimaschutzpläne als politische Planungsinstrumente, da sie größtenteils klimaschutzrechtliche Konzepte und Strategien enthalten.

---

[870] Kap. 4 B III 3.

E. Fazit des vierten Kapitels

Nach einer Charakterisierung der Klimaschutzpläne der einzelnen Ebenen lässt sich feststellen, dass die Klimaschutzpläne unterschiedlich ausgestaltet sind. Nach einer Betrachtung der „typusbestimmenden Wesensmerkmale" fällt auf, dass die europarechtlichen Klimaschutzpläne eine deutlich längere Zukunftsperspektive und einen geringeren Situationsbezug aufweisen als die nationalen Pläne. Auf europäischer Ebene werden langfristige Strategien und Politiken festgelegt, die durch die Mitgliedstaaten mit Hilfe weiterer Rechtsakte auszugestalten sind. Auf nationaler Ebene werden hingegen konkrete Maßnahmen festgesetzt, die einer nationalen Zielerreichung dienen. Auch der Gestaltungsspielraum ist unterschiedlich begrenzt. Nach dem europäischen Recht werden in den Klimaschutzplänen keine konkreten Maßnahmen festgesetzt, die einer Umsetzung bedürfen. Insofern ist der planerische Gestaltungsraum weiter als in den Planungsinstrumenten wie dem Klimaschutzprogramm, in dem konkret umzusetzende Maßnahmen aufgeführt werden.

Die Steuerungswirkung der jeweiligen Planungsinstrumente ist hingegen ähnlich ausgestaltet. Alle Klimaschutzpläne weisen keine Bindungswirkung gegenüber Privaten auf. Sie ergehen zudem als Lenkungsplanung und sind als politische Planungsinstrumente einzuordnen. Die europäischen Planungsinstrumente, das Klimaschutzprogramm gem. § 9 Abs. 1 S. 1 KSG sowie einige der Landesklimaschutzpläne haben weiterhin einen atypischen Regelungscharakter. Von ihnen geht zwar eine Bindungswirkung gegenüber der Bundesregierung beziehungsweise den entsprechenden Landesregierungen aus. Allerdings erstreckt sich die Bindungswirkung lediglich auf die Vorbereitung des staatlichen Handelns.

Rechtmäßigkeitsanforderungen an die Klimaschutzplanung

Die Ausgestaltung der Klimaschutzplanung im Mehrebenensystem hat zur Folge, dass die einzelnen Pläne auf unterschiedlichen Rechtsgrundlagen beruhen und die Anforderungen an die Rechtmäßigkeitsvoraussetzungen einer Planung je nach einschlägigem Gesetz variieren. So folgen die Klimaschutzpläne im Mehrebenensystem ihren jeweiligen Rechtmäßigkeitsvoraussetzungen. Es sind daher die unterschiedlichen Planungsprozesse zu betrachten, um die Besonderheiten der einzelnen Ebenen zu berücksichtigen. Die einschlägigen Planaufstellungsvoraussetzungen werden im Weiteren in formelle sowie in materielle Voraussetzungen unterteilt und dargestellt.

A. Formelle Voraussetzungen für die Aufstellung der Klimaschutzpläne

Grundsätzlich richten sich die formellen Voraussetzungen, die für das Aufstellen eines Plans eingehalten werden müssen, nach ihren jeweiligen Rechtsgrundlagen.[871] Daneben bestehen auch formelle Anforderungen für Planungsprozesse aus allgemeinen Rechtsgrundsätzen oder anderen einschlägigen Gesetzen. Dazu gehört die Bestimmung über die strategische Umweltprüfung (§ 35 Abs. 1 UVPG).

---

[871] Vorbehalt des Gesetzes, siehe dazu *Leisner* in: Sodan (Hrsg.), GG, 5. Aufl. 2024, Art. 20 Rn. 48.

I. Formelle Rechtmäßigkeitsvoraussetzungen

Formelle Rechtsmäßigkeitsvoraussetzungen für die Aufstellung der Klimaschutzpläne sind in den jeweiligen Rechtsgrundlagen der Pläne normiert. Nicht alle Pläne unterliegen den gleichen Rechtmäßigkeitsanforderungen. Beachtlich ist, dass für das Klimaschutzprogramm gem. § 9 Abs. 3 KSG lediglich eine Betroffenenbeteiligung als formelle Rechtmäßigkeitsvoraussetzung im KSG geregelt ist.[872] Auch in den Landesklimaschutzgesetzen finden sich nur vereinzelt entsprechende Vorschriften. In der EU-Governance-VO ist hingegen ein aufwendigeres Verfahren hinsichtlich der Aufstellung des integrierten nationalen Energie- und Klimaplans ausgestaltet. Neben einer Öffentlichkeitsbeteiligung (Art. 10 Abs. 1 S. 1 EU-Governance-VO) ist auch die Pflicht vorgesehen, einen Entwurf für den Plan zu erstellen (Art. 9 Abs. 1 EU-Governance-VO), der sodann von der Europäischen Kommission bewertet wird.

1. Beteiligungsverfahren

Für die Langfrist-Strategie sowie den integrierten nationalen Energie- und Klimaplan gem. Art. 10 Abs. 1 S. 1 EU-Governance-VO, das Klimaschutzprogramm gem. § 9 Abs. 1 S. 1 KSG sowie in verschiedenen Landesklimaschutzplänen (§ 4 Abs. 1 EWG Bln 6 Abs. 1 S. 1 SKSG, § 6 Abs. 1 S. 3 und Abs. 3 ThürKlimaG, § 4 Abs. 1 S. 2 Hs. 1 HKlimaG, § 4 Abs. 1 S. 5 BremKEG, § 6 Abs. 4 S. 1 SKSG) ist die Rechtmäßigkeitsvoraussetzung der Beteiligung ausgestaltet.

Ein Beteiligungsverfahren wird durchgeführt, wenn die mit einem Plan zu treffenden Entscheidungen vielschichtige Auswirkungen enthalten.[873] Durch die Beteiligung der Öffentlichkeit oder anderer betroffener beziehungsweise fachwissender Stellen soll garantiert werden, dass möglichst viele von einer Planung betroffenen Bereiche ermittelt, aufgezeigt und diskutiert werden können.[874] Weiterhin dient das Beteiligungsverfahren der Richtigkeitsgewähr.[875] Es sollen Ermessensspielräume „richtig“ ausgeübt werden.[876] Zu diesem Zweck wird im Rahmen der Beteiligung eine Vielzahl von

---

[872] Vgl. *Klafki/Schlacke* in: Kreuter-Kirchhof/Schlacke, KlimaschutzR, 2025, § 9 Rn. 5, 47.
[873] *Appel*, NVwZ 2012, 1361 (1361).
[874] *Appel*, NVwZ 2012, 1361 (1362); *Haug/Schadtle*, NVwZ 2014, 271 (272).
[875] *Appel*, NVwZ 2012, 1361 (1362).
[876] *Appel*, NVwZ 2012, 1361 (1362).

möglichen „Störpotenzialen“ für die Planung erörtert, um so eine zweckdienliche Planung aufstellen zu können.[877] Auch hat die Beteiligung den Zweck, einzelne Personen sowie von der Planung Betroffene zu schützen.[878] Nicht nur soll eine Akzeptanz der Betroffenen geschaffen, sondern auch mögliche Rechtsverstöße frühzeitig aufgedeckt und verhindert werden können.[879]

Inwiefern eine Beteiligung von Personen, Stellen oder Behörden im Rahmen der Aufstellung einer Planung zu erfolgen hat, richtet sich nach dem jeweiligen Gesetz. Unterteilt werden kann die Beteiligung zum einen in die Öffentlichkeitsbeteiligung und zum anderen in die Betroffenenbeteiligung.[880]

a) Öffentlichkeitsbeteiligung

Zum Beteiligungsverfahren gehört die Öffentlichkeitsbeteiligung. Die EU-Governance-VO regelt die Voraussetzung der Öffentlichkeitsbeteiligung für die Langfrist-Strategie sowie den integrierten nationalen Energie- und Klimaplan (Art. 10 Abs. 1 S. 1 EU-Governance-VO).[881] Die Beteiligung der Öffentlichkeit im Planungsverfahren erfolgt bei der Erstellung der Planentwürfe sowie der endgültigen Pläne (Art. 10 Abs. 1 S. 1 EU-Governance-VO).[882] Jeder Mitgliedstaat muss eine frühzeitige und wirksame Gelegenheit für die Öffentlichkeit bieten, an der Erstellung der Entwürfe für den integrierten nationalen Energie- und Klimaplan sowie der Langfrist-Strategie teilzunehmen (Art. 10 Abs. 1 S. 1 EU-Governance-VO, Art. 15 Abs. 7 S. 1 EU-Governance-VO i.V.m. Nr. 1.3 des Anhangs IV zur EU-Governance-VO).[883] Im Rahmen der Öffentlichkeitsbeteiligung stellen die Mitgliedstaaten sicher, dass die Öffentlichkeit über die jeweiligen Pläne sowie Entwürfe unterrichtet wird (Art. 10 Abs. 2 S. 1 EU-Governance-VO). Es werden angemessene Fristen festgelegt, um eine ausreichende Zeit für die Unterrichtung

---

877 *Appel*, NVwZ 2012, 1361 (1362).
878 *Appel*, NVwZ 2012, 1361 (1362).
879 *Appel*, NVwZ 2012, 1361 (1362).
880 So bspw. dargestellt in §§ 3, 4 BauGB.
881 Vgl. *Lammers*, Die europäische Governance-VO und das EU-Klimagesetz, 2023, S. 157.
882 Vgl. dazu auch *Battis* in: Battis/Krautzberger/Löhr, BauGB, 16. Aufl. 2025, § 3 BauGB Rn. 12 f.
883 Vgl. dazu auch *Kment*, Öffentliches BauR I, BauplanungsR, 8. Aufl. 2022, § 5 Rn. 41; siehe auch zur Öffentlichkeitsbeteiligung *Knappe*, Die Maßnahmenplanung im europäisierten VerwaltungsR, 2022, S. 208 f.

sowie die Beteiligung zu gewähren (Art. 10 Abs. 2 S. 2 EU-Governance-VO). Innerhalb dieser Fristen wird der Öffentlichkeit die Gelegenheit gegeben, sich zu äußern.[884] Nach erfolgter Beteiligung sind die Stellungnahmen der Öffentlichkeitsbeteiligung der Europäischen Kommission zu übersenden (Art. 10 Abs. 1 S. 2 EU-Governance-VO).

Für die Klimaschutzplanung auf Landesebene finden sich ebenfalls Regelungen für eine Öffentlichkeitsbeteiligung. In Berlin wird gem. § 4 Abs. 1 EWG Bln die Öffentlichkeit in die Erstellung des Berliner Energie- und Klimaschutzprogramms eingebunden.[885] Im Saarland erfolgt die Erstellung des Klimaschutzkonzepts ebenfalls unter Beteiligung der Öffentlichkeit (§ 6 Abs. 1 S. 1 SKSG). Weitergehende Anforderungen an die Ausgestaltung der Öffentlichkeitsbeteiligung finden sich in den Landesklimaschutzgesetzen nicht.[886]

b) Betroffenenbeteiligung

Neben der Öffentlichkeitsbeteiligung ist für die nationalen Klimaschutzpläne auch eine Betroffenenbeteiligung vorgesehen. Bei der Aufstellung des Klimaschutzprogramms gem. § 9 Abs. 1 S. 1 KSG muss die Bundesregierung im Rahmen eines „*öffentlichen*" Konsultationsverfahrens „*Länder, Kommunen, Wirtschaftsverbände und zivilgesellschaftliche Verbände sowie die Wissenschaftsplattform Klimaschutz und wissenschaftliche Begleitgremien der Bundesregierung*" in den Planungsvorgang mit einbeziehen (§ 9 Abs. 3 KSG).[887] Dadurch kann gewährleistet werden, dass bereits frühzeitig auch eine wissenschaftliche Kompetenz in das Planungsverfahren eingebracht wird.[888]

---

884 Vgl. auch *Battis* in: Battis/Krautzberger/Löhr, BauGB, 16. Aufl. 2025, § 3 BauGB Rn. 13.

885 *Beye*, Die Klimaschutzgesetze der Bundesländer: Eine rechtliche Analyse und Bewertung der Landesklimaschutzgesetze unter besonderer Berücksichtigung des völker-, europa- und bundesrechtlichen Rahmens, 2021, S. 202; *Wickel* in: Säcker/Ludwigs (Hrsg.), Berliner Kommentar zum EnergieR, Bd. 3, 5. Aufl. 2022, Teil 2 A. Rn. 73.

886 Vgl. dazu *Beye*, Die Klimaschutzgesetze der Bundesländer: Eine rechtliche Analyse und Bewertung der Landesklimaschutzgesetze unter besonderer Berücksichtigung des völker-, europa- und bundesrechtlichen Rahmens, 2021, S. 200 ff.

887 Vgl. BT-Drs. 19/14337, S. 34; *Guckelberger*, NuR 2022, 221 (224); *Wickel* in: Säcker/Ludwigs (Hrsg.), Berliner Kommentar zum EnergieR, Bd. 3, 5. Aufl. 2022, § 9 KSG Rn. 31; *Klafki/Schlacke* in: Kreuter-Kirchhof/Schlacke, KlimaschutzR, 2025, § 9 Rn. 47 f.

888 *Guckelberger*, NuR 2022, 221 (224).

Auch finden sich Regelungen über die Beteiligung verschiedener Verbände sowie der Landtage als formelle Rechtmäßigkeitsvoraussetzung der Landesklimaschutzpläne. In Thüringen sind Verbände, Vereinigungen sowie Bürger bei der Aufstellung zu beteiligen (§ 6 Abs. 1 S. 3 ThürKlimaG). Überdies sind die Strategien vor der Beschlussfassung dem Landtag zur Beratung und zu Stellungnahmen zuzuleiten (§ 6 Abs. 3 ThürKlimaG). In Hessen regelt § 4 Abs. 1 S. 2 Hs. 1 HKlimaG, dass die obersten Landesbehörden für ihren jeweiligen Zuständigkeitsbereich Maßnahmen zur Zielerreichung erarbeiten, die dann in den Klimaplan einbezogen werden. Diese Maßnahmen werden im Einvernehmen mit den für Klimaschutz zuständigen Ministern festgelegt. Weiterhin legt der für den Klimaschutz zuständige Minister den Entwurf des Klimaplans der Landesregierung zur Beschlussfassung vor (§ 4 Abs. 2 S. 1 HKlimaG). In Bremen wirken an der Erstellung des Klimaschutz- und Energieprogramms die Gemeinden mit (§ 4 Abs. 1 S. 5 BremKEG). Im Saarland wird der Entwurf des Klimaschutzkonzepts dem Landtag zugeleitet, sodass dieser die Möglichkeit der Stellungnahme hat (§ 6 Abs. 4 S. 1 SKSG). Die Stellungnahme des Landtags wird sodann von der Landesregierung im finalen Plan einbezogen (§ 6 Abs. 4 S. 2 SKSG) beziehungsweise die Nicht-Einbeziehung muss schriftlich begründet werden (§ 6 Abs. 4 S. 3 SKSG).

2. Einholung der Stellungnahme des Expertenrates

Vor Erstellung des Klimaschutzprogramms sowie des Klimaschutzplans (deutsche Langfrist-Strategie) ist überdies die Stellungnahme des Expertenrates für Klimafragen einzuholen (§ 12 Abs. 3 Nr. 2 und Nr. 3 KSG).[889] Wie zuvor beschrieben[890], wertet der Expertenrat für Klimafragen die Emissionsdaten nach § 5 Abs. 1 und Abs. 2 KSG sowie die Projektionsdaten nach § 5a KSG aus (§ 12 Abs. 1 S. 1 KSG).[891] Die sich ergebenen Informationen hinsichtlich des vergangenen und prognostizierten zukünftigen Treibhausgasausstoßes ist für die Planungsprozesse der beiden Instrumente heranzuziehen.[892]

---

889 Vgl. *Guckelberger*, NuR 2022, 221 (225); *Wickel* in: Säcker/Ludwigs (Hrsg.), Berliner Kommentar zum EnergieR, Bd. 3, 5. Aufl. 2022, § 12 KSG Rn. 13 f.

890 Kap. 3 C IV 1.

891 Vgl. *Edenharter* in: Fellenberg/Guckelberger (Hrsg.), KlimaschutzR, 2022, § 12 KSG Rn. 6.

892 Vgl. *Edenharter* in: Fellenberg/Guckelberger (Hrsg.), KlimaschutzR, 2022, § 12 KSG Rn. 11.

Auf dessen Grundlage können im Klimaschutzprogramm nach § 9 Abs. 1 S. 1 KSG geeignete Maßnahmen zur Erreichung der Jahresemissionsgesamtmengen nach § 4 Abs. 1 S. 2 und S. 3 KSG i.V.m. Anlage 2 zum KSG gefunden werden.[893] Auch die Langfrist-Strategie kann auf dessen Grundlage entsprechend fortgeschrieben werden.[894]

3. Entwurfserstellung für den integrierten nationalen Energie- und Klimaplan

Eine weitere formelle Rechtmäßigkeitsvoraussetzung für die Aufstellung des integrierten nationalen Energie- und Klimaplans liegt darin, dass vor Erlass des Plans zunächst ein entsprechender Entwurf auszuarbeiten ist (Art. 9 Abs. 1 EU-Governance-VO).[895] Dieser Entwurf wird sodann von der Europäischen Kommission bewertet (Art. 9 Abs. 2 S. 1 EU-Governance-VO).[896] Kommt die Kommission zu dem Ergebnis, dass die Entwurfspläne der Mitgliedstaaten nicht ausreichend ambitioniert oder inhaltlich lückenhaft aufgestellt wurden, kann die Kommission Empfehlungen hinsichtlich des Ambitionsniveaus sowie der angestrebten Politiken und Maßnahmen zur Erreichung der Europäischen Energieziele aussprechen (Art. 9 Abs. 2 S. 2 lit. a) – lit. d) EU-Governance-VO).[897] Diesen Empfehlungen ist bei Erstellung des finalen Plans durch die Mitgliedstaaten *„gebührend Rechnung"* zu tragen (Art. 9 Abs. 3 S. 1 EU-Governance-VO).[898] Eine Bindungswirkung der Mitgliedstaaten geht von den Empfehlungen nicht aus. Vielmehr liegen Empfehlungen im Sinne des Art. 288 Abs. 5 AEUV vor, die nur unverbindlich sind.[899] Es sind jedoch entsprechende Gründe anzugeben, wenn den Empfehlungen der EU-Kommission nicht entsprochen wird (Art. 9 Abs. 3 S. 2 EU-Governance-VO).[900] Die Notwendigkeit der Vorlage eines Entwurfs für den Klimaplan gem.

---

[893] Vgl. *Edenharter* in: Fellenberg/Guckelberger (Hrsg.), KlimaschutzR, 2022, § 12 KSG Rn. 11.
[894] Vgl. *Edenharter* in: Fellenberg/Guckelberger (Hrsg.), KlimaschutzR, 2022, § 12 KSG Rn. 11.
[895] Vgl. Kap. 3 C II 1.
[896] Kap. 3 C II 1.
[897] Kap. 3 C II 1.
[898] Siehe auch *Schlacke/Lammers*, EurUP 2018, 424 (427).
[899] Kap. 3 C II 1.
[900] Kap. 3 C II 1.

Art. 3 Abs. 1 S. 1 EU-Governance-VO sowie dessen Bewertung durch die Kommission sind Teil des bereits beschriebenen Monitoring-Verfahrens.[901] Die europäischen Energie- und Klimaschutzziele sind so ausgestaltet worden, dass sie nur erreicht werden können, wenn die Mitgliedstaaten zusammenarbeiten und entsprechende nationale Ziele sowie Maßnahmen festlegen.[902] Dabei muss ein ausreichendes Ambitionsniveau eingehalten werden.[903] Die Europäische Kommission ist daher zur Herstellung eines iterativen Planungsprozesses berechtigt, Vorschläge für eine Ambitionssteigerung zu machen, wenn ersichtlich wird, dass die nationalen Beiträge nicht ausreichend ausgestaltet sind.[904] Bevor die integrierten nationalen Energie- und Klimapläne also festgesetzt werden, ist zunächst eine Entwurfsprüfung notwendig. Die Mitgliedstaaten können schließlich nicht selbstständig überwachen, ob ihre Beiträge ausreichend sind, um die Ziele einzuhalten. Es muss vielmehr eine unabhängige und geregelte Koordination auf europäischer Ebene stattfinden, da konkrete Ziele und Maßnahmen in den Plänen der Mitgliedstaaten festgesetzt werden.[905]

Anders als es die formellen Rechtmäßigkeitsvoraussetzungen für den integrierten nationalen Energie- und Klimaplans vorsehen, ist eine Entwurfserstellung und -prüfung für die Aufstellung der Langfrist-Strategie gem. Art. 15 Abs. 1 und Abs. 3 EU-Governance-VO nicht vorhanden. Die EU-Governance-VO normiert lediglich, dass für die Aufstellung der Langfrist-Strategie die Europäische Kommission unterstützend einbezogen wird, indem sie Informationen wie den aktuellen wissenschaftlichen Stand übermittelt (Art. 15 Abs. 8 EU-Governance-VO).[906]

4. Veröffentlichung der Pläne

Zum Schluss des Planungsverfahrens ist für die Langfrist-Strategie sowie für einige Landesklimaschutzpläne eine Unterrichtung der Öffentlichkeit über den fertigen Plan sowie dessen Veröffentlichung explizit vorgeschrieben.

---

901 Kap. 3 C II.
902 Vgl. *Schlacke/Lammers*, EurUP 2018, 424 (426).
903 Vgl. *Schlacke/Lammers*, EurUP 2018, 424 (426).
904 Vgl. *Lammers*, Die europäische Governance-VO und das EU-Klimagesetz, 2023, S. 98; ferner *Schlacke/Lammers*, EurUP 2018, 424 (427).
905 Vgl. *Schlacke/Lammers*, EurUP 2018, 424 (426).
906 *Lammers*, Die europäische Governance-VO und das EU-Klimagesetz, 2023, S. 157.

Gem. Art. 15 Abs. 7 S. 1 EU-Governance-VO wird die Öffentlichkeit nach erfolgter Beteiligung über die Langfrist-Strategie sowie weitere Aktualisierungen unterrichtet.[907] Die Strategie wird überdies auf einer E-Plattform gem. Art. 28 EU-Governance-VO veröffentlicht (Art. 15 Abs. 7 S. 1 EU-Governance-VO).[908] Gem. § 7 Abs. 3 LKSG RP muss die Klimaschutzstrategie in Rheinland-Pfalz veröffentlicht werden. Das Klimaschutzkonzept des Saarlands sowie dessen Umsetzungsstand werden im Internet veröffentlicht (§ 6 Abs. 5 SKSG). Auch das Klimaschutzkonzept in Bremen muss veröffentlicht werden (§ 13 Abs. 1 S. 3 BremKEG).[909]

II. Strategische Umweltprüfung in der Klimaschutzplanung

Die strategische Umweltprüfung gehört zur formellen Rechtmäßigkeitsvoraussetzung einer Planung, um davon ausgehende Umweltauswirkungen ermitteln und bewerten zu können (Art. 1 SUP-RL[910]).[911] Die Pflicht zur Durchführung einer strategischen Umweltprüfung ist in der SUP-RL vorgesehen und wurde in das UVPG[912] transformiert (§ 1 Abs. 1 Nr. 3, §§ 33 ff. UVPG). Mit der Einführung der SUP-RL wurde die Notwendigkeit der Durchführung einer Umweltprüfung auf Pläne und Programme erweitert.[913] Die Notwendigkeit für diese Erweiterung bestand darin, dass mit Plänen und Programmen komplexe Materien erfasst und gelenkt werden, die eine Vielzahl von anderen Belangen betreffen.[914] Eine Umweltprüfung hat den Zweck, Auswirkungen auf die Umwelt von vielschichtigen staatlichen Entscheidungen erfassen und

---

907 *Lammers*, Die europäische Governance-VO und das EU-Klimagesetz, 2023, S. 157 f.

908 Vgl. *Lammers*, Die europäische Governance-VO und das EU-Klimagesetz, 2023, S. 157 f.

909 Vgl. hierzu auch *Beye*, Die Klimaschutzgesetze der Bundesländer: Eine rechtliche Analyse und Bewertung der Landesklimaschutzgesetze unter besonderer Berücksichtigung des völker-, europa- und bundesrechtlichen Rahmens, 2021, S. 206 f.

910 Richtlinie 2001/42/EG des Europäischen Parlaments und des Rates v. 27.06.2001 über die Prüfung der Umweltauswirkungen bestimmter Pläne und Programme (ABl. L 197 S. 30) (im Weiteren SUP-RL).

911 *Kloepfer*, UmweltR, 4. Aufl. 2016, § 5 Rn. 496 ff.

912 Gesetz über die Umweltverträglichkeitsprüfung v. 18.03.2021 (BGBl. I. S. 540), geändert durch Art. 10 Viertes BürokratieentlastungsG v. 23.10.2024 (BGBl. 2024 I Nr. 323).

913 Vgl. *Meßerschmidt*, Europäisches UmweltR, 2011, § 8 Rn. 130 ff.

914 Vgl. *Meßerschmidt*, Europäisches UmweltR, 2011, § 8 Rn. 137.

ermitteln zu können (§ 3 S. 1 UVPG).[915] Gerade im Rahmen von Planungsverfahren handelt es sich um Prozesse, die aufgrund ihrer Vielschichtigkeit vielseitige Auswirkungen auf die Umwelt haben können, die auf den ersten Blick noch nicht erkennbar sind (Art. 1 SUP-RL).[916] Durch die Umweltprüfung können solche Auswirkungen ermittelt werden. Das bedeutet, es geht vornehmlich um die „*Ermittlung, Beschreibung und Bewertung der Umweltauswirkungen*", die von einer Planung ausgehen können.[917] Die Durchführung einer Umweltprüfung gehört daher zum Planungsverfahren (§ 4 UVPG).[918]

Ob eine Pflicht zur Durchführung einer strategischen Umweltprüfung vorliegt, hängt vom jeweils aufzustellenden Plan sowie dessen rechtlichen Besonderheiten ab. Zu beachten ist vorliegend, dass die Klimaschutzpläne des Mehrebenensystems unterschiedlichen Rechtsgrundlagen für die Notwendigkeit einer strategischen Umweltprüfung unterliegen. In keinem der einschlägigen Rechtsakte zum Klimaschutz ist normiert, dass eine Pflicht zur Durchführung einer strategischen Umweltprüfung besteht. Insofern richtet sich das Vorliegen der Pflicht für das Klimaschutzprogramm gem. § 9 Abs. 1 S. 1 KSG nach dem UVPG (siehe § 1 Abs. 4 S. 1 UVPG). Für die europäischen Klimaschutzpläne, namentlich dem integrierten nationalen Energie- und Klimaplan sowie der Langfrist-Strategie richtet sich die Umweltprüfungspflicht nach den Vorschriften der SUP-RL. Das UVPG ist nicht unmittelbar anwendbar, da zum einen in Art. 10 Abs. 1 S. 3 EU-Governance-VO geregelt ist, dass die SUP-RL Anwendung findet. Weiterhin normiert Art. 3 Abs. 1 SUP-RL, dass die Vorschriften der SUP-RL für europäische Pläne unmittelbar anwendbar sind, sofern die Voraussetzungen der Art. 3 Abs. 2–Abs. 4 SUP-RL erfüllt sind. Für die Landesklimaschutzpläne sind hingegen die einschlägigen Landesgesetze anzuwenden, sofern solche aufgestellt sind (HmbUVPG, LUVPG Rheinland-Pfalz, BremUVPG Bremen, UVPG Bln Berlin, ThürUVPG Thüringen, NUVPG Niedersachsen).[919] Das UVPG des

---

[915] *Kloepfer*, UmweltR, 4. Aufl. 2016, § 5 Rn. 495; *Bauer* in: Beckmann/Kment (Hrsg.), UVPG/UmwRG, 6. Aufl. 2023, § 3 UVPG Rn. 13.

[916] Vgl. *Schink* in: Schink/Reidt/Mitschang (Hrsg.), UVPG/UmwRG, 2. Aufl. 2023, § 33 UVPG Rn. 1.

[917] *Kloepfer*, UmweltR, 4. Aufl. 2016, § 5 Rn. 498.

[918] *Kloepfer*, UmweltR, 4. Aufl. 2016, § 5 Rn. 496; *Gassner*, UVPG, 2006, § 2 Rn. 6.

[919] *Tepperwien* in: Schink/Reidt/Mitschang (Hrsg.), UVPG/UmwRG, 2. Aufl. 2023, § 1 UVPG Rn. 20.

Bundes ist für die Landesklimaschutzpläne nur dann anwendbar, wenn keine entsprechenden Landesgesetze erlassen sind oder das Landesrecht auf das UVPG verweist (§ 1 Abs. 4 S. 1 UVPG).[920]

1. Strategische Umweltprüfung für die europäischen Planungsinstrumente

In der EU-Governance-VO ist eine prinzipielle Pflicht zur Durchführung einer strategischen Umweltprüfung für den integrierten nationalen Energie- und Klimaplan sowie die Langfrist-Strategie nicht vorgeschrieben.[921] Allerdings normiert Art. 10 Abs. 1 S. 3 EU-Governance-VO, dass die Pflicht zur Öffentlichkeitsbeteiligung nach der EU-Governance-VO für den integrierten nationalen Energie- und Klimaplan sowie die Langfrist-Strategie als erfüllt gilt, wenn die Vorschriften der SUP-RL anzuwenden sind.[922] Insofern muss bei Planaufstellung geprüft werden, ob die entsprechenden Vorschriften anzuwenden sind.

Der Anwendungsbereich der SUP-RL ist für die europarechtlichen Planungsinstrumente gem. Art. 2 lit. a) eröffnet, wenn sie als Pläne beziehungsweise Programm gelten, also sofern sie von *„einer Behörde auf nationaler, regionaler oder lokaler Ebene ausgearbeitet* […] *werden* […] *und aufgrund von Rechts- oder Verwaltungsvorschriften erstellt werden“* müssen. Den integrierten nationalen Energie- und Klimaplan erlässt das Bundesministerium für Wirtschaft und Klimaschutz.[923] Die Langfrist-Strategie wird von der Bundesregierung aufgestellt.[924] Überdies müssen die beiden Pläne aufgrund einer Verpflichtung aus der EU-Governance-VO erstellt werden.[925]

Die für die europäischen Klimaschutzpläne anwendbare SUP-RL regelt in Art. 3 Abs. 1, dass eine obligatorische Umweltprüfung für die Pläne besteht,

---

[920] Vgl. *Tepperwien* in: Schink/Reidt/Mitschang (Hrsg.), UVPG/UmwRG, 2. Aufl. 2023, § 1 UVPG Rn. 20.

[921] Vgl. *Lammers*, Die europäische Governance-VO und das EU-Klimagesetz, 2023, S. 533.

[922] Vgl. dazu auch *Lammers*, Die europäische Governance-VO und das EU-Klimagesetz, 2023, S. 533; *Lammers/Römling*, ZUR 2019, 332 (335).

[923] *Lammers/Römling*, ZUR 2019, 332 (335).

[924] Siehe dazu *Bundesministerium für Umwelt, Naturschutz, Bau und Reaktorsicherheit*, Klimaschutzplan 2050.

[925] *Lammers/Römling*, ZUR 2019, 332 (335 f.).

die unter Art. 3 Abs. 2–Abs. 4 subsumiert werden können.[926] Danach muss ein Plan beziehungsweise ein Programm für die in Art. 3 Abs. 2 lit. a) SUP-RL aufgezählten Bereiche, also die Bereiche Landwirtschaft, Forstwirtschaft, Fischerei, Energie, Industrie, Verkehr, Abfallwirtschaft, Wasserwirtschaft, Telekommunikation, Fremdenverkehr, Raumordnung oder Bodennutzung, vorliegen und dieser muss einen Rahmen für eine *„künftige Genehmigung der in den Anhängen I und II der Richtlinie 85/337/EWG aufgeführten Projekte“* setzen.[927] Überdies liegt eine obligatorische Umweltprüfung für die Pläne oder Programme vor, die einer Prüfung nach Art. 6 oder Art. 7 der Richtlinie 92/43/EWG unterworfen werden. Der integrierte nationale Energie- und Klimaplan enthält Inhalte für die Bereiche der Energie, der Industrie, des Verkehrs sowie der Abfall- und Landwirtschaft.[928] Allerdings stellt sich die Frage, ob eine rahmensetzende Wirkung für künftige Genehmigungen der in der Richtlinie 85/337/EWG aufgeführten Projekte enthalten ist.[929] Wann die Voraussetzung der rahmensetzenden Wirkung gegeben ist, ist in der SUP-RL nicht weiter definiert worden.[930] Allerdings hat der EuGH die Definition vorgegeben, dass *„eine signifikante Gesamtheit von Kriterien und Modalitäten für die Genehmigung und Durchführung eines oder mehrerer Projekte“* aufgestellt sein müssen, *„die voraussichtlich erhebliche Umweltauswirkungen haben“*.[931]

Ob der integrierte nationale Energie- und Klimaplan dieser Definition entsprechende Inhalte aufweist, ist anhand einer Einzelfallbetrachtung der jeweiligen Pläne zu ermitteln.[932] Dies geht bereits daraus hervor, dass in Art. 10 Abs. 1 S. 3 EU-Governance-VO nur von der Möglichkeit der Anwendbarkeit der SUP-RL gesprochen ist.[933] Gegen eine rahmensetzende Wirkung spricht, dass der integrierte nationale Energie- und Klimaplan grundsätzlich lediglich

926 Vgl. *Lammers*, Die europäische Governance-VO und das EU-Klimagesetz, 2023, S. 534 f.
927 Vgl. *Lammers*, Die europäische Governance-VO und das EU-Klimagesetz, 2023, S. 534 f.
928 *Lammers*, Die europäische Governance-VO und das EU-Klimagesetz, 2023, S. 535.
929 *Lammers*, Die europäische Governance-VO und das EU-Klimagesetz, 2023, S. 535.
930 Vgl. *Lammers*, Die europäische Governance-VO und das EU-Klimagesetz, 2023, S. 535 f.
931 EuGH, NVwZ 2022, 701 Rn. 60; ferner *Lammers/Römling*, ZUR 2019, 332 (335); *Lammers*, Die europäische Governance-VO und das EU-Klimagesetz, 2023, S. 535 f.
932 *Lammers/Römling*, ZUR 2019, 332 (336); *Lammers*, Die europäische Governance-VO und das EU-Klimagesetz, 2023, S. 536 f.
933 Vgl. *Lammers*, Die europäische Governance-VO und das EU-Klimagesetz, 2023, S. 533.

politische Leitziele enthält.[934] Vorgaben hinsichtlich der konkreten Aufstellung von Maßnahmen oder anderer Projekte sind nicht zu finden.[935] Vielmehr werden diese durch weitere Planungsakte konkretisiert.[936]

Allerdings enthält Art. 4 EU-Governance-VO sowie die Anlage 2 zur EU-Governance-VO Vorgaben, die im Plan aufzuführen sind.[937] Beispielsweise muss der national ausgearbeitete Klimaplan gem. Art. 4 lit. d) Nr. 2 EU-Governance-VO i.V.m. 2.4.2 des Anhangs I *„Projekte für die Stromübertragungs- und Gasfernleitungsinfrastruktur"* enthalten.[938] Auch sind gem. § 8 Abs. 2 lit. b) EU-Governance-VO die Auswirkungen der Maßnahmen auf die Umwelt zu prüfen, was für das Vorliegen einer rahmensetzenden Wirkung spricht.[939] Grundsätzlich kommt es demnach auf den jeweiligen Inhalt des integrierten nationalen Energie- und Klimaplans an, um eine rahmensetzende Wirkung annehmen zu können.[940] Gegen eine entsprechende rahmensetzende Wirkung der Langfrist-Strategie spricht, dass darin noch gröbere Konzepte enthalten sind, als im integrierten nationalen Energie- und Klimaplan.[941]

Liegt nach einer einzelfallbezogenen Prüfung keine obligatorische Umweltprüfung nach Art. 3 Abs. 1 SUP-RL vor, ist weiter zu prüfen, ob eine konditionale Umweltprüfung gegeben ist. Gem. Art. 3 Abs. 4 SUP-RL richtet sich diese Frage nach den Vorschriften der Mitgliedstaaten.[942] Es muss zumindest jedoch ebenfalls ein *„Rahmen für die künftige Genehmigung von Projekten gesetzt werden"*. Das BVerwG hat in einer Entscheidung für das Bestehen einer Pflicht zur Durchführung einer strategischen Umweltprüfung

---

[934] *Lammers/Römling*, ZUR 2019, 332 (336).

[935] *Lammers*, Die europäische Governance-VO und das EU-Klimagesetz, 2023, S. 536 f.; vgl. auch *Guckelberger* in: Fellenberg/Guckelberger (Hrsg.), KlimaschutzR, 2022, § 9 KSG Rn. 6; *Lammers/Römling*, ZUR 2019, 332 (336); siehe bspw. *Bundesministerium für Wirtschaft und Energie*, Aktualisierung des integrierten nationalen Energie- und Klimaplans, S. 22 ff.

[936] Vgl. *Lammers/Römling*, ZUR 2019, 332 (336); *Lammers*, Die europäische Governance-VO und das EU-Klimagesetz, 2023, S. 536 f.

[937] *Lammers/Römling*, ZUR 2019, 332 (336).

[938] *Lammers/Römling*, ZUR 2019, 332 (336).

[939] *Lammers/Römling*, ZUR 2019, 332 (336); *Lammers*, Die europäische Governance-VO und das EU-Klimagesetz, 2023, S. 536 f.

[940] *Lammers/Römling*, ZUR 2019, 332 (335 f.).

[941] *Lammers*, Die europäische Governance-VO und das EU-Klimagesetz, 2023, S. 540.

[942] Vgl. *Lammers*, Die europäische Governance-VO und das EU-Klimagesetz, 2023, S. 535.

für Landschaftsschutzgebietsverordnungen angenommen, dass eine solche *„Festlegung“* dann vorliegt, *„wenn der Plan oder das Programm eine signifikante Gesamtheit von Kriterien und Modalitäten für die Genehmigung und Durchführung eines oder mehrerer* [...] *Projekte aufstellt, insbesondere hinsichtlich des Standorts, der Art, der Größe und der Betriebsbedingungen solcher Projekte oder der mit ihnen verbundene Inanspruchnahme von Ressourcen“*.[943]

2. Strategische Umweltprüfung für das Klimaschutzprogramm

Das UVPG sieht in Nr. 2.13 der Anlage 5 vor, dass das Klimaschutzprogramm einer konditionalen Umweltprüfung unterliegen könnte.[944] Voraussetzung dafür ist, dass das Klimaschutzprogramm eine rahmensetzende Wirkung für UVP-pflichtige Vorhaben entfaltet (§ 35 Abs. 1 Nr. 2 UVPG).[945] Nach den Gesetzgebungsmaterialien zum Klimaschutzgesetz soll eine rahmensetzende Wirkung des Klimaschutzprogramms grundsätzlich nicht vorliegen.[946] Das Klimaschutzprogramm wurde nach den Gesetzgebungsmaterialien nur *„vorsorglich“* in die Liste der Anlage 2 zum UVPG aufgenommen.[947] Allerdings werden im Klimaschutzprogramm bereits konkrete Maßnahmen festgesetzt, mit Hilfe derer die nationalen Klimaschutzziele zu erreichen sind (§ 9 Abs. 1 S. 2 KSG).[948] Daher kann nicht von vornherein ausgeschlossen werden, dass ein Klimaschutzprogramm keine Inhalte enthält, die weitere Vorhaben binden.[949] Vielmehr entscheidet sich im Einzelfall, ob die Voraussetzungen einer „rahmensetzenden Wirkung“ gegeben sind.[950]

---

943 BVerwG, NVwZ 2023, 1762, Rn. 14; siehe auch EuGH, NVwZ 2022, 701, Rn. 62.

944 *Wickel* in: Säcker/Ludwigs (Hrsg.), Berliner Kommentar zum EnergieR, Bd. 3, 5. Aufl. 2022, Teil 2 A. Rn. 74; *Klafki/Schlacke* in: Kreuter-Kirchhof/Schlacke, KlimaschutzR, 2025, § 9 Rn. 56.

945 Von einem Plan beziehungsweise Programm im Sinne des UVPG ist auszugehen, da das Klimaschutzprogramm in Anlage 5 aufgeführt ist vgl. *Schink* in: Schink/Reidt/Mitschang (Hrsg.), UVPG/UmwRG, 2. Aufl. 2023, § 35 UVPG Rn. 6.

946 BT-Drs. 19/14337, S. 42; vgl. auch VGH Mannheim, ZUR 2023, 238 Rn. 47.

947 BT-Drs. 19/14337, S. 42; vgl. auch VGH Mannheim, ZUR 2023, 238 Rn. 47.

948 *Wickel* in: Säcker/Ludwigs (Hrsg.), Berliner Kommentar zum EnergieR, Bd. 3, 5. Aufl. 2022, § 9 KSG Rn. 15.

949 Vgl. VGH Mannheim, ZUR 2023, 238 Rn. 47.

950 BT-Drs. 19/14337, S. 42; VGH Mannheim, ZUR 2023, 238 Rn. 47; *Shirvani*, ZUR 2022, 579 (585); *ders.*, DVBl 2025, 554 (556); *Klafki/Schlacke* in: Kreuter-Kirchhof/Schlacke, KlimaschutzR, 2025, § 9 Rn. 56.

3. Strategische Umweltprüfung für die Landesklimaschutzpläne

Die Klimaschutzpläne der Landesklimaschutzgesetze fallen unter die Definition eines Plans beziehungsweise eines Programms nach den jeweils anwendbaren Rechtsakten; sie müssen ebenfalls *„von einer Behörde ausgearbeitet"* sein (§ 2 Abs. 7 S. 1 Nr. 1 UVPG, § 2 Abs. 6 Nr. 1 LUVPG Rheinland-Pfalz, § 3 Abs. 1 S. 1 Nr. 1 ThürUVPG i.V.m. § 2 Abs. 7 Nr. 1 UVPG). In Thüringen wird die integrierte Energie- und Klimaschutzstrategie von der Landesregierung erarbeitet (§ 6 Abs. 1 S. 1 ThürKlimaG). Gleiches gilt für die Klimaschutzstrategie in Rheinland-Pfalz (§ 7 Abs. 3 LKSG RP).[951]

Für die Klimaschutzpläne der einzelnen Bundesländer besteht keine obligatorische Umweltprüfung, da eine entsprechende Regelung nicht normiert ist (§ 2 Abs. 1 S. 2 HmbUVPG i.V.m Anlage 3 Nr. 1 zum HmbUVPG, § 3 Abs. 2 Nr. 1 LUVPG i.V.m. Anlage 2 Nr. 1 zum LUVPG Rheinland-Pfalz, § 1 BremUVPG i.V.m. Anlage 2 Nr. 1 zum BremUVPG Bremen, § 4 Abs. 1 S. 1 UVPG Bln, § 2 Abs. 2 S. 1 Nr. 1 ThürUVPG, § 2 Abs. 1 NUVPG i.V.m. Anlage 2 zum NUVPG).

Eine konditionale strategische Umweltprüfung würde für die Klimaschutzstrategie in Rheinland-Pfalz vorliegen, wenn es einen Rahmen für *„die Entscheidung über die Zulässigkeit von in Anlage 1 dieses Gesetzes oder in Anlage 1 UVPG aufgeführten"* Vorhaben setzt (§ 3 Abs. 2 S. 1 Nr. 4 LUVPG). Gleiches gilt auch für die integrierte Energie- und Klimaschutzstrategie des Landes Thüringen (§ 2 Abs. 2 S. 1 Nr. 3 ThürUVPG). Für die übrigen Landesklimaschutzpläne besteht nach den entsprechenden Landesgesetzen keine konditionale strategische Umweltprüfung.

Für die in Betracht kommenden Klimaschutzpläne liegt nur dann eine konditionale Umweltprüfung vor, sofern von ihnen eine rahmensetzende Wirkung ausgeht.[952] Der VGH Mannheim hat dies für das ehemalige integrierte Energie- und Klimaschutzkonzept (IEKK) aus Baden-Württemberg (§ 6 Abs. 1 S. 1 KSG BW a.F.) angenommen.[953] Begründet hat der VGH Mannheim seine

---

[951] Vgl. dazu *Beye*, Die Klimaschutzgesetze der Bundesländer: Eine rechtliche Analyse und Bewertung der Landesklimaschutzgesetze unter besonderer Berücksichtigung des völker-, europa- und bundesrechtlichen Rahmens, 2021, S. 346.

[952] *Wickel* in: Säcker/Ludwigs (Hrsg.), Berliner Kommentar zum EnergieR, Bd. 3, 5. Aufl. 2022, Teil 2 A. Rn. 74.

[953] VGH Mannheim, ZUR 2023, 238 Rn. 37.

Entscheidung zum einen damit, dass in dem ehemaligen Konzept Maßnahmen zur Erreichung der Klimaschutzziele aufzustellen waren.[954] Insofern konnte das Konzept die Klimaschutzmaßnahmen durch seine Festlegungen steuern.[955] Zum anderen bezieht sich der VGH Mannheim auf einen Vergleich des ehemaligen integrierten Energie- und Klimaschutzkonzepts von Baden-Württemberg mit dem Bundes-Klimaschutzprogramm gem. § 9 Abs. 1 S. 1 KSG.[956] Wie auch im Klimaschutzprogramm wurden im integrierten Energie- und Klimaschutzkonzept ebenfalls Maßnahmen zur Erreichung der Landesklimaschutzziele festgesetzt.[957] Bei einem gleichen Aufbau und Zweck des integrierten Energie- und Klimaschutzkonzepts mit dem Klimaschutzprogramm müsste daher auch zumindest die Möglichkeit zur Durchführungspflicht einer strategischen Umweltprüfung bestehen.[958]

Die Rechtsprechung des VGH Mannheim wäre auch auf die Klimaschutzpläne der Bundesländer Rheinland-Pfalz und Thüringen übertragbar, wenn sie der Architektur des Klimaschutzprogramms ähneln.

Die Klimaschutzstrategie aus Rheinland-Pfalz (§ 7 Abs. 1 S. 2 LKSG RP) soll die Klimaschutzziele nach § 3 LKSG RP erreichen. Insofern ähnelt der Aufbau auch dem Klimaschutzprogramm nach § 9 Abs. 1 S. 1 KSG. Eine Pflicht zur Durchführung der strategischen Umweltprüfung bleibt somit möglich. Gleiches gilt für die integrierte Energie- und Klimaschutzstrategie in Thüringen, die ebenfalls „*Strategien und Maßnahmen*“ festlegt, um die Landesklimaschutzziele zu erreichen (§ 6 Abs. 2 Nr. 3 ThürKlimaG).

III. Weitere Anforderungen im Zusammenhang mit der strategischen Umweltprüfung

Liegen die Voraussetzungen der Pflicht zur Durchführung einer strategischen Umweltprüfung für die Klimaschutzpläne vor, müssen auch die weiteren Voraussetzungen der jeweiligen Rechtsakte zur Umweltprüfung eingehalten

---

[954] VGH Mannheim, ZUR 2023, 238 Rn. 41.
[955] VGH Mannheim, ZUR 2023, 238 Rn. 41.
[956] VGH Mannheim, ZUR 2023, 238 Rn. 45.
[957] VGH Mannheim, ZUR 2023, 238 Rn. 46.
[958] VGH Mannheim, ZUR 2023, 238 Rn. 46.

werden (§§ 39 ff. UVPG, Art. 5 ff. SUP-RL).[959] Zu diesen Voraussetzungen gehören die Festlegung des Untersuchungsrahmens, die Erstellung eines Umweltberichts, das Beteiligungsverfahren sowie die Bewertung und Bekanntgabe des jeweiligen Plans.[960]

Mit der Erstellung eines Umweltberichts wird zunächst der Untersuchungsrahmen für die strategische Umweltprüfung festgelegt (§ 39 f. UVPG). Ziel ist es, das Prüfungsverfahren einzelfallbezogen einzugrenzen.[961] Nach der SUP-RL regelt Art. 5 Abs. 4, dass die zu beteiligenden Behörden in den Umweltbericht mit aufgenommen werden sollen.[962] Diese Aufnahme setzt die Festlegung des Untersuchungsrahmens bereits voraus, auch wenn dieser Prozess nicht ausdrücklich in der SUP-RL vorgeschrieben ist.[963]

Im Umweltbericht werden überdies die voraussichtlichen erheblichen Umweltauswirkungen der jeweiligen Planungen aufgeführt (§ 40 Abs. 1 S. 2 UVPG, Art. 5 Abs. 1 S. 1 Hs. 1 SUP-RL). Im Bericht enthalten sind unter anderem die Ziele des Plans, der derzeitige Umweltzustand und dessen voraussichtliche Entwicklung bei einer Nichtdurchführung des Plans sowie die zu erwartenden Auswirkungen des Plans auf die Umwelt (§ 40 Abs. 2 S. 1 Nr. 1, Nr. 3 und Nr. 5 UVPG, Art. 5 Abs. 1 S. 1 Hs. 1 SUP-RL i.V.m. lit. a) und lit. b) des Anhang I zur SUP-RL). Mit Hilfe des Umweltberichts soll daher ermittelt und bewertet werden, inwiefern sich ein betroffener Umweltzustand entwickelt (§ 40 Abs. 2 S. 2 UVPG Art. 5 Abs. 1 S. 1 Hs. 2 SUP-RL i.V.m. lit. a) und lit. b) des Anhang I zur SUP-RL). Insofern gilt der

---

959 *Schink* in: Schink/Reidt/Mitschang (Hrsg.), UVPG/UmwRG, 2. Aufl. 2023, § 39 UVPG, Rn. 1 ff., § 40 UVPG Rn. 1 ff., § 41 UVPG Rn. 1 ff., § 42 UVPG Rn. 1 ff., § 43 UVPG Rn. 1 ff.; vgl. *Klafki/Schlacke* in: Kreuter-Kirchhof/Schlacke, KlimaschutzR, 2025, § 9 Rn. 56.

960 *Schink* in: Schink/Reidt/Mitschang (Hrsg.), UVPG/UmwRG, 2. Aufl. 2023, § 39 UVPG, Rn. 1 ff.; § 40 UVPG Rn. 1 ff., § 41 UVPG Rn. 1 ff., § 42 UVPG Rn. 1 ff., § 43 UVPG Rn. 1 ff.

961 *Schink* in: Schink/Reidt/Mitschang (Hrsg.), UVPG/UmwRG, 2. Aufl. 2023, § 39 UVPG, Rn. 1.

962 Vgl. *Schink* in: Schink/Reidt/Mitschang (Hrsg.), UVPG/UmwRG, 2. Aufl. 2023, § 39 UVPG, Rn. 2.

963 *Schink* in: Schink/Reidt/Mitschang (Hrsg.), UVPG/UmwRG, 2. Aufl. 2023, § 39 UVPG, Rn. 2.

Umweltbericht auch als zentraler Bestandteil bei der Durchführung einer strategischen Umweltprüfung.[964]

Nach Erstellung des Umweltberichts unterliegen der Plan sowie der Bericht einem umfangreichen Beteiligungsverfahren.[965] Gem. § 41 S. 1 UVPG sowie Art. 6 Abs. 1 SUP-RL erfolgt eine Behördenbeteiligung, durch die den Behörden, Aufgabenbereiche von der jeweiligen Planung berührt werden, ein Planentwurf sowie ein Bericht übersandt werden. Die Behörden haben sodann die Möglichkeit der Stellungnahme (§ 41 S. 1 UVPG, Art. 6 Abs. 2 SUP-RL).[966] Auch die Öffentlichkeit wird beteiligt (§ 42 Abs. 1, § 18 Abs. 1 S. 1 UVPG, Art. 6 Abs. 1 SUP-RL).[967] Während der Öffentlichkeitsbeteiligung erfolgt zunächst eine Bekanntmachung über den Planentwurf (§ 42 Abs. 1, § 19 Abs. 1 UVPG). Die notwendigen Unterlagen werden sodann ausgelegt (§ 42 Abs. 1, § 19 Abs. 21 UVPG).[968] Die betroffene Öffentlichkeit kann sich sodann zum Plan äußern (§ 42 Abs. 1, § 21 Abs. 1 UVPG). Nach erfolgter Erstellung des Berichts sowie dem Beteiligungsverfahren erfolgt eine abschließende Bewertung des Planvorhabens durch die zuständige Behörde (§ 43 Abs. 1 S. 1 UVPG, Art. 8 SUP-RL). Wird der Plan sodann angenommen, ist dieser öffentlich bekanntzugeben (§ 44 Abs. 1 S. 1 UVPG, Art. 9 Abs. 1 SUP-RL).

IV. Verhältnis der Vorgaben der SUP-RL und des UVPG zu den Klimaschutzgesetzen

Liegen die Voraussetzungen für die Durchführung einer strategischen Umweltprüfung vor, ergänzen die Vorschriften des UVPG beziehungsweise der SUP-RL die entsprechenden formellen Anforderungen der Rechtsakte zum Klimaschutz, sofern die fachrechtlichen Vorgaben hinter denen des UVPG beziehungsweise der SUP-RL zurückbleiben.[969] Im UVPG

---

964 *Peters/Balla/Hesselbarth* in: Peters/Balla/Hesselbart, UVPG, 4. Aufl. 2019, § 40 Rn. 1.

965 Vgl. *Schink* in: Schink/Reidt/Mitschang (Hrsg.), UVPG/UmwRG, 2. Aufl. 2023, § 41 UVPG, Rn. 1 ff.

966 Vgl. *Schink* in: Schink/Reidt/Mitschang (Hrsg.), UVPG/UmwRG, 2. Aufl. 2023, § 41 UVPG, Rn. 6 ff.

967 Vgl. *Klafki/Schlacke* in: Kreuter-Kirchhof/Schlacke, KlimaschutzR, 2025, § 9 Rn. 56 f.

968 Vgl. *Klafki/Schlacke* in: Kreuter-Kirchhof/Schlacke, KlimaschutzR, 2025, § 9 Rn. 57.

969 *Schink* in: Schink/Reidt/Mitschang (Hrsg.), UVPG/UmwRG, 2. Aufl. 2023, § 38 UVPG, Rn. 1.

sowie der SUP-RL sind Mindeststandards aufgeführt.[970] So sieht Art. 10 Abs. 1 S. 3 EU-Governance-VO vor, dass die Vorschriften hinsichtlich der Öffentlichkeitsbeteiligung gem. § 41 S. 1 UVPG, Art. 6 Abs. 1 SUP-RL ausreichend erfüllt sind, sofern die SUP-RL Anwendung findet.[971] Die Betroffenenbeteiligung des KSG wird ebenfalls durch die Vorschriften des UVPG ergänzt.[972] Für das Klimaschutzprogramm gem. § 9 Abs. 1 S. 1 KSG ist eine Öffentlichkeitsbeteiligung nicht vorgesehen. Insofern sind die Vorschriften des UVPG ergänzend heranzuziehen.[973] Es ist daher nur jeweils eine Öffentlichkeitsbeteiligung durchzuführen.

V. Zwischenergebnis

Die Klimaschutzpläne müssen die formellen Rechtmäßigkeitsvoraussetzungen einhalten, die in den jeweiligen Rechtsgrundlagen normiert sind. Dabei ist beachtlich, dass nicht für alle Pläne dieselben Voraussetzungen normiert sind. Für den Klimaschutzplan nach § 9 Abs. 3 KSG ist beispielsweise lediglich eine Betroffenenbeteiligung normiert, während für die europäischen Klimaschutzpläne eine frühzeitige Öffentlichkeitsbeteiligung durchzuführen ist. Weiterhin muss geprüft werden, ob die Klimaschutzpläne einer strategischen Umweltprüfungspflicht unterliegen. Das Vorliegen dieser Pflicht kann nicht abstrakt festgestellt werden, sondern es bedarf einer Einzelfallprüfung. Sofern die Voraussetzungen einer Umweltprüfungspflicht vorliegen, sind die weitergehenden formellen Rechtmäßigkeitsvoraussetzungen des UVPG sowie der SUP-RL anwendbar.

B. Materielle Voraussetzungen für die Aufstellung der Klimaschutzpläne

Neben den formellen Vorgaben müssen auch materielle Rechtmäßigkeitsvoraussetzungen für die Klimaschutzpläne beachtet werden. Die materiellen

---

970 *Schink* in: Schink/Reidt/Mitschang (Hrsg.), UVPG/UmwRG, 2. Aufl. 2023, § 38 UVPG, Rn. 1.

971 *Lammers/Römling*, ZUR 2019, 332 (334 f.).

972 *Schink* in: Schink/Reidt/Mitschang (Hrsg.), UVPG/UmwRG, 2. Aufl. 2023, § 38 UVPG, Rn. 1.

973 *Schink* in: Schink/Reidt/Mitschang (Hrsg.), UVPG/UmwRG, 2. Aufl. 2023, § 38 UVPG, Rn. 1.

Voraussetzungen einer Planung finden sich ebenfalls in ihren Rechtsgrundlagen und werden durch allgemeine Vorschriften ergänzt. Für die Klimaschutzpläne ergeben sich daher die Anforderungen an die materielle Rechtmäßigkeit aus den jeweiligen Klimaschutzrechtsakten.

I. Planerischer Gestaltungsspielraum

Für das Aufstellen eines Plans besteht grundsätzlich ein planerischer Gestaltungsspielraum.[974] Der planerische Gestaltungsspielraum beschreibt den Prozess der Harmonisierung von verschiedenen Interessen, denen keine gesetzliche Rangbestimmung zukommt.[975] Der planenden Stelle wird es ermöglicht, ein planerisches Konzept zu erarbeiten, indem sie bestimmte Belange besonders gewichten und andere zurückstellen kann.[976] Es geht im Rahmen des planerischen Gestaltungsspielraums darum, dass die planende Stelle selbstständig eine Entscheidung unter Berücksichtigung aller relevanten Belange treffen kann.[977] Der Gestaltungsspielraum der planenden Stelle beziehungsweise das Planungsermessen[978] besteht jedoch nicht unbegrenzt. Es gibt vielmehr Einschränkungen hinsichtlich des „Ob" sowie des „Wie" einer Planung.[979]

1. Entschließungsermessen für die Aufstellung der Klimaschutzpläne

Wann ein Plan aufgestellt wird, steht grundsätzlich im Entschließungsermessen einer jeweils planenden Stelle.[980] Das Entschließungsermessen besteht

---

974 BVerwGE 34, 301 (304).

975 *Schmidt-Aßmann*, Aufgaben und Perspektiven verwaltungsrechtlicher Forschung, 2006, S. 165; *Schmidt-Aßmann* in: Schlichter, Planung und Plankontrolle, 1995, S. 11.

976 *Schmidt-Aßmann*, Aufgaben und Perspektiven verwaltungsrechtlicher Forschung, 2006, S. 165; *Durner*, Konflikte räumlicher Planung, 2005, S. 305.

977 *Dirnberger* in: Spannowsky/Uechtritz (Hrsg.), BeckOK BauGB, 68. Ed. 01.05.2025, § 1 Rn. 132; vgl. *Loeser*, System des VerwaltungsR Bd. 1, 1993, § 8 Rn. 120.

978 Das Planungsermessen ist nicht gleichzusetzen mit dem Verwaltungsermessen. Beim Planungsermessen geht es um die Ausübung des planerischen Gestaltungsspielraums während das Verwaltungsermessen rechtsfolgenbezogene Belange regelt, *Köck* in: Voßkuhle/Eifert/Möllers (Hrsg.), Grundlagen d. VerwaltungsR Bd. II, 3. Aufl. 2022, § 36 Rn. 110.

979 *Wolff* in: Sodan/Ziekow (Hrsg.), VwGO, 5. Aufl. 2018, § 114 Rn. 226, 234.

980 *Voßkuhle*, JuS 2008, 117 (117).

allerdings nicht uneingeschränkt. Vielmehr wird das Ermessen durch den Grundsatz der Planrechtfertigung begrenzt.[981] Danach darf nicht geplant werden, „um zu planen", sondern es muss ein Bedürfnis für die Aufstellung eines Plans gegeben sein.[982] Die Rechtfertigung darf nicht aus dem Plan selbst, sondern muss aufgrund der Notwendigkeit, verschiedene Interessen zu ordnen, entstehen.[983] Ein Planvorhaben rechtfertigt sich dann, wenn eine objektive Erforderlichkeit vorliegt.[984] Die Planung muss *„auf die Verwirklichung der mit dem Gesetz generell verfolgten öffentlichen Belange ausgerichtet und* [...] *erforderlich*" sein.[985] Wann genau die Erforderlichkeit für die Aufstellung eines Plans vorliegt, lässt sich nicht pauschal beantworten. Vielmehr ist einzelfallgerecht zu ermitteln, welchen Zweck eine Planung verfolgt und ob dieser ohne die Aufstellung beziehungsweise Aktualisierung eines Plans erreicht werden kann. Eine Regelung zur Planrechtfertigung findet sich beispielsweise für die Aufstellung eines Bebauungsplans in § 1 Abs. 3 S. 1 Hs. 1 BauGB. Danach wird ein Bebauungsplan aufgestellt, *„sobald und soweit*" dieser *„erforderlich ist.*"[986] Darüber hinaus besteht die Planrechtfertigung als ungeschriebene Rechtmäßigkeitsvoraussetzung für die Aufstellung von Fachplänen.[987] Der aufzustellende Plan muss *„vernünftigerweise geboten*" sein.[988]

Für die Aufstellung der Klimaschutzpläne besteht grundsätzlich kein Entschließungsermessen, sondern es sind Rechtspflichten in den jeweiligen Rechtsgrundlagen normiert.[989] Die jeweils zur Planung zuständige Behörde kann somit nicht von äußeren Umständen abhängig machen, ob und wann ein

---

[981] Vgl. auch *Beckmann* in: Landmann/Rohmer, UmweltR, Bd. II, 108. EL. August 2025, § 36 KrWG Rn. 61 f.; *Sanden* in: Koch, UmweltR, 4. Aufl. 2014, § 13 Rn. 122.

[982] BVerwG, NJW 1979, 64 (65 f.); NVwZ-RR 1997, 83 (83).

[983] BVerwGE, 48, 56 (60).

[984] BVerwGE, 48, 56 (60).

[985] BVerwGE, 48, 56 (60 f).

[986] *Dirnberger* in: Spannowsky/Uechtritz (Hrsg.), BeckOK BauGB, 68. Ed. 01.05.2025, § 1 Rn. 32; vgl. auch *Stollmann/Beaucamp*, Öffentliches BauR, 13. Aufl. 2022, § 7 Rn. 3.

[987] BVerwG, NVwZ-Beil. 2006, 1 Rn. 182; NVwZ 2007, 1074 Rn. 45; *Kämper* in: Bader/Ronellenfitsch (Hrsg.), BeckOK VwVfG, 69. Ed. 01.10.2025, § 74 Rn. 16; *Schlacke* in: Kahl/Ludwigs (Hrsg.), Hdb. d. VerwaltungsR, Bd. I, 2021, § 20 Rn. 69.

[988] BVerwG, NVwZ-Beil. 2006, 1 Rn. 182; NVwZ 2007, 1074 Rn. 45; VG München, BeckRS 2011, 30165.

[989] Siehe bspw. § 9 Abs. 1 S. 1 Hs. 1 KSG, Art. 3 Abs. 1 S. 1, Art. 15 Abs. 1 S. 1 EU-Governance-VO.

Klimaschutzplan erforderlich und damit aufzustellen ist. Vielmehr ergibt sich die Erforderlichkeit der Klimaschutzpläne bereits aus der Notwendigkeit der Einhaltung des Temperaturziels des Pariser Abkommens und der damit verbundenen Senkung der Treibhausgasemissionen. Da Treibhausgasemissionen stetig von allen Staaten der Welt ausgestoßen werden, muss die planende Stelle nicht erst überprüfen, ob ein Handeln notwendig ist. Vielmehr ist die Notwendigkeit zum Handeln bereits mit der Festsetzung der Ziele indiziert. Die Europäische Union sowie die Vertragsstaaten sind durch das Pariser Abkommen verpflichtet, Maßnahmen zur Erreichung des Temperaturziels aufzustellen. Eine Pflicht für die europäischen Mitgliedstaaten ergibt sich zudem aus dem EU-Klimaschutzgesetz sowie der EU-Klimaschutz-VO zur Aufstellung von treibhausgasemssionsreduzierenden Maßnahmen. Die Klimaschutzplanung stellt ein notwendiges Mittel dar, mit Hilfe dessen diese Ziele erreicht werden.[990] Aufgrund dessen besteht für die Klimaschutzplanung kein Entschließungsermessen, wenn es um die Frage geht, ob und wann Klimaschutzpläne aufgestellt werden.

a) Rechtspflicht zur Aufstellung der europäischen Klimaschutzpläne

Mit den europäischen Klimaschutzplänen sollen die Energie- und Klimaschutzziele der Europäischen Union sowie das Temperaturziel des Pariser Abkommens erfüllt werden (Art. 1 Abs. 1 lit. a) und lit. c) EU-Governance-VO).[991] Die Ziele können nur dann erreicht werden, wenn sich die Treibhausgasemissionen, die von den Mitgliedstaaten der Europäischen Union ausgestoßen werden, reduzieren.[992] Da die Mitgliedstaaten kontinuierlich zu viele Mengen an Treibhausgasemissionen ausstoßen, um die Ziele zu erreichen, bedarf es zwingend Maßnahmen, um diese zu reduzieren. Zu diesen Maßnahmen gehört, wie zuvor beschrieben[993], das Instrument der Planung.[994] Aufgrund dessen muss das Entschließungsermessen der planenden Stellen auf Null reduziert sein. Dies ist in der EU-Governance-VO durch die Regelung einer Rechtspflicht zur Aufstellung der Klimaschutzpläne normiert.

---

990 Vgl. *Shirvani*, ZUR 2022, 579 (579 f.).
991 *Shirvani*, ZUR 2022, 579 (579 f.).
992 Vgl. *Fouquet* in: Rodi (Hrsg.), Hdb. KlimaschutzR, 2022, § 4 Rn. 46.
993 Kap. 3 B.
994 *Shirvani*, ZUR 2022, 579 (579 f.).

Die Mitgliedstaaten der Europäischen Union mussten gem. Art. 3 Abs. 1 S. 1 EU-Governance-VO bis zum 21.12.2019 einen integrierten nationalen Energie- und Klimaplan erlassen. Auch besteht die Pflicht, den Klimaschutzplan regelmäßig fortzuschreiben. So muss der zweite integrierte nationale Energie- und Klimaplan am 01.01.2029 eingereicht und in einem Rhythmus von zehn Jahren aktualisiert werden (Art. 3 Abs. 1 S. 1 EU-Governance-VO).[995] In der Bundesrepublik Deutschland wurde die Pflicht zur Aufstellung des integrierten nationalen Energie- und Klimaplans im Jahr 2020 umgesetzt.[996] Aktuell gültig ist die Aktualisierung des integrierten nationalen Energie- und Klimaplans vom August 2024.[997]

Die Langfrist-Strategie gem. Art. 15 Abs. 1 und Abs. 3 EU-Governance-VO musste erstmals bis zum 01.01.2020 erarbeitet werden. Die zweite Strategie muss sodann bis zum 01.01.2029 vorliegen. Darüber hinaus müssen alle zehn Jahre aktualisierte Langfrist-Strategien an die Kommission übermittelt werden (Art. 15 Abs. 1 S. 1 EU-Governance-VO). Grundsätzlich besteht also alle zehn Jahre die Pflicht, die Langfrist-Strategie fortzuschreiben. In der Bundesrepublik Deutschland wurde der Klimaschutzplan 2050 als deutsche Langfrist-Strategie[998] bereits im Jahr 2016 von der Bundesregierung erlassen.[999] Die deutsche Langfrist-Strategie erging somit vor der Einführung der EU-Governance-VO. Insofern folgt die aktuelle deutsche Langfrist-Strategie nicht den Vorgaben der EU-Governance-VO.

b) Rechtspflicht zur Aufstellung der nationalen Klimaschutzpläne

Auch das Klimaschutzprogramm gem. § 9 Abs. 1 S. 1 KSG dient, wie bereits beschrieben[1000], dazu, Maßnahmen festzulegen, um den Treibhausgasausstoß in der Bundesrepublik Deutschland zu reduzieren und so einen Beitrag zur

---

[995] Vgl. *Schlacke/Knodt*, ZUR 2019, 404 (406); siehe auch *Kreuter-Kirchhof*, ZUR 2019, 396 (401).

[996] Bundesministerium für Wirtschaft und Energie, Nationaler Energie- und Klimaplan aktualisiert.

[997] *Bundesministerium für Wirtschaft und Energie*, Aktualisierung des integrierten nationalen Energie- und Klimaplans.

[998] *Bundesministerium für Umwelt, Naturschutz, Bau und Reaktorsicherheit*, Klimaschutzplan 2050.

[999] *Saurer* in: Rodi (Hrsg.), Hdb. KlimaschutzR, 2022, § 10 Rn. 21.

[1000] Kap. 3 B I 2.

Erfüllung der Pflichten aus dem Pariser Abkommen sowie den europäischen Verordnungen zu setzen.[1001] Die nationalen Klimaschutzziele gem. § 3 Abs. 1 KSG müssen erreicht werden, sodass Maßnahmen zur Einhaltung der Jahresemissionsgesamtmengen gem. § 4 Abs. 1 KSG i.V.m. Anlage 2 zum KSG festzusetzen sind.[1002] Da dementsprechend eine Reduktion der Treibhausgasemissionen erfolgen muss, kann auch für die Aufstellung des Klimaschutzprogramms kein Entschließungsermessen bestehen. Die Aufstellung des Klimaschutzprogramms unterliegt vielmehr nach § 9 Abs. 1 S. 1 Hs. 1 KSG einer Rechtspflicht. Die Bundesregierung hat spätestens zwölf Kalendermonate nach Beginn einer neuen Legislaturperiode ein Klimaschutzprogramm aufzustellen.[1003] Der Grund für die Neuaufstellungspflicht des Klimaschutzprogramms bei Neubeginn einer Legislaturperiode liegt darin, dass sich die Bundesregierung und die einzelnen Ministerien so ausreichend mit dem Klimaschutz sowie der Sicherstellung durch Bereitstellen geeigneter Maßnahmen und Mittel auseinandersetzen.[1004] Insofern soll gewährleistet sein, dass jede neue Bundesregierung ausreichend ambitionierte Maßnahmen festlegt, um die in Anlage 2 zum KSG festgesetzten Ziele erreichen zu können.[1005] Aktuell gilt das Klimaschutzprogramm 2023 aus dem Jahr 2023.[1006]

Auch in den Bundesländern müssen die ausgestoßenen Treibhausgasemissionen für eine Landesklimaschutzzielerreichung reduziert werden.[1007] Die Aufstellung entsprechender Klimaschutzpläne ist daher ebenfalls rechtlich verpflichtend vorgesehen. In den Bundesländern Bremen, Thüringen, Hamburg sowie Saarland ist zeitlich nicht vorgegeben, wann die entsprechenden Klimaschutzpläne aufzustellen sind. Geregelt ist lediglich, dass die Aufstellung erfolgen muss (§ 4 Abs. 1 S. 1 BremKEG, § 6 Abs. 1 S. 1 ThürKlimaG,

---

[1001] *Guckelberger* in: Fellenberg/Guckelberger (Hrsg.), KlimaschutzR, 2022, § 9 KSG Rn. 3; *von Weschpfennig* in: Fellenberg/Guckelberger (Hrsg.), KlimaschutzR, 2022, § 3 KSG Rn. 1.

[1002] *Guckelberger* in: Fellenberg/Guckelberger (Hrsg.), KlimaschutzR, 2022, § 9 KSG Rn. 10.

[1003] Vgl. auch *Shirvani*, DVBl 2025, 554 (556).

[1004] BT-Drs. 20/8290, S. 24.

[1005] BT-Drs. 20/8290, S. 24.

[1006] *Bundesregierung*, Klimaschutzprogramm 2023.

[1007] Vgl. *Stäsche*, ZUR 2018, 131 (132); *Wickel* in: Säcker/Ludwigs (Hrsg.), Berliner Kommentar zum EnergieR, Bd. 3, 5. Aufl. 2022, Teil 2 A. Rn. 2, 39.

§ 6 Abs. 1 S. 1 HmbKliSchG, § 6 Abs. 1 S. 1 SKSG). Für die Klimaschutzpläne in Rheinland-Pfalz, Berlin und Niedersachsen bestehen hingegen zeitliche Vorgaben. So muss die Klimaschutzstrategie in Rheinland-Pfalz *„binnen zwei Jahren nach Inkrafttreten"* des Klimaschutzgesetzes erlassen werden (§ 7 Abs. 3 LKSG RP). In Berlin war das Energie- und Klimaschutzprogramm erstmalig drei Monate nach Inkrafttreten des EWG Bln zu beschließen und muss jeweils innerhalb eines Jahres nach Konstituierung des Abgeordnetenhauses auf Basis der Berichte nach § 5 EWG Bln weiterentwickelt werden (§ 4 Abs. 2 S. 1 EWG Bln). Ein Entschließungsermessen liegt auch nicht bei der Aufstellung eines Sofortprogramms gem. § 6 S. 1 EWG Bln vor. Wird in Berlin im Monitoringbericht erkennbar, dass die Klimaschutzziele nicht eingehalten werden können, ist ein Sofortprogramm zu erstellen, welches verstärkte Maßnahmen aufweist, durch die die Ziele erreicht werden können (§ 6 S. 1 EWG Bln). In Niedersachsen war die Klimaschutzstrategie erstmals im Jahr 2021 aufzustellen (§ 4 Abs. 1 S. 2 NKlimaG).[1008]

Für die kommunale Klimaschutzplanung besteht hingegen nur teilweise eine Rechtspflicht zu dessen Aufstellung (§ 17 Abs. 3 S. 1 NKlimaG, § 18 Abs. 1 S. 1 NKlimaG, § 10 Abs. 1 S. 2 EWKG SH). In den übrigen Landesklimaschutzgesetzen besteht lediglich die Option, dass Klimaschutzpläne erlassen werden. Die Aufstellung der Pläne kann damit freiwillig erfolgen. Insofern besteht ein sehr weites Entschließungsermessen. Vorgaben hinsichtlich einer Reduktion des Ermessens sind nicht normiert. So ist in Hamburg für die Aufstellung der Wärme- und Kälteplanung auf das Planungserfordernis abzustellen (§ 25 Abs. 1 S. 1 HmbKliSchG). Ein Aufstellungsermessen besteht überdies auch in den Bundesländern Thüringen, Hessen, und Saarland (§ 8 Abs. 2 S. 1 ThürKlimaG, § 8 Abs. 2 HKlimaG, § 6 Abs. 3 SKSG). In Berlin ist die planende Stelle dazu *„gehalten"* Energie- und Kohlendioxidbilanzen aufzustellen (§ 12 Abs. 1 S. 2 EWG Bln). Den kommunalen Gebietskörperschaften in Bayern wird *„empfohlen"*, Klimaschutzprogramme sowie Anpassungsstrategien aufzustellen (Art. 5 Abs. 2 S. 1 BayKlimaG).

[1008] Vgl. dazu *Beye*, Die Klimaschutzgesetze der Bundesländer: Eine rechtliche Analyse und Bewertung der Landesklimaschutzgesetze unter besonderer Berücksichtigung des völker-, europa- und bundesrechtlichen Rahmens, 2021, S. 205 f.

2. Entschließungsermessen für die Aktualisierung der Klimaschutzpläne

Den jeweils planenden Stellen steht, anders als für die Aufstellung, für die Aktualisierung der Klimaschutzpläne größtenteils ein Entschließungsermessen zu. Ein solches Ermessen ist notwendig, da nicht von vornherein abgeschätzt werden kann, wie sich der Treibhausgasausstoß mit den aufgestellten Plänen entwickelt. Vielmehr ist konkret im Einzelfall zu ermitteln, ob es einer Nachsteuerung durch eine Aktualisierung bedarf. Lediglich die Frage, wann die Notwendigkeit einer Aktualisierung eines Plans besteht, ist gesetzlich festgelegt. Dies folgt auch bereits aus dem für die Pläne festgelegten Monitoring-Verfahren. Die Pläne müssen in regelmäßigen Abständen auf ihre Geeignetheit zur jeweiligen Zielerreichung hin überprüft werden.

a) Aktualisierung der europäischen Klimaschutzpläne

In der EU-Governance-VO ist normiert, wann eine Überprüfung hinsichtlich der Aktualisierung der Klimaschutzpläne erfolgen muss. Gem. Art. 14 Abs. 2 EU-Governance-VO werden die integrierten nationalen Energie- und Klimapläne aktualisiert, sofern dies erforderlich ist.[1009] Bestand eine Erforderlichkeit zur Aktualisierung, musste eine überarbeitete Fassung erstmalig bis zum 30.06.2023 der Europäischen Kommission vorgelegt werden.[1010] Die zweite Aktualisierung wird, sofern erforderlich, bis zum 01.01.2033 übermittelt. Sodann erfolgt die Aktualisierung alle zehn Jahre (Art. 14 Abs. 2 EU-Governance-VO).[1011] Erfolgt hingegen keine Aktualisierung, muss eine entsprechende Begründung gegenüber der Europäischen Kommission eingereicht werden (Art. 14 Abs. 2 EU-Governance-VO). Grundsätzlich ist der integrierte nationale Energie- und Klimaplan der Langfrist-Strategie nachgelagert, da er an die Langfrist-Strategie angepasst werden muss (Art. 15 Abs. 6 EU-Governance-VO).[1012] Insofern haben also veränderte politische oder wissenschaftliche Vorgaben für die Langfrist-Strategie auch Einfluss auf die integrierten nationalen Energie- und Klimapläne. Eine Aktualisierung

---

[1009] Vgl. *Lammers*, Die europäische Governance-VO und das EU-Klimagesetz, 2023, S. 119 f.
[1010] Vgl. *Lammers*, Die europäische Governance-VO und das EU-Klimagesetz, 2023, S. 119 f.
[1011] Vgl. *Lammers*, Die europäische Governance-VO und das EU-Klimagesetz, 2023, S. 119 f.
[1012] Vgl. *Lammers*, Die europäische Governance-VO und das EU-Klimagesetz, 2023, S. 158.

des integrierten nationalen Energie- und Klimaplans in der Bundesrepublik Deutschland hat im August 2024 stattgefunden.[1013]

Auch für die Aktualisierung der Langfrist-Strategie liegt ein Entschließungsermessen vor (Art. 15 Abs. 1 S. 2 EU-Governance-VO). Danach *„sollte"* die Langfrist-Strategie alle fünf Jahre aktualisiert werden, sofern dies erforderlich ist.[1014] Die Erforderlichkeit einer Aktualisierung der Langfrist-Strategie ergibt sich aus einer Überschau der gegebenen Situation, der festgesetzten Beiträge sowie der aufgestellten Prognosen, die dazu beitragen sollen, das Temperaturziel des Pariser Abkommens langfristig einzuhalten. Die Erforderlichkeit einer Aktualisierung der Langfrist-Strategie liegt grundsätzlich dann vor, wenn das Temperaturziel des Pariser Abkommens mit den festgesetzten Strategien nicht mehr erreicht werden kann. Das Entschließungsermessen wird insofern durch die Notwendigkeit eines ausreichenden Ambitionsbeitrags reduziert. So ist gem. § 12 Abs. 3 Nr. 2 KSG vor der Fortschreibung der Langfrist-Strategie die Stellungnahme des Expertenrates für Klimafragen einzuholen.[1015] Die Aufgabe des Expertenrates liegt in der Prüfung der Emissionsdaten nach § 5 Abs. 1 und Abs. 2 KSG (§ 12 Abs. 1 S. 1 KSG).[1016] Das Ergebnis der Prüfung legt der Expertenrat der Bundesregierung sowie dem Bundestag vor, bevor der Klimaschutzplan fortgeschrieben wird (§ 12 Abs. 1 S. 1 und Abs. 3 Nr. 2 KSG).[1017] Insofern ergibt sich die Erforderlichkeit der Aktualisierung aus einer Bewertung der Treibhausgasemissionsdaten. In der Bundesrepublik Deutschland wurde die Langfrist-Strategie bislang nicht aktualisiert.

[1013] *Bundesministerium für Wirtschaft und Energie*, Aktualisierung des integrierten nationalen Energie- und Klimaplans.

[1014] Hierzu *Schlacke/Lammers*, EurUP 2018, 424 (429); vgl. *Lammers*, Die europäische Governance-VO und das EU-Klimagesetz, 2023, S. 162.

[1015] *Wickel* in: Säcker/Ludwigs (Hrsg.), Berliner Kommentar zum EnergieR, Bd. 3, 5. Aufl. 2022, § 12 KSG Rn. 13.

[1016] *Wickel* in: Säcker/Ludwigs (Hrsg.), Berliner Kommentar zum EnergieR, Bd. 3, 5. Aufl. 2022, § 12 KSG Rn. 4.

[1017] *Wickel* in: Säcker/Ludwigs (Hrsg.), Berliner Kommentar zum EnergieR, Bd. 3, 5. Aufl. 2022, § 12 KSG Rn. 13 f.

b) Aktualisierung der nationalen Klimaschutzpläne

Für das Klimaschutzprogramm besteht gem. § 9 Abs. 1 S. 1 Hs. 2 KSG die Möglichkeit, nach Fortschreibung des Klimaschutzplans (deutsche Langfrist-Strategie gem. § 2 Nr. 7 KSG) auch das Klimaschutzprogramm zu aktualisieren.[1018] Mit dieser Neuregelung, die aus der KSG-Novelle aus 2024 hervorgeht, wurde die vorherige Pflicht, dass nach jeder Aktualisierung des Klimaschutzplans das Klimaschutzprogramm zwingend fortgeschrieben werden musste, aufgeweicht (§ 9 Abs. 1 S. 1 Hs. 1 KSG 2019/2021).[1019] Es besteht lediglich noch eine Prüfpflicht hinsichtlich einer Aktualisierungsnotwendigkeit. Auch dabei sind die Ergebnisse des Expertenrates gem. § 12 Abs. 3 Nr. 3 KSG zu Grunde zu legen.[1020] Das Entschließungsermessen für die Aktualisierung des Klimaschutzprogramms begrenzt sich somit dahingehend, dass überprüft werden muss, ob veränderte Beiträge des Klimaschutzplans Auswirkungen auf das Klimaschutzprogramm haben.[1021] Insofern haben der Klimaschutzplan (die deutsche Langfrist-Strategie) und die darin enthaltenen Änderungen Auswirkungen auf die Festsetzungen im Klimaschutzprogramm.[1022] Darüber hinaus besteht kein weiteres Entschließungsermessen für eine Aktualisierung des Klimaschutzprogramms. Mit der zweiten Gesetzesnovelle des KSG wurde der Begriff *„mindestens"* (§ 9 Abs. 1 S. 1 Hs. 1 KSG 2019/2021) aus dem KSG gestrichen. Der Begriff *„mindestens"* hatte impliziert, dass das Klimaschutzprogramm auch bei sonstigen veränderten Gegebenheiten und Umständen aktualisiert werden kann.[1023] Die Streichung dieses Wortes mit der zweiten Novelle deutet darauf hin, dass die Möglichkeit der Aktualisierung des Klimaschutzprogramms auf den Fall beschränkt bleibt, dass der Klimaschutzplan fortgeschrieben wird.

[1018] BT-Drs. 20/8290, S. 24 f.; *Klafki/Schlacke* in: Kreuter-Kirchhof/Schlacke, KlimaschutzR, 2025, § 9 Rn. 18, 19.

[1019] BT-Drs. 20/8290, S. 24 f.

[1020] *Wickel* in: Säcker/Ludwigs (Hrsg.), Berliner Kommentar zum EnergieR, Bd. 3, 5. Aufl. 2022, § 12 KSG Rn. 14.

[1021] *Klafki/Schlacke* in: Kreuter-Kirchhof/Schlacke, KlimaschutzR, 2025, § 9 Rn. 19.

[1022] Vgl. *Guckelberger* in: Fellenberg/Guckelberger (Hrsg.), KlimaschutzR, 2022, § 9 KSG Rn. 4; *Klafki/Schlacke* in: Kreuter-Kirchhof/Schlacke, KlimaschutzR, 2025, § 9 Rn. 19.

[1023] *Guckelberger* in: Fellenberg/Guckelberger (Hrsg.), KlimaschutzR, 2022, § 9 KSG Rn. 9; *Guckelberger*, NuR 2022, 221 (224); *Wickel* in: Säcker/Ludwigs (Hrsg.), Berliner Kommentar zum EnergieR, Bd. 3, 5. Aufl. 2022, § 9 KSG Rn. 10.

Ein Ermessensspielraum liegt für die Aktualisierung und Fortschreibung der Landesklimaschutzpläne ebenfalls vor. Für die Fortschreibung wurden Begriffe wie *„spätestens“* (§ 6 Abs. 1 S. 3 SKSG), *„regelmäßig“* (§ 4 Abs. 1 S. 4 BremKEG, Art. 5 Abs. 1 BayKlimaG) sowie *„mindestens“* (§ 4 Abs. 1 S. 2 NKlimaG) gewählt, die einen Ermessensspielraum bei einem Aktualisierungserfordernis gewähren. In Rheinland-Pfalz „soll“ die Strategie alle fünf Jahre aktualisiert werden (§ 7 Abs. 4 S. 1 LKSG RP). Diese Formulierung stellt ebenfalls eine Ermessensentscheidung dar. In anderen Bundesländern ist die Frage der Aktualisierung nicht geregelt, sodass auch dementsprechend ein Ermessen besteht (bspw. § 6 Abs. 1 ThürKlimaG).

Eine Rechtspflicht zur Aktualisierung der Klimaschutzpläne wurde hingegen in Hamburg gem. § 6 Abs. 3 HmbKliSchG normiert, nach dem die Fortschreibung alle vier Jahre erfolgt.[1024] Darüber hinaus kann eine Aktualisierung erfolgen, wenn der Zwischenbericht gem. § 6 Abs. 2 S. 2 HmbKliSchG ergibt, dass eine Zielverfehlung stattgefunden hat.[1025] Auch in Niedersachsen besteht die Rechtspflicht, den kommunalen Energiebericht alle drei Jahre fortzuschreiben (§ 17 Abs. 3 S. 2 NKlimaG).

c) Zwischenergebnis

Die Aufstellung der Klimaschutzpläne liegt nicht im Ermessen der planenden Behörden. Vielmehr sind Rechtspflichten ausgestaltet. Der Grund dafür liegt darin, dass eine Treibhausgasemissions-Reduktion erfolgen muss, um das Temperaturziel des Pariser Abkommens einzuhalten. Insofern stellt sich die Frage, ob ein Plan erlassen werden sollte, bereits nicht mehr. Die Aktualisierungsnotwendigkeit der jeweiligen Pläne steht hingegen im planerischen Ermessen. Es ist zu überprüfen, ob veränderte Gegebenheiten eine Fortschreibung fordern.

[1024] Vgl. hierzu auch *Beye*, Die Klimaschutzgesetze der Bundesländer: Eine rechtliche Analyse und Bewertung der Landesklimaschutzgesetze unter besonderer Berücksichtigung des völker-, europa- und bundesrechtlichen Rahmens, 2021, S. 205 f.

[1025] Vgl. hierzu auch *Beye*, Die Klimaschutzgesetze der Bundesländer: Eine rechtliche Analyse und Bewertung der Landesklimaschutzgesetze unter besonderer Berücksichtigung des völker-, europa- und bundesrechtlichen Rahmens, 2021, S. 205 f.

3. Auswahlermessen für die Festsetzungen in den Klimaschutzplänen

Neben dem Entschließungsermessen, also der Frage des „Ob" der Planung, besteht das Auswahlermessen, welches die Frage des „Wie" betrifft.[1026] Das Auswahlermessen beschreibt grundsätzlich die Freiheit der planenden Stelle, die Festsetzungen eines Plans selbst zu bestimmen.[1027] Dieses Ermessen besteht jedoch ebenfalls nicht grenzenlos.[1028] Zunächst sind aus den jeweiligen Rechtsgrundlagen der Pläne bestehende zwingende Vorgaben im planerischen Auswahlermessen zu berücksichtigen.[1029] Die planende Stelle muss beispielsweise Klimaschutzpläne aufstellen, die den festgelegten Klimaschutzzielen folgen. Auch sonstige Anforderungen an den Inhalt sind in den Plan einzubringen. Daneben finden sich Einschränkungen des Ermessens aus allgemeineren Grundsätzen, wie für die nationale Ebene das Rechtsstaatsprinzip (Art. 20 Abs. 3 GG).[1030] Dazu gehört beispielsweise das Gebot der gerechten Abwägung[1031], welches auch im Europarecht im Rahmen des Gebots der Konfliktbewältigung ausgestaltet ist.[1032] Im Weiteren werden die Anforderungen der jeweiligen Rechtsgrundlagen, aber auch die Anforderungen aus allgemeineren Grundsätzen für das Auswahlermessen im Rahmen der Klimaschutzpläne aufgezeigt.

a) Klimaschutzziele

Eine Einschränkung des Auswahlermessens der planenden Stellen liegt darin, dass die Pläne aufgestellt werden, um die jeweils geltenden Klimaschutzziele zu erreichen.[1033] Es müssen also Maßnahmen und Festsetzungen getroffen

---

[1026] *Wysk* in: Giesberts/Reinhardt (Hrsg.), BeckOK UmweltR, 77. Ed. 01.07.2025, § 47d BImSchG Rn. 21.

[1027] Vgl. *Riese* in: Schoch/Schneider, VerwaltungsR, 48. EL Juli 2025, § 114 VwGO Rn. 17.

[1028] Siehe hierzu *Würtenberger*, Staatsrechtliche Probleme politischer Planung, 1979, S. 330 ff.

[1029] Vgl. *Knappe*, Die Maßnahmenplanung im europäisierten VerwaltungsR, 2022, S. 232.

[1030] *Hoppe* in: Isensee/Kirchhof (Hrsg.), Hdb. d. StaatsR, Bd. IV, 3. Aufl. 2006, § 77 Rn. 71 ff.; *Würtenberger*, Staatsrechtliche Probleme politischer Planung, 1979, S. 333.

[1031] Vgl. *Hoppe* in: Isensee/Kirchhof (Hrsg.), Hdb. d. StaatsR, Bd. IV, 3. Aufl. 2006, § 77 Rn. 91.

[1032] *Gärditz*, Europäisches Planungsrecht, 2009, S. 74.

[1033] Vgl. *Knappe*, Die Maßnahmenplanung im europäisierten VerwaltungsR, 2022, S. 232 f., 248 f.

werden, die dazu geeignet sind, eine Zielverwirklichung sicherzustellen. Bei den europäischen Klimaschutzplänen geht es um eine europäische Energie- und Klimaschutzzielerreichung.[1034] Die nationalen Pläne zielen hingegen darauf ab, die nationalen Klimaschutzziele sicherzustellen.[1035]

aa) Ziele der Europäischen Union

Der Zweck des integrierten nationalen Energie- und Klimaplans liegt in der Erreichung der europäischen Ziele hinsichtlich der fünf Dimensionen der Energieunion, also der Dekarbonisierung, der Energieeffizienz, der Sicherheit der Energieversorgung, der Forschung, Innovation und Wettbewerbsfähigkeit sowie der Schaffung eines Energiebinnenmarkts (Art. 1 Abs. 2, Art. 3 Abs. 2 lit. b) i.V.m. Art. 4 EU-Governance-VO).[1036] Es müssen Beiträge zur Erreichung der europäischen Ziele hinsichtlich der fünf Dimensionen dargestellt werden.[1037] Welche Ziele europaweit konkret erreicht werden müssen, sind den entsprechenden Richtlinien und Verordnungen zu entnehmen. So ist nach Art. 1 Abs. 1 S. 1 Energieeffizienz-RL die Energieeffizienz um 32,5 % bis zum Jahr 2030 zu steigern. Die Nutzung von Energien aus erneuerbaren Quellen soll derart gefördert werden, dass im Jahr 2030 mindestens 42,5 % des Anteils von Energie aus erneuerbaren Quellen herrührt (Art. 3 Abs. 1 S. 1 EEG-RL). Ebenfalls soll der Stromverbund bis zum Jahr 2030 um 15 % gefördert werden.[1038] Die europäischen Zielfestlegungen müssen mit den Beiträgen in den integrierten nationalen Energie- und Klimaplänen erreicht werden können.[1039] Die nationalen Energie- und Klimaziele für die Erreichung der Energieunion sind im aktuellen nationalen integrierten Energie- und Klimaplan ausführlich dargestellt.[1040] Festgelegt wurde für die Dimension der Dekarbonisierung, dass die Treibhausgasemissionen in den

---

1034 *Shirvani*, ZUR 2022, 579 (579 f.).

1035 Vgl. für das Klimaschutzprogramm gem. § 9 Abs. 1 S. 1 KSG *Guckelberger* in: Fellenberg/Guckelberger (Hrsg.), KlimaschutzR, 2022, § 9 KSG Rn. 3.

1036 *Shirvani*, ZUR 2022, 579 (580).

1037 *Shirvani*, ZUR 2022, 579 (579 f.).

1038 Europäischer Rat, EUCO 169/14, CO EUR 13 CONCL 5, Rn. 4; vgl. *Stäsche*, EnWZ 2022, 201 (210).

1039 *Shirvani*, ZUR 2022, 579 (580).

1040 *Bundesministerium für Wirtschaft und Energie*, Aktualisierung des integrierten nationalen Energie- und Klimaplans, S. 62–125.

Sektoren – außerhalb des Emissionshandels – im Jahr 2030 um 50 % im Vergleich zum Jahr 2005 gemindert werden müssen.[1041] Für den Ausbau der erneuerbaren Energien liegt das Ziel vor, bis zum Jahr 2030 einen Anteil von 80 % zu erreichen.[1042] Hinsichtlich der Dimension der Energieeffizienz sind bis zum Jahr 2030 für die Sektoren Industrie, GHD, Haushalte und Verkehr Primärenergieverbrauchszielpfade sowie Endenergieverbrauchszielpfade vorgegeben.[1043] Das zentrale Ziel für die Dimension des Energiebinnenmarktes liegt im Netzausbau.[1044] Die Dimension der Forschung, Innovation und Wettbewerbsfähigkeit soll überdies durch eine öffentliche Forschungsförderung gestärkt werden.[1045]

Die Ziele der Langfrist-Strategie der Mitgliedstaaten sind in Art. 15 Abs. 3 lit. a) – lit. d) EU-Governance-VO festgelegt. Es geht grundsätzlich darum, dass mit der Langfrist-Strategie das Temperaturziel des Pariser Abkommens durch eine Reduktion der Treibhausgasemissionen erreicht werden kann.[1046] Auch müssen die Treibhausgasemissionen der europarechtlich festgelegten Sektoren derart gesenkt werden, dass auch eine europäische Klimaschutzzielerreichung eintreten kann.[1047] Zu diesem Zweck muss das Energiesystem der Europäischen Union derart verändert werden, dass es auf energieeffizienten und erneuerbaren Energien beruht.

Im aktuellen Klimaschutzplan 2050 wird aufgeführt, dass die Bundesrepublik Deutschland bis zum Jahr 2050 mindestens 80–95 % der Treibhausgasemissionen gegenüber dem Jahr 1990 zu reduzieren hat.[1048] Um das

---

1041 *Bundesministerium für Wirtschaft und Energie*, Aktualisierung des integrierter nationalen Energie- und Klimaplans, S. 62.

1042 *Bundesministerium für Wirtschaft und Energie*, Aktualisierung des integrierten nationalen Energie- und Klimaplans, S. 68.

1043 *Bundesministerium für Wirtschaft und Energie*, Aktualisierung des integrierten nationalen Energie- und Klimaplans, S. 80.

1044 *Bundesministerium für Wirtschaft und Energie*, Aktualisierung des integrierten nationalen Energie- und Klimaplans, S. 102.

1045 *Bundesministerium für Wirtschaft und Energie*, Aktualisierung des integrierten nationalen Energie- und Klimaplans, S. 123.

1046 *Shirvani*, ZUR 2022, 579 (580); *Lammers*, Die europäische Governance-VO und das EU-Klimagesetz, 2023, S. 129.

1047 Vgl. *Lammers*, Die europäische Governance-VO und das EU-Klimagesetz, 2023, S. 131.

1048 *Bundesministerium für Umwelt, Naturschutz, Bau und Reaktorsicherheit*, Klimaschutzplan 2050 Klimaschutzpolitische Grundsätze und Ziele der Bundesregierung, S. 7.

Reduktionsziel zu erreichen, sieht der Klimaschutzplan 2050 einen Emissionsminderungspfad vor. Bis zum Jahr 2030 sollten zunächst mindestens 55 % der Treibhausgasemissionen gegenüber dem Jahr 1990 reduziert werden.[1049] Im Jahr 2040 soll die Reduktion dann 70 % gegenüber 1990 betragen.[1050] Die jeweiligen Reduktionsziele werden dabei auf die Sektoren Energiewirtschaft, Gebäude, Verkehr, Industrie, und Landwirtschaft sowie Landnutzung und Forstwirtschaft aufgeteilt.[1051] Im Rahmen der Sektoren werden einzelne Maßnahmen und Möglichkeiten der Umsetzung vorgegeben, um die jeweiligen Reduktionsziele erreichen zu können.[1052] Der Klimaschutzplan 2050 enthält damit die Ziele der Bundesregierung, durch die die Grundlinien der deutschen Klimaschutzstrategie langfristig gesetzt und der Weg in die Treibhausgasemissionsneutralität aufgezeigt wird.[1053]

bb) Ziele des Klimaschutzprogramms

Das Klimaschutzprogramm dient dem Zweck, die nationalen Klimaschutzziele nach § 3 Abs. 1 KSG zu erreichen (§ 9 Abs. 1 S. 2 KSG).[1054] Wie bereits dargelegt legt § 3 Abs. 1 KSG eine Minderungsquote für die Jahre 2030 und 2040 fest.[1055] Gem. § 3 Abs. 1 Nr. 1 KSG sind die Treibhausgasemissionen bis zum Jahr 2030 um mindestens 65 % zu senken. Weiterhin müssen Maßnahmen zur Erfüllung der Ziele nach §§ 3a, 3b KSG festgesetzt werden (§ 9 Abs. 1 S. 4 KSG).[1056] Mit dem Klimaschutzprogramm werden gem. § 9 Abs. 1 S. 2

[1049] *Bundesministerium für Umwelt, Naturschutz, Bau und Reaktorsicherheit*, Klimaschutzplan 2050 Klimaschutzpolitische Grundsätze und Ziele der Bundesregierung, S. 7, 28.

[1050] *Bundesministerium für Umwelt, Naturschutz, Bau und Reaktorsicherheit*, Klimaschutzplan 2050 Klimaschutzpolitische Grundsätze und Ziele der Bundesregierung, S. 28.

[1051] *Bundesministerium für Umwelt, Naturschutz, Bau und Reaktorsicherheit*, Klimaschutzplan 2050 Klimaschutzpolitische Grundsätze und Ziele der Bundesregierung, S. 32 f.

[1052] *Bundesministerium für Umwelt, Naturschutz, Bau und Reaktorsicherheit*, Klimaschutzplan 2050 Klimaschutzpolitische Grundsätze und Ziele der Bundesregierung, S. 34 ff.

[1053] *Guckelberger* in: Fellenberg/Guckelberger (Hrsg.), KlimaschutzR, 2022, § 9 KSG Rn. 3.

[1054] *Wickel* in: Säcker/Ludwigs (Hrsg.), Berliner Kommentar zum EnergieR, Bd. 3, 5. Aufl. 2022, § 9 KSG Rn. 16.

[1055] Kap. 2 D III 1.

[1056] *Wickel* in: Säcker/Ludwigs (Hrsg.), Berliner Kommentar zum EnergieR, Bd. 3, 5. Aufl. 2022, § 9 KSG Rn. 23; *Klafki/Schlacke* in: Kreuter-Kirchhof/Schlacke, KlimaschutzR, 2025, § 9 Rn. 25.

und S. 4 KSG Maßnahmen festgesetzt, die eine entsprechende Einhaltung der Ziele garantieren sollen.[1057]

cc) Ziele der Landesklimaschutzpläne

Die Landesklimaschutzpläne haben den Zweck, dass die Landesklimaschutzziele durch die in den Plänen aufgestellten Maßnahmen erfüllt werden können.[1058] Insofern wird das Auswahlermessen dahingehend eingeschränkt, dass die Festsetzungen der Klimaschutzpläne die jeweiligen Ziele erreichen müssen.

In Rheinland-Pfalz sind in der Klimaschutzstrategie die notwendigen Festsetzungen in Form von Maßnahmen, Strategien und Zielen festzulegen, um die Ziele in Form der Reduktion von Treibhausgasemissionen gem. § 3 LKSG RP erreichen zu können (§ 7 Abs. 1 S. 2 LKSG RP). Auch in Berlin werden im Landesklimaschutzprogramm entsprechende Strategien und Maßnahmen festgesetzt, die zu einer Erreichung der Ziele nach § 3 Abs. 1 EWG Bln führen (§ 4 Abs. 1 EWG Bln). Gleiches ist auch für die Klimaschutzstrategien in Thüringen geregelt. Die Landesstrategie soll eine Grundlage für die Erreichung der Klimaschutzziele setzen (§ 6 Abs. 1 S. 1 ThürKlimaG). Die niedersächsische Strategie zum Klimaschutz gem. § 4 Abs. 1 S. 1 NKlimaG enthält auch wesentliche Festsetzungen, durch die die in § 3 Abs. 1 S. 1 Nr. 1–Nr. 3 und Nr. 5 NKlimaG festgelegten Ziele erreicht werden können. Auch in Hessen enthält der Klimaplan Festsetzungen in Form von Maßnahmen zur Erreichung der Landesklimaschutzziele nach § 3 HKlimaG (§ 4 Abs. 1 S. 1 HKlimaG). Im Klimaschutzkonzept des Saarlands werden ebenfalls wesentliche Strategien und Maßnahmen zur in § 4 SKSG enthaltenen Klimaschutzzielerreichung festgelegt (§ 6 Abs. 1 S. 1 SKSG). Das Klimaschutzprogramm in Bayern ist in Art. 5 Abs. 1 Nr. 1 BayKlimaG aufgeführt. Auch darin ist normiert, dass im Programm selbst Maßnahmen

---

[1057] *Wickel* in: Säcker/Ludwigs (Hrsg.), Berliner Kommentar zum EnergieR, Bd. 3, 5. Aufl. 2022, § 9 KSG Rn. 23.

[1058] § 6 Abs. 2 S. 1 HmbKliSchG, § 7 Abs. 1 S. 1 LKSG RP, § 4 Abs. 1 S. 4 BremKEG, § 4 Abs. 1 EWG Bln, § 6 Abs. 1 S. 1 ThürKlimaG, § 4 Abs. 1 S. 1 NKlimaG, Art. 5 Abs. 1 Nr. 1 BayKlimaG, § 4 Abs. 1 S. 1 HKlimaG, § 6 Abs. 1 S. 1 SKSG; *Beye*, Die Klimaschutzgesetze der Bundesländer: Eine rechtliche Analyse und Bewertung der Landesklimaschutzgesetze unter besonderer Berücksichtigung des völker-, europa- und bundesrechtlichen Rahmens, 2021, S. 199.

enthalten sein müssen, die die Landesklimaschutzziele nach Art. 2 Abs. 1 und Abs. 2 erfüllen können. Der Hamburger Klimaplan, der in § 6 Abs. 1 S. 1 HmbKliSchG normiert ist, enthält ebenfalls notwendige Festsetzungen zur Sektorklimaschutzzielerreichung (§ 6 Abs. 1 S. 2 HmbKliSchG).[1059]

dd) Ziele der kommunalen Klimaschutzpläne

Ziel der kommunalen Klimaschutzpläne ist grundsätzlich eine Datenwiedergabe sowie die Darstellung von Prognosen. Die Kommunen stellen mit ihren Plänen größtenteils Berichte und Strategien auf.[1060] Dazu gehören Energieberichte, welche die Energieverbräuche sowie Möglichkeiten einer Energiereduktion beschreiben (§ 17 Abs. 1 S. 1 und S. 2 NKlimaG). Mit Wärme- und Kälteplänen wird die Möglichkeit einer treibhausgasneutralen Versorgung von Gebäuden mit Wärme dargestellt (§ 25 Abs. 1 S. 1 und S. 2 HmbKliSchG, § 10 Abs. 1 S. 2 EWKG SH). Kommunale Klimaschutzkonzepte dienen der Darstellung der Energieversorgung von neuen Baugebieten, dem Zuschnitt von Grundstücken im Hinblick auf den Energieverbrauch sowie der Nutzung von erneuerbaren Energien, der Errichtung von Anlagen zur Nutzung von erneuerbaren Energien sowie der Verminderung des Energieverbrauchs von Gebäuden (§ 13 Abs. 2 Nr. 1–Nr. 4 BremKEG). Auch geht es um die Anpassung an die Folgen des Klimawandels (§ 13 Abs. 2 Nr. 5 BremKEG). In den Berliner Energie- und Kohlendioxidbilanzen werden Ziele zur Reduktion von Kohlendioxidemissionen aufgeführt sowie Aussagen zur Einsparung von Energie in Gebäuden getroffen (§ 12 Abs. 1 S. 2 EWG Bln). In kommunalen Strategien wird der Weg zu einer Treibhausgasemissionsminderung aufgezeigt. Auch der Ausbau von erneuerbaren Energien ist darin enthalten (§ 8 Abs. 2 S. 1 und S. 2 ThürKlimaG, § 8 Abs. 2 HKlimaG). Für Saarland ist vorgegeben, dass ein Klimaschutzkonzept erarbeitet werden muss (§ 6 Abs. 3 SKSG). Welches Ziel dieses verfolgt, ist gesetzlich jedoch nicht geregelt. Das Klimaschutzkonzept in Niedersachsen dient dazu, die

---

1059 Vgl. zu diesem Abschnitt *Beye*, Die Klimaschutzgesetze der Bundesländer: Eine rechtliche Analyse und Bewertung der Landesklimaschutzgesetze unter besonderer Berücksichtigung des völker-, europa- und bundesrechtlichen Rahmens, 2021, S. 208 ff.

1060 So in § 17 ff. NKlimaG, § 13 Abs. 1 S. 1 BremKEG, § 12 Abs. 1 S. 2 EWG Bln, § 25 Abs. 1 S. 1 HmbKliSchG, § 10 Abs. 1 S. 2 EWKG SH, § 8 Abs. 2 S. 1 ThürKlimaG, § 8 Abs. 2 HKlimaG, Art. 5 Abs. 2 S. 1 BayKlimaG.

jährlichen Treibhausgasemissionen der Verwaltung darzustellen (§ 18 Abs. 1 S. 2 Nr. 1–Nr. 3 NKlimaG) und Ziele sowie Zwischenziele zur Senkung der verwaltungsinternen Treibhausgase festzulegen. Auch entsprechende Maßnahmen zur Zielerreichung werden aufgeführt (§ 18 Abs. 1 S. 2 Nr. 4 NKlimaG). In Bayern dient das Klimaschutzprogramm der Festlegung von Maßnahmen (Art. 5 Abs. 2 S. 1 BayKlimaG).

b) Anforderungen an Festsetzungen

Neben den zu erreichenden Klimaschutzzielen finden sich auch verbindlich festgelegte Vorgaben für die konkreten Inhalte, die in die Planungen eingebracht werden müssen. Die Anforderungen an die planerischen Festsetzungen unterscheiden sich im Einzelnen. Während die EU-Governance-VO für den integrierten nationalen Energie- und Klimaplan sowie die Langfrist-Strategie vorsieht, dass in ihr festgelegte „*Elemente*" enthalten sein müssen (Art. 3 Abs. 1 S. 2, Art. 15 Abs. 4 EU-Governance-VO), geht es im nationalen Recht um die Aufstellung konkreter Maßnahmen (siehe bspw. § 9 Abs. 1 S. 2 KSG). Da die EU-Governance-VO die nationale Zielfestlegung zur Erreichung der europäischen Klimaschutzziele den europäischen Mitgliedstaaten überlasst, sind auch kaum Anforderungen an entsprechende Maßnahmen zu finden. Vielmehr ist größtenteils festgelegt, dass die europäischen Ziele durch die nationalen Beiträge erreicht werden müssen.[1061] Auch müssen Beschreibungen, Prognosen sowie wissenschaftliche Erkenntnisse hinsichtlich der Geeignetheit der nationalen Beiträge aufgeführt werden.[1062] Auf Bundesebene bestehen hingegen konkrete Jahresemissionsgesamtbudgets nach § 4 Abs. 1 S. 2 und S. 3 KSG i.V.m. Anlage 2 zum KSG. Insofern müssen die im Programm nach § 9 Abs. 1 S. 2 KSG festgesetzten Maßnahmen konkret geeignet sein, diese Budgets einzuhalten.[1063]

[1061] Vgl. *Lammers*, Die europäische Governance-VO und das EU-Klimagesetz, 2023, S. 91, 151 f.

[1062] Vgl. *Lammers*, Die europäische Governance-VO und das EU-Klimagesetz, 2023, S. 91.

[1063] Vgl. *Guckelberger* in: Fellenberg/Guckelberger (Hrsg.), KlimaschutzR, 2022, § 9 KSG Rn. 10.

aa) Europäische Anforderungen

Für die Ausarbeitung der Langfrist-Strategie sowie des integrierten nationalen Energie- und Klimaplans sind in der EU-Governance-VO Vorgaben getroffen worden. Die EU-Governance-VO enthält größtenteils Anforderungen an formelle Planinhalte. Das bedeutet, es ist abstrakt geregelt, was in einem Plan enthalten beziehungsweise welche nationalen Strategien und Politiken beschrieben werden müssen, um eine europäische und internationale Klimaschutzzielerreichung sicherzustellen.

(1) Nationale Zielbeiträge

Die europäischen Mitgliedstaaten müssen in ihren integrierten nationalen Energie- und Klimaplänen selbst nationale Ziele festlegen, die mit den Zielen der anderen Mitgliedstaaten zusammen die europäischen Klimaschutzziele einhalten (Art. 3 Abs. 2 lit. b) EU-Governance-VO).[1064] Die nationalen Ziele müssen sich im Hinblick auf die Dimensionen der Energieunion nach Art. 4 EU-Governance-VO und Anhang I zur EU-Governance-VO beziehen.[1065] Das bedeutet, dass die Mitgliedstaaten in den Klimaschutzplänen ihre nationalen Ziele hinsichtlich der Dimensionen Dekarbonisierung, Energieeffizienz, Sicherheit der Energieversorgung, Schaffung eines Energiebinnenmarkts sowie Forschung, Innovation und Wettbewerbsfähigkeit eigenständige Ziele aufstellen müssen, mit Hilfe derer sodann die zuvor beschriebenen[1066] europäischen Energie- und Klimaziele erreicht werden können.[1067] Konkrete Vorgaben, wie diese Ziele aussehen sollen, sind jedoch nicht vorhanden.[1068]

Im aktuellen integrierten nationalen Energie- und Klimaschutzplan sind für die jeweiligen Dimensionen der Energieunion Unterpunkte geregelt, mit Hilfe derer die Ziele eingehalten werden können. So wurde für die Dimension der erneuerbaren Energien in einzelnen Sektoren Ziele für die Erreichung des Gesamtziels gesetzt.[1069] Unterteilt ist in die Sektoren

---

[1064] Vgl. *Klafki/Schlacke* in: Kreuter-Kirchhof/Schlacke, KlimaschutzR, 2025, § 9 Rn. 4.
[1065] Vgl. *Lammers*, Die europäische Governance-VO und das EU-Klimagesetz, 2023, S. 91 f.
[1066] Kap. 2 C II.
[1067] Vgl. *Lammers*, Die europäische Governance-VO und das EU-Klimagesetz, 2023, S. 91 f.
[1068] Vgl. *Lammers*, Die europäische Governance-VO und das EU-Klimagesetz, 2023, S. 91 f.
[1069] *Bundesministerium für Wirtschaft und Energie*, Aktualisierung des integrierten nationalen Energie- und Klimaplans, S. 68 ff.

Strom, Wärme und Kälte sowie Verkehr.[1070] Hinsichtlich der Dimension der Energieeffizienz ist die Renovierung des Gebäudebereichs angeführt.[1071] Aber auch der Endenergieverbrauch im Verkehr soll gesenkt werden.[1072] Die Sicherheit der Energieversorgung soll durch Erdgas, Erdöl sowie Strom und Kohle gewährleistet bleiben.[1073]

Die Vorgaben der EU-Governance-VO für eine Zielfestlegung in der Langfrist-Strategie sind im Vergleich noch unkonkreter. Vorgegeben ist lediglich, dass durch die Strategien ein Beitrag zur Erreichung der europäischen Klimaschutzziele sowie des Pariser Temperaturziels geleistet wird (Art. 15 Abs. 3 lit. a – lit. d) EU-Governance-VO). Inwiefern entsprechende Treibhausgasemissions-Reduktionsziele ausgestaltet werden müssen, ist hingegen europarechtlich in der EU-Governance-VO nicht vorgegeben.

(2) „Hauptabschnitte" und „Elemente" der Klimaschutzpläne

Die EU-Governance-VO enthält keine Vorgaben, wie die Inhalte der Klimaschutzpläne konkret ausgestaltet sein müssen. Vielmehr sollen die integrierten nationalen Energie- und Klimapläne sogenannte „Hauptabschnitte" enthalten (Art. 3 Abs. 2 EU-Governance-VO). Diese Hauptabschnitte beziehen sich auf verschiedene Beschreibungen, Prognosen und Folgeabschätzungen.[1074] Es sollen zunächst die national festgesetzten Ziele und Beiträge dargestellt werden, mit Hilfe derer eine europäische Zielerreichung möglich bleibt.[1075] Welche konkreten Maßnahmen zur nationalen Zielerreichung getroffen werden, ist nicht geregelt. Vielmehr muss nach der Ziel- und Beitragsdarstellung eine Beschreibung der geplanten Politiken und Maßnahmen erfolgen, durch

---

[1070] *Bundesministerium für Wirtschaft und Energie*, Aktualisierung des integrierten nationalen Energie- und Klimaplans, S. 68 ff.

[1071] *Bundesministerium für Wirtschaft und Energie*, Aktualisierung des integrierten nationalen Energie- und Klimaplans, S. 87 ff.

[1072] *Bundesministerium für Wirtschaft und Energie*, Aktualisierung des integrierten nationalen Energie- und Klimaplans, S. 89 ff.

[1073] *Bundesministerium für Wirtschaft und Energie*, Aktualisierung des integrierten nationalen Energie- und Klimaplans, S. 89 ff.

[1074] Vgl. *Lammers*, Die europäische Governance-VO und das EU-Klimagesetz, 2023, S. 91 f.; vgl. auch *Klafki/Schlacke* in: Kreuter-Kirchhof/Schlacke, KlimaschutzR, 2025, § 9 Rn. 4.

[1075] Vgl. *Lammers*, Die europäische Governance-VO und das EU-Klimagesetz, 2023, S. 91 f.; vgl. auch *Klafki/Schlacke* in: Kreuter-Kirchhof/Schlacke, KlimaschutzR, 2025, § 9 Rn. 4.

die die Ziele sodann erreicht werden sollen.[1076] Auch muss die aktuelle Situation hinsichtlich der Energiedimensionen in den jeweiligen Mitgliedstaaten beschrieben werden. Rechtliche oder tatsächliche Hindernisse bezüglich einer nationalen Zielerreichung sind aufzuführen.[1077] Schließlich erfolgt eine Folgenabschätzung dahingehend, inwiefern eine Zielerreichung durch die geplanten Politiken und Maßnahmen stattfinden kann und eine Bewertung der prognostizierten Auswirkungen der Politiken und Maßnahmen auf die Wettbewerbsfähigkeit im Zusammenhang mit den Energiedimensionen.[1078]

Festgelegt in Art. 4 EU-Governance-VO ist weiterhin, dass die integrierten nationalen Energie- und Klimapläne die *„wesentlichen Ziele, Vorgaben und Beiträge"* hinsichtlich der Dimensionen der Energieunion enthalten (Dekarbonisierung, Energieeffizienz, Sicherheit der Energieversorgung, Energiebinnenmarkt sowie Forschung, Innovation und Wettbewerbsfähigkeit).[1079] Die nationalen Pläne müssen also die jeweiligen nationalen Strategien zur Erreichung der Energieziele der Europäischen Union aufweisen.[1080] Auffällig ist dabei, dass die EU-Governance-VO für den integrierten nationalen Energie- und Klimaplan eine Richtung vorgibt, was mit dem Plan erreicht werden soll. Die Frage des „Wie" der Zielerreichung bleibt hingegen den Mitgliedstaaten selbst überlassen. Lediglich muss die Frage des „Wie" im Plan selbst ausführlich beschrieben werden.[1081]

Im Vergleich dazu sind für die Langfrist-Strategie deutlich weniger Vorgaben in der EU-Governance-VO zu finden. In Art. 15 Abs. 4 S. 1 EU-Governance-VO ist geregelt, dass die darin enthaltenen *„Elemente"* sowie die des Anhang IV zur EU-Governance-VO aufgefasst sein müssen. Zusammenfassend müssen nach Art. 15 Abs. 4 S. 2 lit. a) – lit. e) EU-Governance-VO nationale Strategien hinsichtlich einer Reduktion der nationalen Treibhausgasemissionen insgesamt sowie in den in Anhang IV zur EU-Governance-VO aufgeführten einzelnen Sektoren dargestellt werden. Überdies sollen erwartete Fortschritte, sozioökonomische Auswirkungen der

---

[1076] Vgl. *Lammers*, Die europäische Governance-VO und das EU-Klimagesetz, 2023, S. 91 f.
[1077] Vgl. *Lammers*, Die europäische Governance-VO und das EU-Klimagesetz, 2023, S. 91 f.
[1078] Vgl. *Klafki/Schlacke* in: Kreuter-Kirchhof/Schlacke, KlimaschutzR, 2025, § 9 Rn. 4.
[1079] Vgl. *Lammers*, Die europäische Governance-VO und das EU-Klimagesetz, 2023, S. 91 f.
[1080] Vgl. *Lammers*, Die europäische Governance-VO und das EU-Klimagesetz, 2023, S. 91 f.; vgl. auch *Klafki/Schlacke* in: Kreuter-Kirchhof/Schlacke, KlimaschutzR, 2025, § 9 Rn. 4.
[1081] Vgl. *Lammers*, Die europäische Governance-VO und das EU-Klimagesetz, 2023, S. 91 f.

Dekarbonisierungsmaßnahmen sowie Verbindungen zu anderen langfristigen Zielen, Plänen und Politiken enthalten sein.[1082] Auch für die Langfrist-Strategien finden sich somit keine konkreten Vorgaben, inwiefern nationale Maßnahmen festgelegt werden müssen, um eine Treibhausgasemissions-Reduktion zu erreichen. Vielmehr sind die Mitgliedstaaten verpflichtet, eigene Möglichkeiten zu finden. Diese müssen in der Strategie beschrieben werden. Im aktuellen Klimaschutzplan 2050 ist in Tabelle 2 dargestellt, wie hoch die Treibhausgasemissions-Reduktion bis zum Jahr 2030 erfolgen soll, sodass eine Gesamtsumme von 55 % an Treibhausgasemissions-Reduktion im Jahr 2030 eintreten kann.[1083] Dementsprechend sind die Treibhausgasemissionen im Sektor Energiewirtschaft bis zum Jahr 2030 um 62–61 %, im Sektor Gebäude um 67–66 %, im Sektor Verkehr um 42–40 %, im Sektor Industrie um 51–49 % sowie im Sektor Landwirtschaft um 34–31 % zu mindern. Um diese Minderungsziele umsetzen zu können, sind im Klimaschutzplan 2050 für die jeweiligen Sektoren Maßnahmen und Leitziele sowie politische Strategien ausgestaltet.[1084] Dargestellt wird für die jeweiligen Sektoren zunächst die Ausgangslage, also die bestehende Situation.[1085] Sodann werden Leitbilder dargestellt, die für das Jahr 2050 eintreten sollen.[1086] Zwischenziele werden für das Jahr 2030 genannt.[1087] Schließlich erfolgt eine Auflistung möglicher Maßnahmen, um die Ziele zu erreichen.[1088]

[1082] Vgl. *Lammers*, Die europäische Governance-VO und das EU-Klimagesetz, 2023, S. 131 f.

[1083] *Bundesministerium für Umwelt, Naturschutz, Bau und Reaktorsicherheit*, Klimaschutzplan 2050 Klimaschutzpolitische Grundsätze und Ziele der Bundesregierung, S. 33.

[1084] *Bundesministerium für Umwelt, Naturschutz, Bau und Reaktorsicherheit*, Klimaschutzplan 2050 Klimaschutzpolitische Grundsätze und Ziele der Bundesregierung, S. 33.

[1085] Am Beispiel für den Energiesektor *Bundesministerium für Umwelt, Naturschutz, Bau und Reaktorsicherheit*, Klimaschutzplan 2050 Klimaschutzpolitische Grundsätze und Ziele der Bundesregierung, S. 34.

[1086] Am Beispiel für den Energiesektor *Bundesministerium für Umwelt, Naturschutz, Bau und Reaktorsicherheit*, Klimaschutzplan 2050 Klimaschutzpolitische Grundsätze und Ziele der Bundesregierung, S. 35.

[1087] Am Beispiel für den Energiesektor *Bundesministerium für Umwelt, Naturschutz, Bau und Reaktorsicherheit*, Klimaschutzplan 2050 Klimaschutzpolitische Grundsätze und Ziele der Bundesregierung, S. 36.

[1088] Am Beispiel für den Energiesektor *Bundesministerium für Umwelt, Naturschutz, Bau und Reaktorsicherheit*, Klimaschutzplan 2050 Klimaschutzpolitische Grundsätze und Ziele der Bundesregierung, S. 38 ff.

bb) „Geeignete“ Maßnahmen im Klimaschutzprogramm

Zwischenziele zur Erreichung der nationalen Klimaschutzziele nach § 3 Abs. 1 KSG werden im Klimaschutzprogramm selbst nicht festgelegt. Vielmehr ist im KSG normiert, wie die Treibhausgasemissionen konkret reduziert werden müssen. § 4 Abs. 1 S. 1 KSG regelt, dass die nationalen Klimaschutzziele gem. § 3 Abs. 1 KSG mit Hilfe einer *„sektorübergreifenden und mehrjährigen Gesamtrechnung“* eingehalten werden sollen. Dementsprechend sind in Anlage 2 zum KSG entsprechende Jahresemissionsgesamtmengen aufgeführt, die mit Hilfe der im Klimaschutzprogramm festgesetzten Maßnahmen nicht überschritten werden dürfen.

Im Klimaschutzprogramm werden also die Maßnahmen festgelegt, die den Minderungspfad für die Reduktionen der Treibhausgasemissionen nach Anlage 2 zum KSG einhalten sollen.[1089] Die im Klimaschutzprogramm enthaltenen Maßnahmen müssen zur nationalen Klimaschutzzielerreichung „geeignet“ sein (§ 9 Abs. 1 S. 2 und S. 4 KSG). Das KSG normiert selbst nicht, welche Maßnahmen dafür in Betracht kommen.[1090] Es besteht lediglich die Vorgabe, sektorbezogene und sektorübergreifende Maßnahmen aufzustellen (§ 9 Abs. 1 S. 2 KSG).[1091] Weiterhin müssen diese von den Bundesministerien vorgeschlagenen Maßnahmen auch geeignet sein, die Einhaltung der Jahresemissionsgesamtmengen nach § 4 Abs. 1 KSG i.V.m Anlage 2 zum KSG sicherzustellen (§ 9 Abs. 1 S. 3 und Abs. 2 S. 1 Hs. 1 KSG).[1092] Um die nationalen Klimaschutzziele nach § 3 Abs. 1 KSG zu erreichen, sind in § 4 Abs. 1 S. 2 und S. 3 KSG i.V.m. Anlage 2 und Anlage 3 zum KSG jährlich sinkende Jahresemissionsgesamtmengen festgelegt, die mit Hilfe der Maßnahmen des Klimaschutzprogramms eingehalten werden sollen (§ 9 Abs. 1 S. 3 KSG).[1093] So besteht nach Anlage 2 zum KSG für das Jahr 2024 die Vorgabe, dass 682 Millionen Tonnen CO_2-Äquivalent ausgestoßen werden konnten. Dabei handelt es sich um eine Reduktion von 38 Millionen Tonnen. Im Jahr 2025 dürfen nur noch 643 Millionen Tonnen verbraucht werden. In der Anlage 2

[1089] Vgl. *Klafki/Schlacke* in: Kreuter-Kirchhof/Schlacke, KlimaschutzR, 2025, § 9 Rn. 16.
[1090] Vgl. *Franzius*, ZUR 2021, 131 (139); *Wickel* in: Säcker/Ludwigs (Hrsg.), Berliner Kommentar zum EnergieR, Bd. 3, 5. Aufl. 2022, § 9 KSG Rn. 24.
[1091] *Shirvani*, DVBl 2025, 554 (556).
[1092] Vgl. *Guckelberger*, NuR 2022, 221 (225); *Shirvani*, DVBl 2025, 554 (556).
[1093] *Klafki/Schlacke* in: Kreuter-Kirchhof/Schlacke, KlimaschutzR, 2025, § 9 Rn. 22.

zum KSG sind die zulässigen Jahresemissionsmengen bis einschließlich 2030 festgelegt. Aus der Anlage 3 geht hervor, um wie viel Prozent gegenüber dem Jahr 1990 die jährlichen Minderungsziele ab dem Jahr 2031 bis einschließlich 2040 reduziert werden müssen.

Überdies sind in der Anlage 2a zum KSG jährlich sinkende Treibhausgasemissionsmengen für die in § 5 Abs. 1 S. 2 KSG genannten Sektoren aufgeführt. So ist beispielsweise für den Sektor der Energiewirtschaft geregelt, dass im Jahr 2022 noch 257 Millionen Tonnen CO_2-Äquivalent verbraucht werden durften. Im Jahr 2030 soll sich dieses auf 108 Millionen Tonnen reduzieren. Im Sektor Industrie sind dagegen jährliche Minderungsziele aufgeführt. Im Jahr 2024 durften noch 165 Millionen Tonnen verbraucht werden, wohingegen eine jährliche Senkung dahingehend erfolgen soll, dass im Jahr 2030 nur noch 118 Millionen Tonnen verbraucht werden. Auch die Sektormengen sollen eine nationale Zielerreichung sicherstellen. Im Klimaschutzprogramm müssen dementsprechend also Maßnahmen festgelegt werden, die zur Erreichung der nationalen Ziele nach § 3 Abs. 1 KSG die Jahresemissionsmengen nach Anlage 2 zum KSG sowie die Sektormengen nach der Anlage 2a zum KSG einhalten (§ 9 Abs. 1 S. 2 KSG). Mit der zweiten Gesetzesnovelle wurde, wie zuvor dargestellt, die Ressortverantwortlichkeit (Art. 65 S. 2 GG) der Bundesministerien jedoch stark aufgeweicht.[1094] Das zeigt sich daran, dass die Treibhausgasemissionsmengen für die Sektoren nach der Anlage 2a zum KSG nicht mehr verbindlich ausgestaltet sind.[1095] Dennoch müssen weiterhin auch sektorbezogene Maßnahmen im Klimaschutzprogramm enthalten sein (§ 9 Abs. 1 S. 2 KSG).[1096]

Hinsichtlich der Einhaltung der festgelegten Jahresemissionsgesamtmengen gibt es grundsätzlich keine Spielräume. Im Rahmen der Geeignetheit der Maßnahmen wird daher geprüft, ob sie grundsätzlich dazu beitragen können, den Zweck zu erreichen.[1097] Die planende Stelle muss also prüfen, ob die möglichen Maßnahmen überhaupt dazu in der Lage sind, die zulässigen

[1094] Kap. 2 D III 1 b).
[1095] *Stäsche*, ZfU 2024, 299 (309); *Wiedmann*, NVwZ 2024, 876 (877).
[1096] Vgl. *Klafki/Schlacke* in: Kreuter-Kirchhof/Schlacke, KlimaschutzR, 2025, § 9 Rn. 28.
[1097] *Grzeszick* in: Dürig/Herzog/Scholz, GG, 108. EL. August 2025, Art. 20 Rn. 114.

Budgets an Treibhausgasemissionen erreichen zu können.[1098] Dementsprechend müssen die im Klimaschutzprogramm festgesetzten Maßnahmen unter der Wahrung wissenschaftlicher Abschätzungen hinsichtlich der damit zu erreichenden Treibhausgasemissions-Reduktion festgelegt werden (§ 9 Abs. 2 S. 2 KSG).[1099] Auch müssen Abschätzungen hinsichtlich möglicher ökonomischer, sozialer sowie weiterer ökologischer Auswirkungen der Maßnahmen enthalten sein (§ 9 Abs. 2 S. 2 KSG).[1100]

Das aktuelle Klimaschutzprogramm 2023 folgt noch den Regelungen des KSG 2021. Insofern sind vorrangig sektorspezifische Maßnahmen festgelegt.[1101] Aber auch sektorübergreifende Maßnahmen sind darin zu finden.[1102] Mit der Fortschreibung des Klimaschutzprogramms zu Beginn der nächsten Legislaturperiode könnten sich die Maßnahmen dahingehend ändern, dass vorrangig sektorübergreifende aufgestellt werden oder für einige Sektoren nur noch wenige Maßnahmen vorgesehen werden.

cc) Vorgaben für die Festsetzungen in den Landesklimaschutzplänen

Weiterhin sind gesetzliche Anforderungen an die Inhalte der Landesklimaschutzpläne aufgestellt, die das Auswahlermessen beschränken. Die Anforderungen der Landesgesetze ähneln denen des Bundes-KSG. In einigen der Landesklimaschutzgesetze besteht die Vorgabe, dass in der Klimaschutzplanung verbindliche Sektorziele beziehungsweise Zwischenziele aufgestellt werden müssen, um die Landesklimaschutzziele zu erfüllen.[1103]

1098 Vgl. *Guckelberger* in: Fellenberg/Guckelberger (Hrsg.), KlimaschutzR, 2022, § 9 KSG Rn. 11.

1099 Vgl. *Klafki/Schlacke* in: Kreuter-Kirchhof/Schlacke, KlimaschutzR, 2025, § 9 Rn. 31.

1100 *Guckelberger*, NuR 2022, 221 (225); *Klafki/Schlacke* in: Kreuter-Kirchhof/Schlacke, KlimaschutzR, 2025, § 9 Rn. 10, 31.

1101 *Bundesregierung*, Klimaschutzprogramm 2023, S. 4–23.

1102 *Bundesregierung*, Klimaschutzprogramm 2023, S. 23–27.

1103 *Sina*, EurUP 2018, 314 (318); *Wickel* in: Säcker/Ludwigs (Hrsg.), Berliner Kommentar zum EnergieR, Bd. 3, 5. Aufl. 2022, Teil 2 A. Rn. 78 f.; vgl. dazu auch dazu *Beye*, Die Klimaschutzgesetze der Bundesländer: Eine rechtliche Analyse und Bewertung der Landesklimaschutzgesetze unter besonderer Berücksichtigung des völker-, europa- und bundesrechtlichen Rahmens, 2021, S. 211 ff.

(1) Sektor- und Zwischenziele

In Hamburg werden gem. § 6 Abs. 1 S. 2 HmbKliSchG im Klimaschutzplan verbindliche Sektorziele festgelegt. Auch in Berlin soll das Energie- und Klimaschutzprogramm (§ 4 Abs. 1 EWG Bln) Sektorziele enthalten, nach denen die Kohlendioxidemissionen in Sektoren wie der Energieversorgung, Gebäude, Wirtschaft und Verkehr reduziert werden können (§ 4 Abs. 2 S. 2 Nr. 1 EWG Bln). Ebenfalls sind in Rheinland-Pfalz gem. § 3 Abs. 4 LKSG RP i.V.m. Anlage 1 zum LKSG RP verbindliche Sektorziele festgelegt. In Thüringen sollen in der integrierten Energie- und Klimaschutzstrategie Ziele für den Umbau des Energiesystem gesetzt werden (§ 6 Abs. 2 Nr. 2 ThürKlimaG). Zur Erreichung der Klimaschutzziele nach § 3 Abs. 1 S. 1 Nr. 1, Nr. 3 und Nr. 5 NKlimaG werden auch in Niedersachsen in der Strategie zum Klimaschutz jährliche Zwischenziele (§ 4 Abs. 2 Nr. 1 NKlimaG), Ziele für die einzelnen Sektoren (§ 4 Abs. 2 Nr. 2 NKlimaG) sowie Ziele zur Senkung des Primärenergieverbrauchs (§ 4 Abs. 2 Nr. 3 NKlimaG) aufgestellt. In Hessen weist der Klimaplan Minderungsziele für die Hauptemissionssektoren (§ 4 Abs. 1 S. 3 Nr. 1 HKlimaG) sowie *„Vorschläge zur Sicherung und zum Ausbau von Kohlenstoffsenken“* (§ 4 Abs. 1 S. 3 Nr. 3 HKlimaG) aus. Die Zwischenzielsetzung in den einzelnen Bundesländern dienen als Vorgabe für die Festsetzung der jeweiligen Maßnahmen. Durch die Maßnahmen sollen die Ziele erreicht werden.

(2) Maßnahmen zur Erreichung der Klimaschutzziele

In den Landesklimaschutzplänen müssen nach den jeweiligen Landesklimaschutzgesetzen grundsätzlich Maßnahmen enthalten sein, durch die die jeweiligen Landesklimaschutzziele beziehungsweise die Sektor- und Zwischenziele erreicht werden können.[1104] Unterschiedlich geregelt sind jedoch die Anforderungen an die jeweiligen Maßnahmen. Gem. § 6 Abs. 1 S. 2 HmbKliSchG werden im Hamburger Klimaschutzplan zur Erreichung der verbindlichen Sektorziele notwendige Maßnahmen festgelegt. Die Maßnahmen müssen dazu geeignet sein, die festgesetzten Sektorziele zu erreichen. In der Klimaschutzstrategie in Rheinland-Pfalz sind zur Erfüllung der Ziele nach § 3 LKSG RP die notwendigen Ziele, Strategien und Maßnahmen

---

[1104] Kap. 3 B I 4.

darzustellen (§ 7 Abs. 1 S. 2 LKSG RP). Auch in Bremen werden im Aktionsplan Klimaschutz Klimaschutzmaßnahmen aufgeführt (§ 4 Abs. 1 S. 2 und S. 3 BremKEG). In Berlin enthält das Energie- und Klimaschutzprogramm Strategien und Maßnahmen, um eine Zielsicherung nach § 3 Abs. 1 EWG Bln gewährleisten zu können (§ 4 Abs. 1 EWG Bln). Die Maßnahmen, die im Programm festgelegt werden, sollen sich auf die Entwicklung hin zu einem effizienten und auf erneuerbaren Energien beruhenden Energiesystem beziehen (§ 4 Abs. 2 S. 2 Nr. 2 lit. a) EWG Bln). Darüber hinaus sollen sie der Sicherung und dem Ausbau der Kohlendioxidsenken dienen (§ 4 Abs. 2 S. 2 Nr. 2 lit. b) EWG Bln), einen Beitrag zur Klimawandelanpassung leisten (§ 4 Abs. 2 S. 2 Nr. 2 lit. c) EWG Bln) sowie auch solche Handlungsbereiche erfassen, *„in denen sich die Reduktion der Kohlendioxidemissionen nicht bilanzieren lassen“* (§ 4 Abs. 2 S. 2 Nr. 2 lit. d) EWG Bln). In Thüringen werden Strategien sowie Maßnahmen zur Erfüllung der Klima- und Energieziele (§ 3 und § 4 Abs. 1 und Abs. 2 ThürKlimaG) aufgestellt (§ 6 Abs. 2 Nr. 3 ThürKlimaG). Auch die Landeswärmestrategie soll beinhaltet sein (§ 6 Abs. 2 Nr. 4 ThürKlimaG). Der Klimaplan Hessen enthält ebenfalls Maßnahmen zur Erreichung der Ziele nach § 3 HKlimaG (§ 4 Abs. 1 S. 1 und S. 3 Nr. 2 HKlimaG). Im bayrischen Klimaschutzprogramm werden Maßnahmen zur Erreichung der in Art. 2 Abs. 1 und Abs. 2 BayKlimaG aufgeführten Klimaschutzziele festgesetzt (Art. 5 Abs. 1 Nr. 1 BayKlimaG). Im Saarland werden wesentliche Strategien und Maßnahmen im Klimaschutzkonzept dargestellt, mit Hilfe derer die Landesklimaschutzziele nach § 4 SKSG erreicht werden können (§ 6 Abs. 1 S. 1 SKSG).[1105]

(3) Vorgaben für die Maßnahmen

Überdies finden sich in den Landesklimaschutzgesetzen Vorgaben hinsichtlich der festzusetzenden Maßnahmen. So besteht für den Hamburger Klimaplan die Vorgabe, dass dieser eine Bestandsaufnahme enthält, die sich auf die Zielerreichung bezieht (§ 6 Abs. 1 S. 3 HmbKliSchG).[1106] Zudem sind

---

[1105] Vgl. zu diesem Abschnitt *Beye*, Die Klimaschutzgesetze der Bundesländer: Eine rechtliche Analyse und Bewertung der Landesklimaschutzgesetze unter besonderer Berücksichtigung des völker-, europa- und bundesrechtlichen Rahmens, 2021, S. 208 ff.

[1106] Vgl. dazu auch *Wickel* in: Säcker/Ludwigs (Hrsg.), Berliner Kommentar zum EnergieR, Bd. 3, 5. Aufl. 2022, Teil 2 A. Rn. 80.

bereits ergriffene Maßnahmen sowie eine Prognose, durch die weitere erforderliche Maßnahmen identifiziert werden können, darzustellen (§ 6 Abs. 1 S. 3 HmbKliSchG). In Bremen werden gem. § 4 Abs. 1 S. 2 BremKEG *„Strukturen, Zuständigkeiten und Prozesse"* festgelegt, die zur Umsetzung der Klimaschutzstrategie erforderlich sind. Im Saarland sind die Strategien und Maßnahmen nach den Sektoren Energiewirtschaft, Industrie, Gebäude, Verkehr, Landwirtschaft, Abfallwirtschaft und Landnutzung, Landungsänderung und Forstwirtschaft zu differenzieren (§ 6 Abs. 2 S. 1 Nr. 1 SKSG). Überdies sind Maßnahmen aufzustellen, die auch das in § 10 Abs. 3 SKSG dargestellte Ziel der Netto-Treibhausgas-neutralen Landesverwaltung erreichen sollen (§ 6 Abs. 2 S. 1 Nr. 2 SKSG). Die Strategie soll auch *„Aussagen zur Wirtschaftlichkeit und Finanzierung der dargestellten Strategien und Maßnahmen"* enthalten (§ 6 Abs. 2 S. 1 Nr. 4 SKSG). In Rheinland-Pfalz sind darüber hinaus die Daten des § 10 Abs. 1 Nr. 1 LKSG RP bei der Maßnahmenwahl zu berücksichtigen (§ 7 Abs. 2 LKSG RP).

(4) Energiebezüge

Im Berliner Energie- und Klimaschutzprogramm sind überdies Bezüge zum Energierecht festgelegt. Es sollen neben Maßnahmen und Zielen zur Reduktion von Treibhausgasemissionen (§ 4 Abs. 2 S. 2 Nr. 1 EWG Bln) auch solche zur Einsparung von Energie, der Erhöhung der Energieeffizienz und des Anteils der erneuerbaren Energien am Energiemix des Landes Berlin enthalten sein (§ 4 Abs. 2 S. 2 Nr. 2 lit. a) EWG Bln). Auch in der Thüringer Klimaschutzstrategie sind Bezüge zum Energierecht zu finden. Gem. § 6 Abs. 2 Nr. 2 ThürKlimaG sind *„Ziele zum Umbau des Energiesystems, zum Energieverbrauch, zur Erhöhung der Energieeffizienz und zum Ausbau der erneuerbaren Energien"* festzulegen. In Niedersachsen sind in § 4 Abs. 2 Nr. 3 NKlimaG ebenfalls Vorgaben für Energiebezüge geregelt. Danach geht es um die Aufstellung von Zielen zur Senkung des Primärenergieverbrauchs.[1107]

[1107] Vgl. zu diesem Abschnitt *Beye*, Die Klimaschutzgesetze der Bundesländer: Eine rechtliche Analyse und Bewertung der Landesklimaschutzgesetze unter besonderer Berücksichtigung des völker-, europa- und bundesrechtlichen Rahmens, 2021, S. 217 f.

(5) Anpassungsstrategien

Im Berliner Energie- und Klimaschutzprogramm sollen neben klimaschützenden Maßnahmen auch solche zur Anpassung an die Folgen des Klimawandels aufgestellt werden (§ 4 Abs. 2 S. 2 Nr. 2 lit. c) EWG Bln). Auch im Klimaschutzkonzept des Saarlands sind Strategien und Maßnahmen zur Anpassung des Landes an die Auswirkungen des Klimawandels zu treffen (§ 6 Abs. 2 Nr. 3 SKSG).[1108]

(6) Sonstige Berücksichtigungspflichten

Überdies sind weitere Anforderungen an die möglichen Maßnahmen gestellt. In Berlin regelt § 4 Abs. 4 EWG Bln, dass etwaige *„Wirkungsbeiträge und Wechselwirkungen durch Maßnahmen des Bundes und der Europäischen Union"* berücksichtig werden sollen. Dies gilt auch für Saarland mit dem Zusatz, dass auch die anderen Länder berücksichtigt werden sollen (§ 6 Abs. 2 S. 2 SKSG). Im Energie- und Klimaschutzprogramm Berlins werden überdies die Wirtschaftlichkeit sowie die Finanzierung der Strategien einbezogen (§ 4 Abs. 2 S. 2 Nr. 3 EWG Bln). Auch stellt die planende Stelle einen Zeitplan zur Erreichung der in § 3 Abs. 1 EWG Bln genannten Ziele auf (§ 4 Abs. 2 S. 2 Nr. 4 EWG Bln). Schließlich erfolgt eine Darstellung der Gesamtmengen an Kohlendioxidemissionen, die in den folgenden Kalenderjahren emittiert werden dürfen (§ 4 Abs. 2 S. 2 Nr. 5 EWG Bln). In Thüringen geht es ebenfalls bei der integrierten Energie- und Klimaschutzstrategie um die Finanzierbarkeit und Wirtschaftlichkeit (§ 6 Abs. 1 S. 2 ThürKlimaG).

dd) Vorgaben für Festsetzungen der kommunalen Klimaschutzplanung

In Hamburg liegt die Aufgabe der Wärme- und Kälteplanung in der *„Identifizierung von energie- und kosteneffizienten Maßnahmen in einer räumlichen Gebietseinheit"*, der *„Koordination von Infrastrukturmaßnahmen im Versorgungsbereich sowie"* einer engen *„Verzahnung dieser mit der Stadtentwicklung und Bauleitplanung"* (§ 25 Abs. 1 S. 2 HmbKliSchG). Mit Hilfe dieser Maßnahmen soll eine klimaneutrale Wärmeversorgung in Hamburg eingeführt werden können (§ 25 Abs. 1 S. 3 HmbKliSchG). Zu diesem Zweck können

---

[1108] Vgl. *Wickel* in: Säcker/Ludwigs (Hrsg.), Berliner Kommentar zum EnergieR, Bd. 3, 5. Aufl. 2022, Teil 2 A. Rn. 89.

auch Energiepläne durch die Behörde wie auch von Dritten erstellt werden (§ 25 Abs. 1 S. 4 HmbKliSchG). In Bremen werden in den Konzepten unter Berücksichtigung der Ziele nach § 1 und § 2 BremKEG die kommunalen Ziele sowie Strategien zum Klimaschutz und zur Klimaanpassung dargestellt (§ 13 Abs. 1 S. 1 BremKEG). Dabei sollen Aussagen zur Bauleitplanung sowie zum Abschluss von städtebaulichen Verträgen enthalten sein (§ 13 Abs. 1 S. 2 Nr. 1 und Nr. 2 BremKEG). Inhaltlich soll es konkret um die Energieversorgung, um die Bauweise hinsichtlich des Energieverbrauchs, um die Errichtung von Anlagen zur Nutzung von erneuerbaren Energien, um die Verbindung des Energiegebrauchs von Gebäuden sowie um die Anpassung an Folgen des Klimawandels gehen (§ 13 Abs. 2 Nr. 1–Nr. 5 BremKEG). Weitere Vorgaben zu diesen Bereichen sind jedoch nicht ausgestaltet.[1109]

In Berlin besteht für die Energie- und Kohlenstoffbilanz die Vorgabe, dass darin „*Ziele zur Minderung von Kohlendioxidemissionen zu formulieren und Aussagen zur Einsparung von Energie in den bezirklichen Gebäuden zu treffen*" sind (§ 12 Abs. 1 S. 2 EWG Bln). Weitere inhaltliche Vorgaben hinsichtlich der Ziele oder der Aussagen liegen nicht vor. Auch für die Klimaschutzstrategie in Thüringen sind kaum Vorgaben getroffen. Es besteht lediglich die Vorgabe, dass es um die Minderung der Treibhausgasemissionen gehen muss. Weiterhin beruht die Klimaschutzstrategie auf den verfügbaren Energiedaten, die vom Thüringer Landesamt für Statistik zur Verfügung gestellt sind (§ 8 Abs. 3 S. 1 ThürKlimaG).

Auch in Hessen sowie in Schleswig-Holstein sind für die Klimaschutz- und Klimawandelanpassungsstrategie nach § 8 Abs. 2 HKlimaG sowie § 10 Abs. 1 EWKG SH keine Vorgaben im Gesetz zu finden. Lediglich müssen Maßnahmen abgeleitet werden können. In Bayern sind keine Vorgaben hinsichtlich des Inhalts festgeschrieben. Es muss eine Übereinstimmung der kommunalen Programme mit dem Klimaschutzprogramm des Landes Bayern bestehen (Art. 5 Abs. 2 S. 1 BayKlimaG).

Der Energiebericht in Niedersachsen enthält die Kosten, Verbräuche sowie Emissionen von Kohlendioxid hinsichtlich der Strom- und Heizenergie (§ 17 Abs. 2 S. 1 Nr. 1 NKlimaG) sowie die Strom- und Heizkosten der „*von der*

[1109] Vgl. *Beye*, Die Klimaschutzgesetze der Bundesländer: Eine rechtliche Analyse und Bewertung der Landesklimaschutzgesetze unter besonderer Berücksichtigung des völker-, europa- und bundesrechtlichen Rahmens, 2021, S. 345 f.

Kommune genutzten Gebäude, für die bei der Kommune Energiekosten anfallen und für die aufgrund von separaten Abnahmestellen Einzeldaten vorhanden sind" (§ 17 Abs. 2 S. 1 Nr. 2 NKlimaG). Das Klimaschutzkonzept in Niedersachsen enthält Ausgangsbilanzen zum jährlichen Treibhausgasemissions-Ausstoß, eine Zielsetzung zur Minderung der Treibhausgasemissionen sowie diesbezüglich Zwischenziele, geplante Maßnahmen zur Erreichung der Treibhausgasmissions-Reduktion und ein Verfahren, „*mit dem der Stand der Zielerreichung und der Maßnahmenumsetzung überprüft und anhand dessen Ergebnis über eine Fortschreibung des Klimaschutzkonzepts entschieden werden soll*" (§ 18 Abs. 1 S. 2 Nr. 5 NKlimaG).

c) Einfluss des Monitorings auf das planerische Auswahlermessen

In den Rechtsgrundlagen der einzelnen Klimaschutzpläne sind, wie dargelegt, Monitoring-Verfahren ausgestaltet worden.[1110] Das Monitoring dient grundsätzlich der Überwachung, ob mit den festgesetzten Maßnahmen die jeweiligen Klimaschutzziele eingehalten werden können.[1111] Insofern geht von dem Monitoring keine unmittelbare Begrenzung des Auswahlermessens aus. Dennoch folgen aus den Monitoring-Verfahren Anforderungen an die Festsetzung der Pläne, die darin umzusetzen sind.

Im Rahmen des Monitorings auf europäischer Ebene ist die Europäische Kommission bereits bei der Planerstellung des integrierten nationalen Energie- und Klimaplans sowie der Langfrist-Strategie beteiligt (Art. 9 Abs. 2 S. 1, Art. 15 Abs. 8 EU-Governance-VO). Sie gibt Empfehlungen hinsichtlich der Notwendigkeit einer Steigerung des Ambitionsniveaus für den integrierten nationalen Energie und Klimaplan (Art. 9 Abs. 2 S. 1 EU-Governance-VO) und stellt Informationen für eine europäische Klimaschutzzielerreichung hinsichtlich der Langfrist-Strategie zur Verfügung (Art. 15 Abs. 8 EU-Governance-VO).[1112] Dadurch gewährt das Monitoring-Verfahren der Europäischen Kommission einen indirekten Einfluss auf die beiden Planungsprozesse. Schließlich müssen zumindest die Empfehlungen für den integrierten nationalen Energie- und Klimaplans ausreichend berücksichtigt werden (Art. 9

1110 Kap. 3 C.

1111 *Shirvani*, ZUR 2022, 579 (583).

1112 *Lammers*, Die europäische Governance-VO und das EU-Klimagesetz, 2023, S. 98, 157.

Abs. 3 S. 1 EU-Governance-VO).[1113] Insofern müssen die planenden Stellen die Stellungnahmen und Informationen der Europäischen Kommissionen bei der Aufstellung der europäischen Planungsinstrumente einbeziehen.

Auch für das Klimaschutzprogramm ist ein Monitoring-Verfahren in § 5 Abs. 1 KSG ausgestaltet, das Auswirkungen auf das Auswahlermessen hat. Wie bereits beschrieben[1114], werden vom Umweltbundesamt Emissions- sowie Projektionsdaten hinsichtlich der Erfüllung der Jahresemissionsgesamtmengen nach § 4 Abs. 1 KSG i.V.m. Anlage 2 zum KSG erstellt, die sodann vom Expertenrat für Klimafragen analysiert und bewertet werden (§ 5 Abs. 1 S. 1, § 5a S. 1 Hs. 1, § 12 Abs. 1 S. 1 KSG). Das Ergebnis der Bewertung des Expertenrates hat einen Einfluss auf die Festsetzungen im Klimaschutzprogramm. Die Bundesregierung nutzt die zugrunde liegenden Annahmen zur Treibhausgas-Reduktion für die Fortschreibung des Klimaschutzprogramms nach § 9 Abs. 1 KSG (§ 12 Abs. 3 Nr. 3 KSG).[1115] Auch die aktuellen Projektionsdaten nach § 5a S. 1 Hs. 1 KSG werden bei der Aufstellung eines Klimaschutzprogramms berücksichtigt (§ 9 Abs. 1 S. 2 KSG).[1116] Die Projektionsdaten nach § 5a S. 1 Hs. 1 KSG werden jährlich vom Umweltbundesamt auf der Grundlage aller verfügbaren Emissionsdaten erstellt.[1117] Es werden überdies Prognosen für künftige Emissionsentwicklungen insgesamt sowie für die Sektoren nach § 5 Abs. 1 KSG festgelegt (§ 5a S. 1 Hs. 1 KSG).[1118] Die Projektionsdaten des Umweltbundesamtes werden sodann gem. § 12 Abs. 1 S. 1 KSG dem Expertenrat für Klimafragen vorgelegt, der diese sodann innerhalb von zwei Monaten bewertet und die bewerteten Daten der Bundesregierung vorlegt.[1119] § 12 Abs. 3 Nr. 3 KSG verpflichtet die planende Stelle vor Beschluss des Klimaschutzprogramms – ebenfalls wie vor Fortschreibung des Klimaschutzplans – die Stellungnahme des Expertenrates für Klimafragen einzuholen.[1120] Gem. § 12 Abs. 5 S. 1 KSG kann der Expertenrat überdies *„Gutachten zur Weiterentwicklung*

[1113] Siehe auch *Schlacke/Lammers*, EurUP 2018, 424 (427); Frenz, EuR 2020, 605 (617).

[1114] Kap. 3 C IV.

[1115] Vgl. *Busche* in: Kreuter-Kirchhof/Schlacke, KlimaschutzR, 2024, § 12 Rn. 14.

[1116] Vgl. *Klafki/Schlacke* in: Kreuter-Kirchhof/Schlacke, KlimaschutzR, 2024, § 9 Rn. 21.

[1117] *Schlacke* in: Kreuter-Kirchhof/Schlacke, KlimaschutzR, 2024, § 51 Rn. 1, 4, 14.

[1118] Vgl. *Schlacke* in: Kreuter-Kirchhof/Schlacke, KlimaschutzR, 2024, § 5a Rn. 4.

[1119] Vgl. *Busche* in: Kreuter-Kirchhof/Schlacke, KlimaschutzR, 2024, § 12 Rn. 7.

[1120] Vgl. *Busche* in: Kreuter-Kirchhof/Schlacke, KlimaschutzR, 2024, § 12 Rn. 14.

geeigneter Klimaschutzmaßnahmen auf Basis der Emissions- sowie Projektionsdaten erstellen".[1121] Diese Gutachten müssen sodann von der Bundesregierung bei der Fortschreibung des Klimaschutzprogramms „*berücksichtigt*" werden (§ 12 Abs. 5 S. 3 KSG).[1122] Eine Pflicht zur Beachtung geht aus dem Gesetzeswortlaut indes nicht hervor. Die im Programm festgesetzten Maßnahmen werden also entsprechend der tatsächlichen Entwicklung der Treibhausgasemissionen ausgesucht.

Gleiches gilt auch für das Monitoring für die Landesklimaschutzpläne. Eine Überprüfung erfolgt hinsichtlich der Fortschritte der Treibhausgasemissions-Reduktion (§ 6 Abs. 2 S. 1 HmbKliSchG, § 4a Abs. 1 S. 1 BremKEG, § 5 Abs. 1 Nr. 1 und Nr. 2 EWG Bln, § 7 Abs. 1 NKlimaG, § 9 Abs. 1 S. 1 HKlimaG § 7 Abs. 1 S. 1 SKSG).

d) Abstimmungsgebot

Ein Abstimmungsgebot beschreibt grundsätzlich die Pflicht, dass ein Plan Ziele, Zwecke und Richtungen eines anderen Plans mit aufnehmen und selbst daran orientiert werden muss.[1123] Auch für die Klimaschutzplanung sind Abstimmungsgebote normiert. Gem. Art. 15 Abs. 6 EU-Governance-VO muss der integrierte nationale Energie- und Klimaplan auf die Langfrist-Strategie abgestimmt werden.[1124] Die Langfrist-Strategie hat also aufgrund des Abstimmungsgebots Einfluss auf die Festsetzungen des integrierten nationalen Energie- und Klimaplans. Der integrierte nationale Energie- und Klimaplan muss sich an der Langfrist-Strategie orientieren und sich in dessen Konzept einfügen.[1125] So kann ein kohärentes Gesamtkonzept der beiden Planungen sichergestellt werden.[1126] Die politischen Leitziele sowie das Konzept, das bereits im Rahmen der Langfrist-Strategie aufgestellt wurde, kann so durch die integrierten nationalen Energie- und Klimapläne aufgegriffen und weiter ausgeführt werden.

1121 Vgl. *Busche* in: Kreuter-Kirchhof/Schlacke, KlimaschutzR, 2024, § 12 Rn. 20.
1122 Vgl. *Busche* in: Kreuter-Kirchhof/Schlacke, KlimaschutzR, 2024, § 12 Rn. 21.
1123 Vgl. *Kraft* in: Spannowsky/Uechtritz (Hrsg.), BeckOK BauGB, 68. Ed. 25.10.2025, § 7 Rn. 1 ff.
1124 *Lammers*, Die europäische Governance-VO und das EU-Klimagesetz, 2023, S. 158.
1125 *Lammers*, Die europäische Governance-VO und das EU-Klimagesetz, 2023, S. 158 f.
1126 *Lammers*, Die europäische Governance-VO und das EU-Klimagesetz, 2023, S. 159.

Auch für das Klimaschutzprogramm ist ein Abstimmungsgebot normiert.[1127] Gem. § 9 Abs. 1 S. 1 Hs. 2 KSG wird geprüft, ob das Klimaschutzprogramm einer Aktualisierung bedarf, wenn der Klimaschutzplan, also die deutsche Langfrist-Strategie (§ 2 Nr. 7 KSG), fortgeschrieben wurde. Insofern wird das Klimaschutzprogramm inhaltlich auf den Klimaschutzplan abgestimmt.[1128] Eine zwingende Uniformität zwischen den beiden Planungsinstrumenten geht aus den Vorschriften allerdings nicht hervor.[1129] Auch wurde das Abstimmungsgebot durch die zweite Novelle des KSG aus dem Jahr 2024 aufgeweicht, da nur noch geprüft werden muss, ob das Klimaschutzprogramm nach Aktualisierung des Klimaschutzplans fortgeschrieben werden muss (§ 9 Abs. 1 S. 1 Hs. 2 KSG).[1130]

e) Kompetenzielle Grenzen

Das planerische Auswahlermessen wird weiterhin durch die Wahrung kompetenzieller Grenzen der Planungsbehörden eingeschränkt.[1131] Die Wahrung kompetenzieller Grenzen meint dabei, das nur solche Festsetzungen in den Klimaschutzplänen getroffen werden dürfen, die auch tatsächlich von den jeweils planenden Stellen umgesetzt werden können.[1132] So kann die Bundesregierung im integrierten nationalen Energie- und Klimaplan nur solche Energieziele und Strategien zu dessen Erreichung beschreiben, die auch tatsächlich innerhalb der Bundesrepublik Deutschland ausgestaltet werden können. Auch in der Langfrist-Strategie können nur umsetzbare Strategien zur Reduktion der Treibhausgasemissionen festgelegt werden. Ein Großteil der Maßnahmen im Klimaschutzprogramm nach § 9 Abs. 1 S. 2 KSG ist weiterhin nur dann zulässig festzulegen, wenn sie auch tatsächlich

---

[1127] *Wickel* in: Säcker/Ludwigs (Hrsg.), Berliner Kommentar zum EnergieR, Bd. 3, 5. Aufl. 2022, § 9 KSG Rn. 18 f.

[1128] Vgl. *Guckelberger* in: Fellenberg/Guckelberger (Hrsg.), KlimaschutzR, 2022, § 9 KSG Rn. 4; *Wickel* in: Säcker/Ludwigs (Hrsg.), Berliner Kommentar zum EnergieR, Bd. 3, 5. Aufl. 2022, § 9 KSG Rn. 18 f.

[1129] Vgl. *Wickel* in: Säcker/Ludwigs (Hrsg.), Berliner Kommentar zum EnergieR, Bd. 3, 5. Aufl. 2022, § 9 KSG Rn. 18 f.

[1130] Kap. 5 B I 2 b).

[1131] Vgl. *Knappe*, Die Maßnahmenplanung im europäisierten VerwaltungsR, 2022, S. 223; *Guckelberger* in: Fellenberg/Guckelberger (Hrsg.), KlimaschutzR, 2022, § 9 KSG Rn. 24.

[1132] Vgl. *Knappe*, Die Maßnahmenplanung im europäisierten VerwaltungsR, 2022, S. 223; *Guckelberger* in: Fellenberg/Guckelberger (Hrsg.), KlimaschutzR, 2022, § 9 KSG Rn. 24.

von der Bundesregierung in den Bundestag gem. Art. 76 Abs. 1 GG eingebracht werden können.[1133] Entsprechendes gilt auch für die Maßnahmen der Planungen der Länder.[1134] Festgesetzt werden darf nur, was von der jeweiligen Ebene sowie dem jeweiligen Bereich auch erreicht werden kann. Zum einen hat die Wahrung kompetenzieller Grenzen zur Folge, dass es in den Klimaschutzplänen konkret um den Treibhausgasemissionsverbrauch innerhalb der Bundesrepublik Deutschland gehen muss.[1135] Es müssen die eigenen verbrauchten Treibhausgasemissionen ermittelt und Strategien, Ziele und Maßnahmen aufgestellt werden, um diese reduzieren zu können. So kann die Bundesregierung im Klimaschutzprogramm nach § 9 Abs. 1 S. 2 KSG beispielsweise keine Maßnahmen zur Treibhausgasemissions-Reduktion aufstellen, die unter die Kompetenzen der Länder fallen.[1136] Zum anderen müssen die rechtlichen Grenzen in den Planungen beachtet werden.[1137] Demnach folgt, dass ein Maßnahmenkonzept erstellt werden muss, welches den Treibhausgasemissionsverbrauch in der gesamten Bundesrepublik, unter Beachtung der Gesetzgebungs- sowie Verwaltungskompetenzen der Bundesländer, reduzieren kann. Daraus erwachsen gerade im Hinblick auf die Langfrist-Strategie politische Herausforderungen für die Bundesregierung als planende Stelle. Die Treibhausgasemissionen werden schließlich in den einzelnen Bundesländern selbst ausgestoßen.

f) Gebot der gerechten Abwägung

Das Gebot der gerechten Abwägung stellt ebenfalls eine Einschränkung des planerischen Auswahlermessens dar.[1138] Das Abwägungsgebot ergibt sich für die nationalen Klimaschutzpläne aus dem Rechtsstaatsprinzip (Art. 20 Abs. 3 GG).[1139] Es beschreibt die Pflicht, die von der Planung berührten

---

1133 Vgl. *Guckelberger* in: Fellenberg/Guckelberger (Hrsg.), KlimaschutzR, 2022, § 9 KSG Rn. 24.

1134 Vgl. *Lammers*, Die europäische Governance-VO und das EU-Klimagesetz, 2023, S. 58.

1135 *Guckelberger* in: Fellenberg/Guckelberger (Hrsg.), KlimaschutzR, 2022, § 9 KSG Rn. 24.

1136 *Guckelberger* in: Fellenberg/Guckelberger (Hrsg.), KlimaschutzR, 2022, § 9 KSG Rn. 11; *dies.*, NuR 2022, 221 (226).

1137 *Guckelberger* in: Fellenberg/Guckelberger (Hrsg.), KlimaschutzR, 2022, § 9 KSG Rn. 24.

1138 BVerwG, NJW 2000, 3584 (3585); vgl. *Knappe*, Die Maßnahmenplanung im europäisierten VerwaltungsR, 2022, S. 233.

1139 *Kment* in: Kment (Hrsg.), EnergiewirtschaftsG, 3. Aufl. 2023, § 43 EnWG Rn. 49.

Belange in einen gerechten Ausgleich zu bringen.[1140] Die planende Stelle muss die verschiedenen, von der Planung betroffenen Belange, ermitteln.[1141] Sodann werden diese gegenübergestellt und abgewogen, sodass ein interessengerechtes Abwägungsergebnis erzielt werden kann.[1142] Aber auch im Europarecht findet sich das Abwägungsgebot als Ausdruck des Gebots der Konfliktbewältigung, nach dem konkurrierende Interessen abzuwägen und in einen Ausgleich gebracht werden müssen.[1143]

aa) Europäische Klimaschutzpläne

Durch die beiden europäischen Pläne werden, wie bereits ausgeführt, keine konkreten Maßnahmen festgelegt, die umzusetzen sind.[1144] Vielmehr enthalten die Langfrist-Strategie sowie der integrierte nationale Energie- und Klimaplan Strategien einer weiteren politischen Entwicklung.[1145] Insofern berühren die Klimaschutzpläne des Europarechts widerstreitende Interessen höchstens oberflächlich. Dies führt dazu, dass auch die Abwägung der widerstreitenden Interessen nicht in einer Tiefe durchgeführt werden muss, wie es bei Plänen mit konkret umzusetzenden Festsetzungen notwendig wäre. Zwar sind die wissenschaftlichen Daten dahingehend zu befolgen, dass ein stimmiges Gesamtkonzept erstellt werden kann, welches auch realisierbar ist.[1146] Dennoch geben die Pläne lediglich eine politische Handlungsvorgabe vor.[1147]

[1140] BVerwGE 34, 301 (309); 45, 309 (314 f.); 56, 110 (122 f., 128); BVerwG, NJW 2000, 3584 (3585); NVwZ 2008, 899 Rn. 18; *Peters/Hesselbarth/Peters*, UmweltR, 6. Aufl. 2024, Rn. 127 f.; *Schmidt-Aßmann*, Aufgaben und Perspektiven verwaltungsrechtlicher Forschung, 2006, S. 165; *Erbguth*, UPR 2010, 281 (283); *Koch/Hendler* (Hrsg.), BauR, Raumordnungs- und LandesplanungsR, 6. Aufl. 2015, § 17 Rn. 1; vgl. *Knappe*, Die Maßnahmenplanung im europäisierten VerwaltungsR, 2022, S. 239.

[1141] Vgl. *Wolff* in: Sodan/Ziekow (Hrsg.), VwGO Großkommentar, 5. Aufl. 2018, § 114 Rn. 241.

[1142] *Ogorek* in: Kahl/Ludwigs (Hrsg.), Hdb. d. VerwaltungsR, Bd. V, 2023, § 130 Rn. 20.

[1143] *Gärditz*, Europäisches Planungsrecht, 2009, S. 74.

[1144] *Schlacke*, EurUP 2020, 338 (340); *Lammers*, Die europäische Governance-VO und das EU-Klimagesetz, 2023, S. 154 f.

[1145] *Guckelberger* in: Fellenberg/Guckelberger (Hrsg.), KlimaschutzR, 2022, § 9 KSG Rn. 3, 6.

[1146] *Guckelberger* in: Fellenberg/Guckelberger (Hrsg.), KlimaschutzR, 2022, § 9 KSG Rn. 3, 6.

[1147] *Guckelberger* in: Fellenberg/Guckelberger (Hrsg.), KlimaschutzR, 2022, § 9 KSG Rn. 3, 6.

Die Langfrist-Strategie enthält, wie bereits dargestellt, politische Leitziele sowie Maßnahmenfelder.[1148] Die Strategien und Beiträge der Langfrist-Strategie sind jedoch nur intern gegenüber der Bundesregierung verbindlich.[1149] Aus der Langfrist-Strategie selbst lassen sich keine konkreten Maßnahmen ableiten oder aufstellen.[1150] Vielmehr werden lediglich Themenfelder benannt und auf bestehende oder beabsichtige Möglichkeiten der Reduktion von Treibhausgasemissionen hingewiesen.[1151] Weiterhin prägen Prognosen und Analysen die Langfrist-Strategie.[1152] Konkrete Maßnahmen sind in der Strategie jedoch nicht aufgeführt.[1153] Vielmehr kann die Langfrist-Strategie als *„Vorstufe"* weiterer Planungen und Maßnahmen angesehen werden.[1154]

Der integrierte nationale Energie- und Klimaplan enthält ebenfalls kaum konkrete Maßnahmen oder Vorgaben, auf Grund derer weitere Rechtsakte ergehen können.[1155] Vielmehr sind, wie auch bei der Langfrist-Strategie, politische Strategien sowie Leitziele zur Erreichung der Ziele der Energieunion vorhanden.[1156] Die Abwägung erfolgt entsprechend oberflächlich. Die Verhältnismäßigkeitsprüfung, die im Rahmen der Abwägung erfolgt, muss lediglich hinsichtlich evidenter Verstöße gegen Grundrechte vorgenommen werden.[1157] Überdies ist eine Realisierbarkeit der politischen Strategien sicherzustellen.[1158] Im Rahmen der Abwägung ist zu berücksichtigen, dass mit den europarechtlichen Planungsinstrumente ein stimmiges Gesamtkonzept zur Erreichungsmöglichkeit der Klimaschutzziele entsteht.[1159]

[1148] *Guckelberger* in: Fellenberg/Guckelberger (Hrsg.), KlimaschutzR, 2022, § 9 KSG Rn. 3.
[1149] *Schlacke*, EurUP 2020, 338 (340); *Wickel* in: Säcker/Ludwigs (Hrsg.), Berliner Kommentar zum EnergieR, Bd. 3, 5. Aufl. 2022, § 2 KSG Rn. 17.
[1150] Kap. 4 C II 1.
[1151] *Schlacke*, EurUP 2020, 338 (340).
[1152] *Schlacke*, EurUP 2020, 338 (340).
[1153] *Schlacke*, EurUP 2020, 338 (340).
[1154] *Schlacke*, EurUP 2020, 338 (340).
[1155] Vgl. *Schlacke/Lammers*, EurUP 2018, 424 (426).
[1156] *Guckelberger* in: Fellenberg/Guckelberger (Hrsg.), KlimaschutzR, 2022, § 9 KSG Rn. 3, 6.
[1157] *Lammers*, Die europäische Governance-VO und das EU-Klimagesetz, 2023, S. 154 f.
[1158] Vgl. dazu *Knappe*, Die Maßnahmenplanung im europäisierten VerwaltungsR, 2022, S. 242.
[1159] *Lammers*, Die europäische Governance-VO und das EU-Klimagesetz, 2023, S. 154 f.

bb) Nationale Klimaschutzpläne

Das Klimaschutzprogramm setzt im Vergleich zu den europarechtlichen Plänen konkrete Maßnahmen fest, die zur Erreichung der nationalen Klimaschutzziele führen sollen (§ 9 Abs. 1 S. 2 KSG). Insofern sind grundsätzlich alle widerstreitenden Interessen sowie etwaige Grundrechtsverletzungen in die Abwägung einzubringen.[1160] Allerdings dient das Klimaschutzprogramm größtenteils nicht als Rechtsgrundlage für die tatsächliche Umsetzung der darin enthaltenen Festsetzungen.[1161] Dies hat zur Folge, dass die Maßnahmen des Klimaschutzprogramms erst durch weitere Verfahren umgesetzt werden.[1162] Es ist daher bereits bei der Programmaufstellung sicherzustellen, dass die festgesetzten Maßnahmen im Rahmen einer Realisierbarkeit vom Bundestag erlassen werden können.[1163] Insofern muss ein ausreichendes Abwägungsverfahren sichergestellt werden.[1164]

Die Abwägung in den Planungsprozessen zur Aufstellung der Landesklimaschutzpläne sind ähnlich ausgestaltet wie das Verfahren für das Klimaschutzprogramm nach § 9 Abs. 1 KSG. Teilweise werden durch die Planungsverfahren die jeweiligen Landesregierungen zur Aufstellung der Maßnahmen gebunden. Ein entsprechendes Abwägungsverfahren muss in diesen Fällen stattfinden. Einige Landesklimaschutzpläne dienen hingegen lediglich als *„Entscheidungs-“* oder *„Handlungsgrundlage“* für die weitere Aufstellung von Maßnahmen (§ 6 Abs. 1 S. 1 ThürKlimaG).[1165] Die Abwägung fällt daher entsprechend oberflächlicher aus, da eine entsprechende Entscheidung zur

---

[1160] *Guckelberger* in: Fellenberg/Guckelberger (Hrsg.), KlimaschutzR, 2022, § 9 KSG Rn. 11; vgl. auch *Klafki/Schlacke* in: Kreuter-Kirchhof/Schlacke, KlimaschutzR, 2025, § 9 Rn. 31.

[1161] *Lammers*, Die europäische Governance-Verordnung und das EU-Klimagesetz, 2023, S. 57; *Guckelberger*, NuR 2022, 221 (225 f.); *dies.* in: Fellenberg/Guckelberger (Hrsg.), KlimaschutzR, 2022, § 9 KSG Rn. 24; *Wickel* in: Säcker/Ludwigs (Hrsg.), Berliner Kommentar zum EnergieR, Bd. 3, 5. Aufl. 2022, § 9 KSG Rn. 39.

[1162] *Guckelberger*, NuR 2022, 221 (225 f.).

[1163] *Guckelberger* in: Fellenberg/Guckelberger (Hrsg.), KlimaschutzR, 2022, § 9 KSG Rn. 11; *dies.*, NuR 2022, 221 (225).

[1164] *Guckelberger* in: Fellenberg/Guckelberger (Hrsg.), KlimaschutzR, 2022, § 9 KSG Rn. 11; vgl. *dies.*, NuR 2022, 221 (225 f.); *Wickel* in: Säcker/Ludwigs (Hrsg.), Berliner Kommentar zum EnergieR, Bd. 3, 5. Aufl. 2022, § 9 KSG Rn. 37 ff.; *Klafki/Schlacke* in: Kreuter-Kirchhof/Schlacke, KlimaschutzR, 2025, § 9 Rn. 31.

[1165] Kap. 4 B III 3.

Aufstellung der „Vorschläge“ noch aussteht. Durch die teilweise detaillierte Ausgestaltung der Monitoring-Verfahren sind die Festsetzungen jedoch konkret abzuwägen, sodass eine tatsächliche Realisierbarkeit möglich bleibt. Auch die Beteiligungsverfahren deuten darauf hin, dass widerstreitende Belange abgewogen werden müssen.[1166]

Mit den kommunalen Klimaschutzplänen werden größtenteils Daten zusammengefasst und Prognosen erarbeitet. Insofern findet eine Abwägung größtenteils nicht statt.

II. Zwischenergebnis

Hinsichtlich des Entschließungsermessens, also der Frage des „Ob“ der Planung besteht, bis auf wenige Ausnahmen im Bereich der kommunalen Klimaschutzplanung, eine Rechtspflicht zur Aufstellung der jeweiligen Pläne. Die Klimaschutzpläne sind in regelmäßigen Abständen überdies auf eine Aktualisierungsnotwendigkeit hin zu überprüfen. Das damit fehlende Entschließungsermessen ergibt sich bereits aus der reellen Gefahr, die aus dem weiteren unkontrollierten Ausstoß an Treibhausgasemissionen entsteht. Es muss nicht erst durch die planenden Stellen geprüft werden, ob die Klimaschutzziele eingehalten werden müssen. Dies steht vielmehr fest.

Das Auswahlermessen ist beschränkt durch die von den Plänen verfolgten Ziele, den Vorgaben der jeweiligen Rechtsgrundlagen sowie allgemeinen Grundsätzen wie der Wahrung des kompetenziellen Einflussbereichs sowie dem Gebot der gerechten Abwägung. Ein gravierender Unterschied besteht im Vergleich zwischen den europäischen Plänen sowie den nationalen Klimaschutzplänen. Europarechtlich ist nicht vorgegeben, dass konkrete Maßnahmen in der Langfrist-Strategie sowie dem integrierten nationalen Energie- und Klimaplan ausgestaltet werden müssen. Die beiden Pläne beinhalten vielmehr politische Strategien einer weiteren Entwicklung für die Erreichung der europäischen Energie- und Klimaschutzziele. Dementsprechend sind nur wenige Vorgaben der EU-Governance-VO selbst zu entnehmen und auch die Abwägung fällt oberflächlich aus. Die nationalen Pläne enthalten hingegen größtenteils konkrete umzusetzende Maßnahmen.

[1166] Vgl. *Beye*, Die Klimaschutzgesetze der Bundesländer: Eine rechtliche Analyse und Bewertung der Landesklimaschutzgesetze unter besonderer Berücksichtigung des völker-, europa- und bundesrechtlichen Rahmens, 2021, S. 247.

Der planerische Prozess muss daher die verschiedenen widerstreitenden Belange ausgleichen.

C. Fazit des fünften Kapitels

In den Rechtsakten der jeweiligen Klimaschutzpläne sind insgesamt nur wenige formelle sowie materielle Vorgaben geregelt, die in den Planungsprozessen beachtet werden müssen. Auf formeller Seite besteht nur teilweise eine Pflicht zur Beteiligung der Öffentlichkeit oder anderer Stellen. Auch sonstige Vorschriften finden sich nur rudimentär. Eine strategische Umweltprüfungspflicht erscheint möglich, ist jedoch anhand einer Einzelfallprüfung festzustellen. Erforderlich ist, dass von den Klimaschutzplänen eine rahmensetzende Wirkung ausgeht.

Materiell gibt es kaum inhaltliche Vorschriften, die tatsächlich umgesetzt werden müssen. Wichtigste Vorgabe ist, dass die jeweiligen Klimaschutzziele eingehalten werden können. Mit den europarechtlich vorgesehenen Klimaschutzplänen müssen Strategien zur Erreichung der europäischen sowie internationalen Klimaschutzpläne geleistet werden. Im nationalen Recht geht es hingegen um die Einhaltung der jeweiligen nationalen Ziele des Bundes beziehungsweise der Länder. Die Klimaschutzpläne des europäischen Rechts haben den Zweck, politische Strategien sowie langfristig mögliche Beiträge festzulegen. Tatsächliche Maßnahmen sind nicht festgesetzt. Auch bilden die Pläne keine Grundlage für die Aufstellung von Maßnahmen. Insofern ist es konsequent, dass auch nur ein frühzeitiges Öffentlichkeitsbeteiligungsverfahren geregelt ist. Auch die Notwendigkeit der Durchführung einer strategischen Umweltprüfung ergibt sich nicht zwingend, da noch keine tatsächlichen Auswirkungen von den Plänen ausgehen. Im Klimaschutzprogramm werden hingegen konkrete Maßnahmen festgelegt, über die im Bundestag verhandelt werden soll. Insofern ist im KSG die Vorgabe, dass diese „geeignet" sein müssen, eine Zielerreichung sicherzustellen. Auch erfolgt eine Abwägung aller relevanten rechtlichen Belange, um eine rechtliche Realisierbarkeit der im Programm enthaltenen Maßnahmen sicherzustellen.

Rechtsschutz gegen Klimaschutzpläne

Weiterhin wird die Möglichkeit eines gerichtlichen Rechtsschutzes bezüglich der Klimaschutzplanung erörtert. Es wird im Weiteren dargestellt, inwiefern Rechtsschutz zum einen für nicht erlassene und zum anderen hinsichtlich „fehlerhaft" aufgestellter Klimaschutzpläne möglich ist. Der gerichtliche Rechtsschutz ist für die Klimaschutzplanung in zweierlei Punkten relevant. Zum einen kann dadurch sichergestellt werden, dass die in den Plänen festgesetzten Strategien, Ziele und Maßnahmen tatsächlich ambitioniert genug sind, die entsprechenden Klimaschutzziele zu erreichen. Das bedeutet, die Planung wird gerichtlich dahingehend überprüft, ob die rechtlichen Vorgaben gewahrt und entsprechend ausreichend ambitionierte und realisierbare Maßnahmen vorhanden sind. Zum anderen spielt auch die Umsetzung der in den Plänen angelegten Festsetzungen für den gerichtlichen Rechtsschutz eine wichtige Rolle. Wie bereits dargelegt, werden stetig Treibhausgase ausgestoßen.[1167] Das bedeutet, ein gerichtlicher Rechtsschutz hinsichtlich der tatsächlichen Umsetzung der in den Plänen vorhandenen Maßnahmen ist ebenfalls notwendig.

A. Verwaltungsgerichtlicher Rechtsschutz im Hinblick auf die Klimaschutzplanung

Die Notwendigkeit des gerichtlichen Rechtsschutzes besteht vornehmlich für das Klimaschutzprogramm (§ 9 Abs. 1 S. 1 KSG) sowie für die Klimaschutzpläne der Bundesländer (§ 6 Abs. 1 S. 1 HmbKliSchG, § 4 Abs. 1

[1167] Kap. 1 A III.

S. 1 HKlimaG, § 7 Abs. 1 S. 1 LKSG RP, § 6 Abs. 1 S. 1 SKSG, § 4 Abs. 1 EWG Bln, Art. 5 Abs. 1 Nr. 1 BayKlimaG, § 4 Abs. 1 S. 1 NKlimaG, § 6 Abs. 1 S. 1 ThürKlimaG, § 4 Abs. 1 S. 1 BremKEG). Nur in diesen beiden Planungsinstrumenten sind Festsetzungen in Form von Maßnahmen enthalten, die zu einer jeweiligen Klimaschutzzielerreichung führen sollen.[1168] Zwar bestehen in den europäischen Klimaschutzplänen ebenfalls Strategien und Ziele, diese sind jedoch nicht konkret umsetzbar.[1169] Sie haben lediglich Einfluss auf die weitere Klimaschutzpolitik. Eine konkrete Umsetzung der beiden Pläne, sodass eine konkrete Zielerreichung eintreten kann, ist nicht gegeben. Auch aus den kommunalen Klimaschutzplänen ergehen keine konkreten Maßnahmen, die zu einer Zielerreichung führen sollen. Vielmehr enthalten diese lediglich Aussagen über die bestehende Situation sowie Prognosen der weiteren Entwicklung.[1170] Insofern wird im Weiteren der gerichtliche Rechtsschutz hinsichtlich des Klimaschutzprogramms nach § 9 Abs. 1 S. 1 KSG sowie der Klimaschutzpläne der Bundesländer dargestellt.

I. Rechtsschutz für Individualkläger

Zunächst geht es um den Rechtsschutz für Individualkläger hinsichtlich des Klimaschutzprogramms nach § 9 Abs. 1 S. 1 KSG sowie der Landesklimaschutzpläne. Behandelt wird die Frage, ob Bürgern ein Rechtsschutz bezüglich der Aufstellung oder gegen fehlerhaft erlassene Klimaschutzpläne zusteht. Gem. Art. 19 Abs. 4 S. 1 GG steht grundsätzlich jedem der Weg zu den Verwaltungsgerichten offen, der darlegen kann, in seinen Rechten verletzt zu sein.[1171] Art. 19 Abs. 4 S. 1 GG garantiert somit ein subjektives Recht auf Rechtsschutz.[1172] Für verwaltungsgerichtliche Klagen

---

[1168] Vgl. § 9 Abs. 1 S. 2 KSG, § 6 Abs. 1 S. 2 HmbKliSchG, § 7 Abs. 1 S. 1 LKSG RP, § 4 Abs. 1 S. 3 BremKEG, § 4 Abs. 1 EWG Bln, § 6 Abs. 1 S. 1 ThürKlimaG, § 4 Abs. 1 S. 1 NKlimaG, § 4 Abs. 1 S. 1 HKlimaG, § 6 Abs. 1 S. 1 SKSG, Art. 5 Abs. 1 Nr. 1 BayKlimaG.

[1169] Vgl. *Guckelberger* in: Fellenberg/Guckelberger (Hrsg.), KlimaschutzR, 2022, § 9 KSG Rn. 3, 6.

[1170] Siehe Kap. 5 B I 3 b) dd).

[1171] Vgl. *Funke* in: Dreier, GG Bd. I, 4. Aufl. 2023, Art. 19 Abs. 4 Rn. 12; siehe ferner *Simon*, Das Umweltrechtsbehelfsgesetz im Spannungsfeld zwischen Artenschutz und Klimaschutz, 2024, S. 66.

[1172] *Schmidt-Aßmann* in: Dürig/Herzog/Scholz, GG, 108. EL August 2025, Art. 19 Abs. 4 Rn. 7.

von Bürgern gibt es in der deutschen Rechtsordnung allerdings keinen allgemeinen Gesetzesvollziehungsanspruch.[1173] Das bedeutet, verwaltungsgerichtlicher Rechtsschutz kann nur dann beansprucht werden, wenn es um die Verletzung einer Norm geht, die dem Kläger subjektive Rechte zuspricht. Ob eine für den Kläger subjektive Norm verletzt wurde, richtet sich nach der Adressaten- sowie der Schutznormtheorie.[1174] Die Adressatentheorie besagt, eine subjektive Rechtsverletzung liegt dann vor, wenn der Kläger Adressat eines an ihn adressierten staatlichen Aktes oder Handelns, insbesondere eines Verwaltungsaktes, ist.[1175] Die Adressatentheorie ist damit anwendbar, wenn statthafte Klageart die Anfechtungsklage ist.[1176] Nach der Schutznormtheorie ist hingegen eine subjektive Rechtsverletzung zumindest möglich, wenn eine Norm betroffen ist, die neben der Allgemeinheit auch den Interessen des Einzelnen zu dienen bestimmt ist.[1177] Hinsichtlich der Möglichkeit des Individualrechtsschutzes für die Klimaschutzplanung muss also stets ermittelt werden, ob ein Plan bzw. ein Programm entweder an die Bürger adressiert ist oder eine Norm berührt ist, die neben den Interessen der Allgemeinheit auch denen des Einzelnen zu dienen bestimmt ist.[1178]

1. Subjektive Rechtsverletzung

Im Hinblick auf den Klimaschutz kommen zahlreiche Individualrechte in Betracht, die verletzt werden könnten. Durch den fortschreitenden Klimawandel kommt beispielsweise eine Beeinträchtigung des Art. 14 Abs. 1 GG in Betracht.[1179] Auch Art. 2 Abs. 2 S. 1 GG[1180] kommt als Grundrecht in Frage, das durch den Klimawandel gefährdet wird. Insofern sind subjektive

[1173] Vgl. *Happ* in: Eyermann, VwGO, 16. Aufl. 2022, § 42 Rn. 71.
[1174] *Schmidt-Kötters* in: Posser/Wolff/Decker, BeckOK VwGO, 75. Ed. 01.10.2025, § 42 Rn. 173; *Wysk* in: Wysk (Hrsg.), VwGO 4. Aufl. 2025, § 42 Rn. 113.
[1175] *Schmidt-Kötters* in: Posser/Wolff/Decker, BeckOK VwGO, 75. Ed. 01.10.2025, § 42 Rn. 173.
[1176] *Schmidt-Kötters* in: Posser/Wolff/Decker, BeckOK VwGO, 75. Ed. 01.10.2025, § 42 Rn. 174.
[1177] VGH München, BeckRS 2019, 17730, Rn. 15; *Happ* in: Eyermann, VwGO, 16. Aufl. 2022, § 42 Rn. 89.
[1178] *Hufen*, VerwaltungsprozessR, 13. Aufl. 2024, § 14 Rn. 72.
[1179] BVerfGE 157, 30 Rn. 171.
[1180] BVerfGE 157, 30 Rn. 147.

Rechte denkbar, die durch den Klimawandel betroffen sind. Ob jedoch auch durch das Klimaschutzprogramm gem. § 9 Abs. 1 KSG selbst subjektive Rechte verletzt werden, richtet sich vornehmlich nach dessen Rechtsform.[1181] Ergeht das Klimaschutzprogramm als Rechtsakt mit Außenwirkung, können subjektive Rechte betroffen werden.[1182] Dies wäre jedoch nicht der Fall, wenn das Klimaschutzprogramm keine Bindungswirkung für Private entfaltet.[1183] Wie bereits dargestellt[1184], ergeht das Klimaschutzprogramm weder als formelles noch als materielles Gesetz und hat somit keine Bindungswirkung gegenüber den Bürgern.[1185] Mangels Außenwirkung des Klimaschutzprogramms sowie einer fehlenden Bindungswirkung werden durch das Programm selbst keine subjektiven Rechte von Individualklägern berührt. Ein unmittelbarer Rechtsschutz für die Bürger besteht daher nicht.[1186] Auch die Landesklimaschutzpläne ergehen, wie das Klimaschutzprogramm, nicht als formelle Gesetze, da die Legislative ebenfalls nicht darüber entscheidet.[1187] Eine Bindungswirkung kommt den Klimaschutzplänen der Bundesländer, wie bereits beschrieben[1188], gegenüber den Bürgern daher auch nicht zu.[1189] Insofern ist eine subjektive Rechtsverletzung der Bürger durch die Landesklimaschutzpläne nicht gegeben. Eine Rechtsschutzmöglichkeit besteht daher ebenfalls nicht.

Die Regelung des § 4 Abs. 1 S. 6 KSG, nach der *„subjektive Rechte und klagbare Rechtspositionen* [...] *durch*" das KSG *„nicht begründet*" werden, hat

---

[1181] Siehe dazu die Schutznormtheorie *Schmidt-Kötters* in: Posser/Wolff/Decker, BeckOK VwGO, 75. Ed. 01.10.2024, § 42 Rn. 151 f.

[1182] Siehe dazu die Schutznormtheorie *Schmidt-Kötters* in: Posser/Wolff/Decker, BeckOK VwGO, 75. Ed. 01.10.2024, § 42 Rn. 151 f.

[1183] *Kloepfer/Durner*, UmweltschutzR, 3. Aufl. 2020, § 5 Rn. 23.

[1184] Kap. 4 C I 2.

[1185] *Wickel* in: Säcker/Ludwigs (Hrsg.), Berliner Kommentar zum EnergieR, Bd. 2, 4. Aufl. 2019, G Teil 2 Rn. 67; *Shirvani*, ZUR 2022, 579 (583); *Guckelberger* in: Fellenberg/Guckelberger (Hrsg.), KlimaschutzR, 2022, § 9 KSG Rn. 24; *Saurer* in: Rodi (Hrsg.), Hdb. KlimaschutzR, 2022, § 10 Rn. 22.

[1186] *Schlacke/Römling*, DVBl 2021, 144 (148); *Klafki/Schlacke* in: Kreuter-Kirchhof/Schlacke, KlimaschutzR, 2025, § 9 Rn. 59.

[1187] *Sina*, EurUP 2018, 314 (318); vgl. *Lammers*, Die europäische Governance-Verordnung und das EU-Klimagesetz, 2023, S. 55.

[1188] Kap. 4 C I 3.

[1189] *Shirvani*, ZUR 2022, 579 (583).

demnach für den Rechtsschutz für Bürger lediglich einen deklaratorischen Charakter.[1190] Im Übrigen bleibt noch die Möglichkeit eines inzidenten Rechtsschutzes, wenn die Klimaschutzpläne beispielsweise im Rahmen einer Abwägung in Entscheidungsfindungen einbezogen wird.[1191]

2. Ausweitung der Klagrechte durch Völker- und Unionsrecht?

Die Einschränkung der Klagemöglichkeiten durch das Erfordernis einer subjektiven Rechtsverletzung gem. Art. 19 Abs. 4 S. 1 GG verstößt nicht gegen internationale oder europäische Vorgaben.[1192] Im Völker- sowie im Unionsrecht besteht eine Garantie für Klagerechte der Öffentlichkeit (Art. 9 Abs. 3 Aarhus-Konvention[1193], Art. 47 Abs. 1, Art. 51 Abs. 1 S. 1 GRch).[1194] Die Aarhus-Konvention regelt in Art. 9 Abs. 3, dass ein Zugang zu *„verwaltungsbehördlichen oder gerichtlichen Verfahren“* garantiert sein muss, wenn es um den Verstoß *„gegen umweltbezogene Bestimmungen“* geht.[1195] Art. 9 Abs. 3 Aarhus-Konvention behandelt damit die Fälle, in denen es um die konkrete Anwendung des innerstaatlichen Umweltschutzrechts geht.[1196] In Deutschland ist die Aarhus-Konvention nach der Ratifikation im Jahr 2007 in Kraft getreten.[1197] Das bedeutet, ein entsprechender Rechtsschutz muss gewährleistet sein. Allerdings ist zu beachten, dass eine Verpflichtung eines

---

[1190] BT-Drs. 19/14337, S. 28; vgl. OVG Berlin-Brandenburg, BeckRS 2024, 10814, Rn. 73; *Schlacke*, UmweltR, 9. Aufl. 2023, § 16 Rn. 55; *dies.*, EurUP 2020, 338 (344); *Beckmann* in: Landmann/Rohmer, UmweltR, Bd. II, 108. EL. August 2025, § 4 KSG Rn. 30; *Shirvani*, DVBl 2025, 554 (557); *Schlacke/Franzius* in: Kreuter-Kirchhof/Schlacke, KlimaschutzR, 2025, § 4 Rn. 21.

[1191] *Shirvani*, DVBl 2025, 554 (556); *Klafki/Schlacke* in: Kreuter-Kirchhof/Schlacke, KlimaschutzR, 2025, § 9 Rn. 59.

[1192] Vgl. BVerwG, NVwZ 2021, 984 Rn. 22.

[1193] Übereinkommen über den Zugang zu Informationen, die Öffentlichkeitsbeteiligung an Entscheidungsverfahren und den Zugang zu Gerichten in Umweltangelegenheiten v. 25.06.1998 (ABl. 2005 L 124 S. 4), geändert durch Änderungsübereinkommen v. 27.05.2005 (BGBl. 2009 II S. 794).

[1194] *Shirvani*, DVBl 2025, 554 (557).

[1195] Vgl. *Shirvani*, DVBl 2025, 554 (557).

[1196] *Schwerdtfeger* in: Koch/Hofmann/Reese (Hrsg.), Hdb. d. UmweltR, 6. Aufl. 2024, § 4 Rn. 6; *Epiney/Diezig/Pirker/Reitemeyer*, Aarhus-Konvention, 2018, Art. 9 Rn. 10.

[1197] *Umweltbundesamt*, Aarhus Konvention, Rechtsgrundlagen in Deutschland.

bedingungslosen Zugangs zu den Gerichten nicht vorgegeben ist.[1198] Vielmehr haben die Mitgliedstaaten die Kompetenz, Einschränkungen hinsichtlich eines Zugangs zu den Gerichten festzulegen.[1199] Auch das Unionsrecht sieht in Art. 47 Abs. 1 GRch vor, dass nur im Falle einer subjektiven Rechtsverletzung ein Zugang zu gerichtlichem Rechtsschutz möglich sein muss.[1200] Art. 47 Abs. 1 GRch regelt ebenso wie Art. 19 Abs. 4 S. 1 GG, dass Rechtsschutz für Bürger nur möglich ist, wenn die Rechte und Freiheiten des Einzelnen beschränkt werden.[1201] Insofern verstoßen die Anforderungen des Art. 19 Abs. 4 S. 1 GG nicht gegen internationale sowie europäische Vorgaben.

3. Zwischenergebnis

Dem Klimaschutzprogramm gem. § 9 Abs. 1 KSG sowie den Klimaschutzplänen der Bundesländer kommt keine Bindungswirkung gegenüber den Bürgern zu. Insofern ist eine subjektive Rechtsverletzung, die von den Plänen ausgeht, nicht möglich. Auch das Völker- und Unionsrecht weitet die Klagerechte für Bürger nicht aus, wenn es um das objektive Umweltschutzrecht geht. Zwar schreibt Art. 9 Abs. 3 Aarhus-Konvention vor, dass ein gerichtlicher Rechtsschutz bei der Verletzung von Umweltschutzrecht möglich sein muss. Allerdings obliegt die Ausgestaltung der Klagerechte den einzelnen Staaten. Insofern ist ein direkter Rechtsschutz gegen die Klimaschutzpläne für die Bürger nicht gegeben.

II. Umweltverbandsklage

Neben dem Rechtsschutz für Bürger ist auch der Rechtsschutz für anerkannte Umweltverbände zu betrachten. Nach § 1 Abs. 1 Nr. 4a) und b) UmwRG findet das UmwRG Anwendung für Rechtsbehelfe gegen Pläne und Programme im Sinne des § 2 Abs. 1 UVPG, für die nach Anlage 5 zum UVPG

[1198] BVerwG, NVwZ 2021, 984 Rn. 22; EuGH, Urt. v. 8.3.2011 – C-240/09, BeckRS 2011, 80195, ECLI:EU:C:2011:125, Rn. 45.

[1199] EuGH, Urt. v. 8.3.2011 – C-240/09, BeckRS 2011, 80195, ECLI:EU:C:2011:125, Rn. 45; BVerwG, NVwZ 2021, 984 Rn. 22 f.; *Epiney/Diezig/Pirker/Reitmeyer*, Aarhus-Konvention, 2018, Art. 9 Rn. 36.

[1200] *Schmidt-Aßmann* in: Dürig/Herzog/Scholz, GG, 108. EL. August 2025, Art. 19 Abs. 4 Rn. 40.

[1201] *Schmidt-Aßmann* in: Dürig/Herzog/Scholz, GG, 108. EL. August 2025, Art. 19 Abs. 4 Rn. 40.

oder nach landesrechtlichen Vorschriften eine Pflicht zur Durchführung einer strategischen Umweltprüfung bestehen kann.[1202] Gem. § 1 Abs. 1 Hs. 1 Nr. 4 lit. a) und lit. b) UmwRG bezieht sich die Klagemöglichkeit auf Pläne oder Programme im Sinne des § 2 Abs. 7 UVPG, die einer Pflicht zur Umweltverträglichkeitsprüfung nach Anlage 5 zum UVPG (lit. a)) beziehungsweise nach landesrechtlichen Vorschriften unterliegen (lit. b)).

1. Ausschluss der Klagerechte gem. § 4 Abs. 1 S. 6 KSG

Wie bereits dargestellt, regelt § 4 Abs. 1 S. 6 KSG einen Ausschluss der Klagerechte hinsichtlich subjektiver Rechte oder klagbarer Rechtspositionen, die durch das KSG begründet werden.[1203] Wird die Vorschrift wörtlich verstanden, liegt ein Ausschluss jeglichen Rechtsschutzes auch hinsichtlich des Klimaschutzprogramms vor.[1204] Der Wortlaut in § 4 Abs. 1 S. 6 KSG, der von *„dieses Gesetz“* spricht, deutet darauf hin, dass sich die Vorschrift auf das gesamte KSG bezieht.[1205] Nach der Vorschrift des KSG würden also Umweltverbandsklagen gegen das Klimaschutzprogramm bereits ausgeschlossen sein. In einigen der Landesklimaschutzgesetze sind entsprechende Regelungen normiert, sodass auch gegen die jeweiligen Landesklimaschutzpläne ein Rechtsschutz ausgeschlossen sein würde (vgl. Art. 12 S. 1 BayKlimaG sowie § 4 Abs. 4 SKSG).

Ein entsprechender Ausschluss der Klagerechte für die Klimaschutzpläne scheitert vorliegend allerdings an den Vorgaben des internationalen sowie europäischen Rechts.[1206] Wie bereits dargestellt, verpflichtet Art. 9 Abs. 3 Aarhus-Konvention die Bundesrepublik Deutschland, der Öffentlichkeit einen effektiven Rechtsschutz zu ermöglichen, wenn es um die Einhaltung

---

[1202] *Shirvani*, DVBl 2025, 554 (556); *Simon*, Das Umweltrechtsbehelfsgesetz im Spannungsfeld zwischen Artenschutz und Klimaschutz, 2024, S. 87 f.

[1203] Vgl. *von Weschpfennig* in: Fellenberg/Guckelberger (Hrsg.), KlimaschutzR, 2022, § 4 KSG Rn. 24; *Wickel* in: Säcker/Ludwigs (Hrsg.), Berliner Kommentar zum EnergieR, Bd. 3, 5. Aufl. 2022, § 4 KSG Rn. 28; *Schlacke/Franzius* in: Kreuter-Kirchhof/Schlacke, KlimaschutzR, 2025, § 4 Rn. 21; *Klafki/Schlacke* in: Kreuter-Kirchhof/Schlacke, KlimaschutzR, 2025, § 9 Rn. 59.

[1204] *Schlacke*, EurUP 2020, 338 (344).

[1205] *Saurer* in: Rodi (Hrsg.), Hdb. KlimaschutzR, 2022, § 10 Rn. 52; *ders.*, ZUR 2024, 214 (218).

[1206] *Schlacke/Franzius* in: Kreuter-Kirchhof/Schlacke, KlimaschutzR, 2025, § 4 Rn. 21.

objektiven Umweltschutzrechts geht.[1207] Das UmwRG setzt die Aarhus-Konvention ins innerdeutsche Recht um.[1208] Insofern ermöglicht das UmwRG der Öffentlichkeit den Zugang zu Gerichten.[1209] Die Einhaltung objektiven Umweltschutzrechts muss also von Umweltverbänden aufgrund der Gewährleistung des Art. 9 Abs. 3 Aarhus-Konvention überprüft werden können.[1210] Ein Ausschluss der Begründung subjektiver Rechte durch das KSG gem. § 4 Abs. 1 S. 6 KSG beziehungsweise Art. 12 S. 1 BayKlimaG oder § 4 Abs. 4 SKSG verstößt insofern gegen die Aarhus-Konvention.[1211]

2. Zulässigkeit einer Verbandsklage

Die Zulässigkeitsvoraussetzungen für die Verbandsklage sind vorrangig im UmwRG geregelt.

a) Zulässiger Klagegegenstand

Das UmwRG regelt die Möglichkeit, Pläne und Programme im Sinne von § 2 Abs. 7 UVPG gerichtlich überprüfen zu lassen, die einer Umweltverträglichkeitsprüfung nach dem UVPG oder landesrechtlichen Vorschriften unterliegen (§ 1 Abs. 1 Nr. 4 Hs. 1 lit. a) und lit. b) UmwRG).[1212] Wie bereits aufgezeigt[1213], ist das Klimaschutzprogramm in Nr. 2.13 der Anlage 5 zum UVPG aufgeführt. Danach besteht zumindest die Möglichkeit des Vorliegens einer konditionalen strategischen Umweltprüfung.[1214] Nach der Auffassung des BVerwG reicht

---

[1207] EuGH, NVwZ 2011, 673, Rn. 46; *Wickel* in: Säcker/Ludwigs (Hrsg.), Berliner Kommentar zum EnergieR, Bd. 3, 5. Aufl. 2022, § 4 KSG Rn. 30.

[1208] BT-Drs. 18/9526, S. 23; BVerwG, NVwZ 2014, 64 Rn. 31; *Kloepfer/Durner*, UmweltschutzR, 3. Aufl. 2020, § 5 Rn. 18; *Kloepfer*, UmweltR, 4. Aufl. 2016, § 8 Rn. 97; *Schlacke*, NVwZ 2024, 564 (565); *Shirvani*, DVBl 2025, 554 (556 f.).

[1209] *Shirvani*, DVBl 2025, 554 (556 f.).

[1210] EuGH, NVwZ 2011, 673 Rn. 46; *Klinger*, ZUR 2020, 259 (260); *Franzius* in: Schink/Reidt/Mitschang (Hrsg.), UVPG/UmwRG, 2. Aufl. 2023, § 1 UmwRG Rn. 5; *Shirvani*, DVBl 2025, 554 (556 f.).

[1211] Vgl. zum KSG OVG Berlin-Brandenburg, BeckRS 2024, 10814, Rn. 73; *Franzius*, ZUR 2021, 131 (139 f.); *Wickel* in: Säcker/Ludwigs (Hrsg.), Berliner Kommentar zum EnergieR, Bd. 3, 5. Aufl. 2022, § 4 KSG Rn. 30, Teil 2 A. Rn. 34; *Schlacke/Franzius* in: Kreuter-Kirchhof/Schlacke, KlimaschutzR, 2025, § 4 Rn. 21.

[1212] Vgl. *Schlacke*, NVwZ 2024, 564 (565).

[1213] Kap. 5 A II 2.

[1214] Vgl. *Klafki/Schlacke* in: Kreuter-Kirchhof/Schlacke, KlimaschutzR, 2025, § 9 Rn. 60.

jedoch allein die Möglichkeit einer Pflicht zur Umweltprüfung für das Vorliegen des zulässigen Klagegegenstands nicht aus.[1215] Schließlich handle es sich bei dieser Voraussetzung um eine „*Sachurteilsvoraussetzung*", deren Vorliegen noch nicht mit einer bloßen Möglichkeit erfüllt sein könne.[1216] Vielmehr müsste bereits im Klagegegenstand geprüft werden, ob die Pflicht besteht.[1217] Würde der Auffassung des BVerwG gefolgt werden, bestünde jedoch das Problem, dass die Prüfung, ob eine Pflicht zur Durchführung einer Umweltprüfung besteht, bereits im Rahmen der Zulässigkeit geklärt werden muss; materielle Prüfungspflichten würden dadurch vorgelagert werden.[1218] Auch steht der klare Wortlaut der Vorschrift gegen die Auslegung des BVerwG, wonach es ausreicht, wenn eine Pflicht zur Durchführung einer Umweltprüfung „*bestehen kann*" (§ 1 Abs. 1 Nr. 4 Hs. 1 UmwRG).[1219] In Abgrenzung zu § 2 Abs. 4 S. 2 UmwRG reicht es daher aus, dass lediglich die Möglichkeit einer Pflicht zur Durchführung einer strategischen Umweltprüfung vorliegt.[1220]

Wie zuvor dargestellt[1221], gibt es auch für einige der Landesklimaschutzpläne die Möglichkeit einer konditionalen strategischen Umweltprüfung (§ 35 Abs. 1 Nr. 2 Alt. 2 UVPG). Insofern sind sie ebenfalls als taugliche Klagegegenstände im Sinne einer Überprüfung nach dem UmwRG anzusehen (§ 1 Abs. 1 Nr. 4 Hs. 1 lit. b) UmwRG).

b) Statthafte Klageart

Die statthafte Klageart richtet sich nach dem Klagebegehren (vgl. § 88 VwGO).[1222] Vorliegend geht es um die Einklagbarkeit beziehungsweise die

---

[1215] BVerwGE 149, 17, Rn. 7; 150, 294, Rn. 10; *Knappe*, Die Maßnahmenplanung im europäisierten VerwaltungsR, 2022, S. 435 f.

[1216] BVerwGE 149, 17, Rn. 7; 150, 294, Rn. 10; *Knappe*, Die Maßnahmenplanung im europäisierten VerwaltungsR, 2022, S. 435 f.

[1217] BVerwGE 149, 17, Rn. 7 f.; 150, 294, Rn. 10; *Knappe*, Die Maßnahmenplanung im europäisierten VerwaltungsR, 2022, S. 435 f.

[1218] *Knappe*, Die Maßnahmenplanung im europäisierten VerwaltungsR, 2022, S. 435 f.

[1219] *Knappe*, Die Maßnahmenplanung im europäisierten VerwaltungsR, 2022, S. 435 f.

[1220] VG Hannover, BeckRS 2018, 16671, Rn. 32; VG Darmstadt, BeckRS 2018, 9179 Rn. 72 f.; OVG Münster, BeckRS 2018, 31320, Rn. 18; VGH Kassel, NZV 2019, 200, Rn. 13; *Schlacke*, NVwZ 2019, 1392 (1398); *Knappe*, Die Maßnahmenplanung im europäisierten VerwaltungsR, 2022, S. 435 f.

[1221] Kap. 5 A II 3.

[1222] *Fertig* in: Posser/Wolff/Decker, BeckOK VwGO, 75. Ed. 01.10.2023, § 88 Rn. 6.

Überprüfung von Klimaschutzplänen (§ 1 Abs. 1 Hs. 1 Nr. 4 lit. a) und lit. b) UmwRG). Als statthafte Klageart kommt daher die allgemeine Leistungsklage (vgl. § 43 Abs. 2, § 111, § 113 Abs. 4 VwGO) sowie die allgemeine Feststellungsklage (§ 43 Abs. 1 VwGO) in Betracht.[1223] Die allgemeine Leistungsklage zielt darauf ab, Ansprüche, die auf ein Tun, Dulden oder Unterlassen gerichtet sind, durchzusetzen.[1224] Die allgemeine Feststellungsklage dient hingegen der *„Feststellung des Bestehens oder Nichtbestehens eines Rechtsverhältnisses"*.[1225] Allerdings ist die allgemeine Feststellungsklage gegenüber der Gestaltungs- und Leistungsklage subsidiär.[1226] Eine allgemeine Feststellungsklage ist demnach vorliegend gegenüber der allgemeinen Leistungsklage subsidiär und somit bereits nicht zulässig (§ 43 Abs. 2 S. 1 VwGO).[1227]

Erstmalig wurde im Jahr 2022 vor dem VGH Mannheim eine Klage gegen den ehemaligen integrierten Energie- und Klimaplans (§ 6 Abs. 1 S. 1 KSG BW 2013) in Baden-Württemberg erhoben.[1228] Der VGH Mannheim erklärte die allgemeine Leistungsklage für statthaft.[1229] Gleiches galt auch für die Klage auf Erlass des ehemaligen Sofortprogramms (§ 8 Abs. 1 KSG 2019/2021) vor dem OVG Berlin-Brandenburg im Jahr 2023.[1230] Auch die Klage gegen das Klimaschutzprogramm 2023 vor dem OVG Berlin- Brandenburg im Jahr 2024 wurde mit einer allgemeinen Leistungsklage durchgesetzt.[1231] Das BVerwG hat im Januar 2026 das Urteil des OVG Berlin-Brandenburgs hinsichtlich des Klimaschutzprogramms 2023 bestätigt und damit die Revision zurückgewiesen.[1232] Damit wurden nicht nur die Klagerechte gestärkt und klargestellt, dass anerkannte Umweltverbände das Klimaschutzprogramm gerichtlich

---

[1223] *Hufen*, VerwaltungsprozessR, 13. Aufl. 2024, § 20 Rn. 6.

[1224] *Sodan* in: Sodan/Ziekow (Hrsg.), VwGO, 5. Aufl. 2018, § 42 Rn. 49.

[1225] *Sodan* in: Sodan/Ziekow (Hrsg.), VwGO, 5. Aufl. 2018, § 43 Rn. 5.

[1226] *Sodan* in: Sodan/Ziekow (Hrsg.), VwGO, 5. Aufl. 2018, § 43 Rn. 112.

[1227] *Schenke* in: Kopp/Schenke, VwGO, 31. Aufl. 2025, § 43 Rn. 8x; *Klafki/Schlacke* in: Kreuter-Kirchhof/Schlacke, KlimaschutzR, 2025, § 9 Rn. 60; a.A. *Sodan* in: Sodan/Ziekow (Hrsg.), VwGO, 5. Aufl. 2018, § 42 Rn. 49, § 43 Rn. 112.

[1228] VGH Mannheim, ZUR 2023, 238 Rn. 24.

[1229] VGH Mannheim, ZUR 2023, 238 Rn. 24.

[1230] OVG Berlin-Brandenburg, NVwZ 2024, 598 Rn. 36.

[1231] OVG Berlin-Brandenburg, BeckRS 2024, 10814, Rn. 46.

[1232] *Bundesverwaltungsgericht* Pressemitteilung Nr. 05/2026, Klimaschutzprogramm 2023 bedarf ergänzender Maßnahmen (BVerwG 7 C 6.24 – Urt. v. 29.01.2026).

überprüfen lassen können.[1233] Vielmehr wurde auch entschieden, dass das aktuelle Klimaschutzprogramm unzureichend ist und nachgeschärft werden muss, um die Klimaschutzziele erreichen zu können.[1234]

c) Weitere Zulässigkeitsvoraussetzungen

Weitere Zulässigkeitsvoraussetzungen ergeben sich unmittelbar aus dem UmwRG. Gem. § 2 Abs. 1 S. 1 Nr. 2 UmwRG ist eine nach § 3 UmwRG anerkannte inländische oder ausländische Vereinigung klagebefugt, die geltend machen kann, durch den Rechtsverstoß in ihrem satzungsgemäßen Aufgabenbereich berührt zu sein.[1235] Die Notwendigkeit der Geltendmachung einer subjektiven Rechtsverletzung besteht für Umweltverbände hingegen nicht (§ 2 Abs. 1 S. 1 UmwRG).[1236] Vielmehr kann ein anerkannter Umweltverband die Einhaltung objektiven Rechts klageweise geltend machen, sofern sich der Rechtsverstoß auf die Aufstellung des Plans beziehungsweise Programms auch auswirkt (§ 2 Abs. 1 S. 1 Nr. 1 UmwRG).[1237] Vor Erhebung einer Klage musste der Umweltverband im Rahmen der Aufstellung des Plans beziehungsweise Programms überdies bereits beteiligt gewesen sein (§ 2 Abs. 1 S. 1 Nr. 3 lit. a) und lit. b) UmwRG). Zuständiges Gericht für Verbandsklagen gegen die Klimaschutzpläne ist das Oberverwaltungsgericht (§ 7 Abs. 2 S. 1 UmwRG, § 1 Abs. 1 Hs. 1 Nr. 4 UmwRG).[1238]

d) Zwischenergebnis

Statthafte Klageart für den Rechtsschutz hinsichtlich der Klimaschutzpläne ist die allgemeine Leistungsklage. Die Zulässigkeitsvoraussetzungen für die Umweltverbandsklage finden sich vorrangig im UmwRG. Danach ist eine allgemeine Leistungsklage für die Klimaschutzpläne zulässig, wenn sie einer strategischen Umweltprüfungspflicht unterliegen könnte. Eine subjektive

---

[1233] *Bundesverwaltungsgericht* Pressemitteilung Nr. 05/2026, Klimaschutzprogramm 2023 bedarf ergänzender Maßnahmen (BVerwG 7 C 6.24 – Urt. v. 29.01.2026).

[1234] *Bundesverwaltungsgericht* Pressemitteilung Nr. 05/2026, Klimaschutzprogramm 2023 bedarf ergänzender Maßnahmen (BVerwG 7 C 6.24 – Urt. v. 29.01.2026).

[1235] Vgl. *Kment*, NVwZ 2018, 921 (922).

[1236] Vgl. *Franzius* in: Schink/Reidt/Mitschang (Hrsg.), UVPG/UmwRG, 2. Aufl. 2023, § 1 UmwRG Rn. 1.

[1237] *Bunge*, UmwRG, 2. Aufl. 2019, § 2 Rn. 37.

[1238] *Shirvani*, DVBl 2025, 554 (557).

Rechtsverletzung ist nicht geltend zu machen. Die Umweltverbände müssen lediglich darlegen, dass sie in ihrem satzungsgemäßen Aufgabenbereich betroffen sind.

3. Begründetheit einer Umweltverbandsklage

Aus § 2 Abs. 4 S. 1 Nr. 2 UmwRG ergeben sich die Voraussetzungen der Begründetheit. Danach ist eine Klage begründet, *„soweit 2. die Entscheidung nach § 1 Absatz 1 Satz 1 Nummer 2a bis 6 oder deren Unterlassen gegen umweltbezogene Rechtsvorschriften verstößt, die für diese Entscheidung von Bedeutung sind, und der Verstoß Belange berührt, die zu den Zielen gehören, die die Vereinigung nach ihrer Satzung fördert.*"[1239] Die eingeklagten Klimaschutzpläne müssen also gegen Normen des Umweltschutzrechts verstoßen.[1240] Das Klimaschutzrecht gehört, wie beschrieben[1241], zum Umweltschutzrecht.[1242] Werden die Klimaschutzpläne nicht oder nicht entsprechend ihrer Rechtsgrundlagen aufgestellt, würde damit ein Verstoß gegen Normen des Umweltschutzrechts vorliegen. Überdies muss der Verstoß auch die Ziele einschränken, die der Umweltverband seiner Satzung nach fördert (§ 2 Abs. 4 S. 1 UmwRG).[1243]

Zuletzt schreibt § 2 Abs. 4 S. 2 UmwRG vor, dass bei einer Entscheidung nach § 1 Abs. 1 Nr. 4 UmwRG eine Pflicht zur Durchführung einer strategischen Umweltprüfung bestehen muss.[1244] Es ist daher erforderliche Voraussetzung, dass die Klimaschutzpläne einer strategischen Umweltprüfung unterliegen. Wie bereits dargelegt wurde[1245], besteht für die Klimaschutzpläne keine obligatorische Umweltprüfung. Es ist vielmehr im Einzelfall zu ermitteln, ob nach den Festsetzungen der Pläne eine „rahmensetzende Wirkung" für weitere Zulassungsentscheidungen vorliegt, die eine konditionale Umweltprüfung begründet.

[1239] Vgl. *Shirvani*, DVBl 2025, 554 (558).
[1240] *Knappe*, Die Maßnahmenplanung im europäisierten VerwaltungsR, 2022, S. 438.
[1241] Kap. 2 A.
[1242] *Schlacke*, UmweltR, 9. Aufl. 2023, § 16 Rn. 2.
[1243] Vgl. *Knappe*, Die Maßnahmenplanung im europäisierten VerwaltungsR, 2022, S. 438; *Klafki/Schlacke* in: Kreuter-Kirchhof/Schlacke, KlimaschutzR, 2025, § 9 Rn. 61.
[1244] *Kment* in: Beckmann/Kment (Hrsg.), UVPG/UmwRG, 6. Aufl. 2023, § 2 UmwRG Rn. 57; *Knappe*, Die Maßnahmenplanung im europäisierten VerwaltungsR, 2022, S. 438.
[1245] Kap. 5 A II 2.

Die Notwendigkeit der Voraussetzung des § 2 Abs. 4 S. 2 UmwRG, nach der eine Umweltprüfungspflicht bestehen muss, würde im Ergebnis wohl dazu führen, dass eine Umweltverbandsklage gegen die Klimaschutzpläne unbegründet wäre. Dieses Ergebnis verstößt jedoch gegen die Vorschriften der Aarhus-Konvention, nach der Klagerechte für Umweltbelange geschaffen werden müssen.[1246] Gem. Art. 9 Abs. 3 Aarhus-Konvention, ist der Öffentlichkeit ein umfassender Zugang zu den Gerichten zu ermöglichen, wenn Vorschriften des Umweltschutzrechts nicht beachtet wurden.[1247] Zwar stellt das UmwRG eine 1:1 Umsetzung der Aarhus-Konvention dar und soll somit einen Zugang der Öffentlichkeit zu Gerichten gewähren.[1248] Dennoch wurde im UmwRG die Möglichkeit der Klage auf Pläne beziehungsweise Programme beschränkt, die einer strategischen Umweltprüfungspflicht unterliegen.[1249] Diese Beschränkung stellt einen Verstoß gegen die Vorschriften der Aarhus-Konvention dar.[1250] Eine Einschränkung durch innerstaatliches Recht darf gerade nicht vorliegen.[1251]

Dementsprechend hat das OVG Berlin-Brandenburg in seinem Urteil hinsichtlich des eingeklagten ehemaligen Sofortprogramm nach § 8 Abs. 1 KSG 2019/2021 entschieden, dass das Fehlen der strategischen Umweltprüfungspflicht nicht zu einer Unbegründetheit der Klage führt.[1252] Das OVG Berlin-Brandenburg hat vielmehr die Vorschriften des UmwRG in dem konkreten Einzelfall teleologisch erweitert.[1253] Aufgrund dieser Erweiterung bestand keine Pflicht mehr zur Durchführung einer Umweltprüfung.[1254]

[1246] *Shirvani*, DVBl 2025, 554 (557).

[1247] OVG Berlin-Brandenburg, BeckRS 2023, 38547, Rn. 50; EuGH, Urt. v. 20.12.2017 – C-664/15, ECLI:EU:C:2017:987, Rn. 45; EuGH, Urt. v. 8.11.2022 – C 873/19, ECLI:EU:C:2022:857, Rn. 66; *Shirvani*, DVBl 2025, 554 (557).

[1248] OVG Berlin-Brandenburg, BeckRS 2023, 38547, Rn. 54; vgl. auch *Schlacke*, NVwZ 2024, 564 (565).

[1249] *Franzius* in: Schink/Reidt/Mitschang (Hrsg.), UVPG/UmwRG, 2. Aufl. 2023, § 1 UmwRG Rn. 22.

[1250] OVG Berlin-Brandenburg, BeckRS 2023, 38547, Rn. 50; *Schlacke*, NVwZ 2024, 564 (565 f.).

[1251] EuGH, Urt. v. 20.12.2017 – C-664/15, ECLI:EU:C:2017:987, Rn. 45; *Shirvani*, DVBl 2025, 554 (557).

[1252] OVG Berlin-Brandenburg, BeckRS 2023, 38547, Rn. 107.

[1253] OVG Berlin-Brandenburg, BeckRS 2023, 38547, Rn. 107; vgl. auch *Klafki/Schlacke* in: Kreuter-Kirchhof/Schlacke, KlimaschutzR, 2025, § 9 Rn. 62.

[1254] OVG Berlin-Brandenburg, BeckRS 2023, 38547, Rn. 63.

Für die Überprüfung des Klimaschutzprogramms hat das OVG Berlin-Brandenburg im Urteil aus dem Jahr 2024 die Möglichkeit einer teleologischen Erweiterung der Vorschriften des UmwRG jedoch abgelehnt.[1255] Schließlich regelt das UVPG die Anwendung der strategischen Umweltprüfung für das Klimaschutzprogramm in Anlage 5, was bedeutet, dass das Klimaschutzprogramm nach den Vorschriften des UVPG behandelt werden muss.[1256] Dennoch scheitert auch beim Klimaschutzprogramm die Klage nicht an den Voraussetzungen des § 2 Abs. 4 S. 2 UmwRG, sofern keine Pflicht zur Durchführung einer strategischen Umweltprüfung vorliegt.[1257] Vielmehr dient das Klimaschutzprogramm gem. § 9 Abs. 1 S. 1 KSG gerade der „*Durchführung von Recht der Europäischen Union und die Mitgliedstaaten sind in einem solchen Fall verpflichtet, einen wirksamen gerichtlichen Schutz der durch das Recht der Union garantierten Rechte zu gewährleisten*".[1258] Das Unionsrecht hat insofern Anwendungsvorrang. Die Aarhus-Konvention verpflichtet in Verbindung mit Art. 47 Abs. 1 Grch die Mitgliedstaaten der Europäischen Union zur Gewährleistung eines entsprechenden Rechtsschutzes.[1259]

Die teleologische Erweiterung der Vorschriften des UmwRG würde auch auf die Landesklimaschutzpläne übertragbar sein, sofern sie das Unionsrecht umsetzen.[1260]

4. Anspruchsinhalt bei Nichterlass oder fehlerhaftem Erlass eines Klimaschutzprogramms

Gem. § 9 Abs. 1 S. 1 Hs. 1 KSG besteht grundsätzlich eine Rechtspflicht zur Aufstellung eines Klimaschutzprogramms nach der Entstehung einer neuen Legislaturperiode.[1261] Würde kein Klimaschutzprogramm aufgestellt werden, kann verwaltungsgerichtlich eingeklagt werden, dass die planende Stelle ein entsprechendes Programm aufzustellen hat.[1262]

1255 OVG Berlin-Brandenburg, BeckRS 2024, 10814, Rn. 62.
1256 OVG Berlin-Brandenburg, BeckRS 2024, 10814, Rn. 62.
1257 OVG Berlin-Brandenburg, BeckRS 2024, 10814, Rn. 62.
1258 OVG Berlin-Brandenburg, BeckRS 2024, 10814, Rn. 62.
1259 EuGH, Urt. v. 20.12.2017 – C-664/15, ECLI:EU:C:2017:987, Rn. 45.
1260 Vgl. OVG Berlin-Brandenburg, BeckRS 2024, 10814, Rn. 62.
1261 Kap. 5 B I 1 b).
1262 Vgl. *Shirvani*, DVBl 2025, 554 (554 f.).

Überdies besteht nach Aktualisierung des Klimaschutzplans nach der EU-Governance-VO ein Entschließungsermessen zur Aufstellung eines neuen Klimaschutzprogramms (§ 9 Abs. 1 S. 1 Hs. 2 KSG).[1263] Diesbezüglich würde ein Bescheidungsurteil bei einer Nicht-Aktualisierung ergehen, da die Aufstellung lediglich im Ermessen der planenden Stelle liegt.[1264]

Gleiches gilt für die Klimaschutzpläne der Bundesländer. Auch diese unterliegen, wie dargestellt[1265], grundsätzlich einer Aufstellungspflicht, sodass ein Ausbleiben der Pläne gerichtlich geltend gemacht werden kann.[1266]

Der konkrete Inhalt der Klimaschutzpläne liegt grundsätzlich im Ermessen der planenden Stelle. Dennoch kann gerichtlich überprüft werden, ob die im Plan festgesetzten Maßnahmen zur Erreichung der Klimaschutzziele geeignet sind.[1267] Ist dies nicht der Fall, ergeht ein Urteil auf Neuerlass in Form eines Bescheidungsurteils.[1268]

5. Gerichtliche Durchsetzung von Klimaschutzplänen

Würde gerichtlich eingeklagt werden, dass in den Klimaschutzplänen festgesetzte Maßnahmen nicht umgesetzt werden, besteht die Frage, ob die im Klimaschutzprogramm festgesetzten Maßnahmen in den Bundestag eingebracht werden müssen oder ob lediglich ein Initiativrecht der Bundesregierung besteht. Es stellt sich die Frage, ob die Durchsetzung konkreter Maßnahmen des Klimaschutzprogramms einklagbar sind.[1269] Dieses Problem stellt sich, wenn Maßnahmen im Klimaschutzprogramm festgesetzt und diese nicht durch die Bundesregierung in den Bundestag eingebracht werden.[1270] Grundsätzlich hat die Bundesregierung nach Art. 76 Abs. 1 GG das Initiativrecht, welche formellen Gesetzesentwürfe sie in den Bundestag einbringt.[1271] Dieses Recht darf auch nicht durch die Verwaltungsgerichte

[1263] Kap. 5 B I 2 b).
[1264] *Kilian/Hissnauer* in: Sodan/Ziekow (Hrsg.), VwGO, 5. Aufl. 2018, § 121 Rn. 86.
[1265] Kap. 5 B I 1 b).
[1266] Vgl. *Shirvani*, DVBl 2025, 554 (554 f.).
[1267] *Shirvani*, DVBl 2025, 554 (558).
[1268] OVG Berlin-Brandenburg, NVwZ 2024, 598 Rn. 108 f.
[1269] *Shirvani*, DVBl 2025, 554 (559).
[1270] *Shirvani*, DVBl 2025, 554 (559).
[1271] *Shirvani*, DVBl 2025, 554 (559).

unterlaufen werden.[1272] Allerdings sprechen, wie bereits dargelegt gute Gründe dafür, dass vom Klimaschutzprogramm eine Bindungswirkung für die Bundesregierung dahingehend ausgeht, dass sie zur Einbringung der Maßnahmen in den Bundestag verpflichtet ist.[1273] Das bedeutet, das Initiativrecht aus Art. 76 Abs. 1 GG wandelt sich ausnahmsweise in eine Initiativpflicht.[1274] Vor dem Verwaltungsgericht kann aber die Einhaltung der Pflichten, die aus dem Klimaschutzprogramm ausgehen, gerichtlich geltend gemacht werden. Dies würde dazu führen, dass die Bundesregierung mittelbar durch die Verwaltungsgerichte zur Gesetzesinitiative verpflichtet würde.[1275] Allerdings gilt es zu beachten, dass lediglich eine Initiativpflicht eingeklagt werden kann. Die tatsächliche Umsetzung der Maßnahmen der Pläne obliegt weiterhin dem Gesetzgebungsverfahren und kann nicht verwaltungsgerichtlich eingeklagt werden. Der „Auswahl- und Prognosespielraum" der Bundesregierung darf gerichtlich nicht torpediert werden.[1276]

B. Fazit des sechsten Kapitels

Der Rechtsschutz im Rahmen der Klimaschutzplanung beschränkt sich auf die Klagemöglichkeit von anerkannten Umweltverbänden. Individualkläger sind nicht befugt, direkt gegen Klimaschutzpläne Klage zu erheben, da eine subjektive Rechtsverletzung mangels Außenwirkung nicht vorliegt. Es gilt der Grundsatz, dass ein allgemeiner Gesetzesvollziehungsanspruch nicht besteht. In Betracht kommt allenfalls die Überprüfung der Klimaschutzpläne durch einen inzidenten Rechtsschutz.

Hingegen können anerkannte Umweltverbände nach dem UmwRG die Einhaltung objektiven Umweltschutzrechts klageweise geltend machen, sofern die entsprechenden Voraussetzungen erfüllt sind. Das Vorliegen einer subjektiven Rechtsverletzung ist in dem Fall gerade nicht erforderlich. Statthafte Klageart ist die allgemeine Leistungsklage. Die Zulässigkeitsvoraussetzungen

---

[1272] *Shirvani*, DVBl 2025, 554 (559).
[1273] Kap. 4 C I 2.
[1274] A.A. *Shirvani*, DVBl 2025, 554 (559).
[1275] A.A. *Shirvani*, DVBl 2025, 554 (559).
[1276] *Shirvani*, DVBl 2025, 554 (559); vgl. auch *Klafki/Schlacke* in: Kreuter-Kirchhof/Schlacke, KlimaschutzR, 2025, § 9 Rn. 37 f.

einer solchen Klage ergeben sich aus dem UmwRG. Eine fehlende Umweltprüfungspflicht für die Klimaschutzpläne kann nicht zur Unbegründetheit der Klage führen, da das Völker- sowie das Unionsrecht einen Zugang zu den Gerichten für Belange des Umweltschutzrechts garantiert. Das nationale Recht ist entsprechend den völker- und unionsrechtlichen Vorgaben hin teleologisch zu erweitern beziehungsweise unangewendet zu lassen. Eingeklagt werden kann zum einen die Erstellung eines Klimaschutzplans, da eine Rechtspflicht dazu besteht. Inhaltlich kann nur ein Bescheidungsurteil hinsichtlich der Ermessensentscheidungen der Behörden ergehen. Eine Durchsetzung der Klimaschutzpläne kann zum anderen nur hinsichtlich der Ausübung der Initiativpflicht der Bundesregierung geltend gemacht werden. Die Ermessens- und Prognosespielräume der planenden Behörden sind allerdings zu wahren.

Bewertung der Klimaschutzplanung und Schlussfazit

Der Klimaschutz gehört wohl zu den wichtigsten Aufgaben unseres Jahrhunderts. Nur durch den Schutz des Klimas kann unsere Lebensgrundlage erhalten und eine Vielzahl von drastischen Naturkatastrophen verhindert werden. Aus diesem Grund muss der Klimaschutz nicht nur in der Bundesrepublik Deutschland, sondern weltweit eine gewichtige Rolle einnehmen, um die Ziele des Klimaschutzes möglichst effektiv erreichen zu können.

Die Klimaschutzplanung ist eines der zentralen Instrumente, um Maßnahmen der Staaten aufzustellen und zu koordinieren, sowie die Klimaschutzziele nicht nur innerhalb der Bundesrepublik Deutschland, sondern auch europa- sowie weltweit erreichen zu können.

A. Planung als Instrument der Steuerung

Die Planung ist ein vielseitig genutztes Instrument, um gerade im Umweltschutz festgesetzte Ziele und Standards einhalten zu können.[1277] Mit der Aufstellung eines Plans wird eine bestehende Situation analysiert und ausgewertet.[1278] Sodann können im Plan Festsetzungen in Form von Maßnahmen und Strategien erstellt werden, um eine bestehende Situation hin zu einem gewünschten Ergebnis zu lenken.[1279] Auch im Klimaschutzrecht

---

[1277] Vgl. *Kloepfer*, UmweltR, 4. Aufl. 2016, § 5 Rn. 101 ff.

[1278] Vgl. *Schmidt-Aßmann*, DÖV 1974, 541 (542).

[1279] *Schmidt-Aßmann*, DÖV 1974, 541 (542); *Schlacke*, UmweltR, 9. Aufl. 2023, § 5 Rn. 6; *Peters/Hesselbarth/Peters*, UmweltR, 6. Aufl. 2024, Rn. 124.

besteht eine Vielzahl an Zielen, die nicht nur innerhalb der Bundesrepublik Deutschland, sondern auch auf europäischer sowie auf völkerrechtlicher Ebene festgesetzt sind.[1280] Das Instrument der Planung dient auch im Klimaschutz dem Zweck, dass dessen Ziele erreicht werden sollen.[1281] Diesbezüglich wird bei der Aufstellung der jeweiligen Klimaschutzpläne die bestehende Situation analysiert und mit Hilfe von Festsetzungen versucht, die entsprechenden Ziele zu erreichen. Besonderheiten der Klimaschutzpläne ergeben sich aus dessen Ausgestaltung im Mehrebenensystem. Wie aufgezeigt, gibt es Klimaschutzpläne, angefangen auf völkerrechtlicher bis hin zur kommunalen Ebene.[1282] Es bestehen daher Unterschiede in Aufstellung und Steuerungsmöglichkeiten der einzelnen Pläne.

B. Einfluss des Mehrebenensystems auf die Klimaschutzplanung

Wie bereits beschrieben, sind die Klimaschutzpläne im Mehrebenenrecht ausgestaltet.[1283] Dennoch verfolgen grundsätzlich alle Ebenen das gleiche Ziel: Es soll das Temperaturziel des Pariser Abkommens erreicht werden, um drastische Folgen des Klimawandels eingrenzen zu können.[1284] Dabei stellt sich das Problem, dass das einheitliche Temperaturziel grundsätzlich nur dann erreicht werden kann, wenn alle Planungsinstrumente kohärent und ausreichend koordiniert aufgestellt sind.[1285]

[1280] Siehe Art. 1 Abs. 1, Art. 2 Abs. 1 EU-Klimagesetz, Art. 2 Abs. 1 Hs. 1, Art. 4 Abs. 1 EU-Klimaschutz-VO i.V.m Anhang I EU-Klimaschutz-VO, Art. 1 LULUCF-VO.

[1281] Siehe Art. 3 Abs. 1 S. 1, Art. 15 Abs. 1 S. 1 EU-Governance-VO.

[1282] Art. 4 Abs. 19 Pariser Abkommen, Art. 3 Abs. 1 S. 1, Art. 15 Abs. 1 S. 1 EU-Governance-VO, § 9 Abs. 1 S. 1 KSG, § 6 Abs. 1 S. 1 HmbKliSchG, § 4 Abs. 1 S. 1 HKlimaG, § 7 Abs. 1 S. 1 LKSG RP, § 6 Abs. 1 S. 1 SKSG, § 4 Abs. 1 EWG Bln, Art. 5 Abs. 1 Nr. 1 BayKlimaG, § 4 Abs. 1 S. 1 NKlimaG, § 6 Abs. 1 S. 1 ThürKlimaG, § 4 Abs. 1 S. 1 BremKEG, § 17 ff. NKlimaG, § 13 Abs. 1 S. 1 BremKEG, § 12 Abs. 1 S. 2 EWG Bln, § 25 Abs. 1 S. 1 HmbKliSchG, § 8 Abs. 2 S. 1 ThürKlimaG, § 8 Abs. 2 HKlimaG, Art. 5 Abs. 2 S. 1 BayKlimaG.

[1283] Siehe Kap. 3; auch *Shirvani*, ZUR 2022, 579 (579 ff.).

[1284] Siehe § 1 S. 3 KSG; siehe Kap. 2 C II, Kap. 2 E VI 1.

[1285] *Shirvani*, ZUR 2022, 579 (579).

I. Bindungswirkung

Im Pariser Abkommen ist in Art. 2 Abs. 1 lit. a) ein Temperaturziel ausgestaltet. Das Temperaturziel des Pariser Abkommens ist für die unterzeichnenden Staaten verbindlich.[1286] Art. 3 S. 1 Pariser Abkommen regelt, dass die Mitgliedstaaten Beiträge festsetzen müssen, um die Ziele erreichen zu können.[1287] Im Übrigen prägt das „Bottom-up"-Prinzip den Klimaschutz im Völkerrecht, nach dem die einzelnen Staaten der Welt eigene Beiträge zur Erreichung des Temperaturziels aufstellen müssen.[1288] Eine Pflicht zur Aufstellung bestimmter Beiträge sowie zur Festsetzung von Maßnahmen, die diese erreichen sollen, besteht nicht.[1289] Obwohl also das Pariser Abkommen für die Staaten verbindlich ist, geben die darin enthaltenen Vorschriften lediglich einen Handlungsrahmen. Bereits die Aufstellung von Langfrist-Strategien nach dem Pariser Abkommen wurde nicht verbindlich geregelt.[1290] Die Mitgliedstaaten entscheiden selbst, inwiefern solche Strategien aufgestellt werden und wie ambitioniert die darin enthaltenen Festsetzungen, Ziele und Maßnahmen sein sollen, um eine völkerrechtliche Zielerreichung sicherstellen zu können.[1291] Die Europäische Union hat europäische Ziele und Maßnahmen festgesetzt, um die Ziele des Pariser Abkommens erreichen zu können.[1292] Mit dem EU-Klimagesetz sowie der EU-Klimaschutz-VO wurden diese europäischen Ziele festgelegt, die durch Beiträge der europäischen Mitgliedstaaten erreicht werden müssen.[1293] Wie konkret die Maßnahmen und Beiträge der Mitgliedstaaten zur europäischen Zielerreichung aussehen sollen, bleibt auf Grund des Souveränitätsvorbehalts weitestgehend ungeregelt.[1294] Die EU-Governance-VO bietet mit der Ausgestaltung der Klimaschutzplanung zumindest einen Ansatz, mit Hilfe dessen die Beiträge

---

[1286] *Kreuter-Kirchhof* in: Rodi (Hrsg.), Hdb. KlimaschutzR, 2022, § 2 Rn. 28.

[1287] *Stoll/Kürger* in: Proelß, Internationales UmweltR, 2. Aufl. 2022, S. 466.

[1288] Kap. 2 B I.

[1289] *Kreuter-Kirchhof* in: Rodi (Hrsg.), Hdb. KlimaschutzR, 2022, § 2 Rn. 32.

[1290] Vgl. *Bischof*, Das Pariser Klimaschutzabkommen, 2022, S. 113.

[1291] *Kreuter-Kirchhof* in: Rodi (Hrsg.), Hdb. KlimaschutzR, 2022, § 2 Rn. 32.

[1292] Siehe Kap. 2 C II, Kap. 3 B I, II.

[1293] Siehe Art. 1 Abs. 1, Art. 2 Abs. 1 EU-Klimagesetz, Art. 2 Abs. 1 Hs. 1, Art. 4 Abs. 1 EU-Klimaschutz-VO i.V.m Anhang I EU-Klimaschutz-VO.

[1294] *Bings* in: Streinz (Hrsg.), EUV/AEUV, 3. Aufl. 2018, Art. 194 AEUV Rn. 40; *Hamer* in: von der Groeben/Schwarze/Hatje, Europäisches UnionsR, Bd. 4, 8. Aufl. 2025, Art. 194 Rn. 33; *Schlacke/Knodt*, ZUR 2019, 404 (405).

der Mitgliedstaaten zur Erreichung der europäischen Klimaschutzziele koordiniert werden können. In der Langfrist-Strategie sowie dem integrierten nationalen Energie- und Klimaplan müssen die Mitgliedstaaten ihre ambitionierten Beiträge zur Erreichung der Ziele darlegen.[1295] Bei der Strategie sowie dem Plan handelt es sich jeweils um politische Planungsinstrumente, die eine atypische Bindungswirkung aufweisen, da sie lediglich die Bundesregierung zur weiteren Umsetzung der festgelegten Politiken verpflichten.[1296] Zwar hat die Europäische Union in der EU-Governance-VO ein Monitoring-Verfahren ausgestaltet, durch das ein iterativer Planungsprozess zwischen Europäischer Kommission und Mitgliedstaaten entstehen soll.[1297] Die Möglichkeiten der Europäischen Kommission, einen tatsächlichen Beitrag an dem Planungsprozess zu gewinnen, ist jedoch gering. Die „Vorschläge" der Kommission zur Verbesserung der Ambitionen sind lediglich ausreichend zu „berücksichtigen".[1298] Eine zwingende Vorgabe für die Mitgliedstaaten geht daraus nicht hervor.[1299] Bundesrechtlich sowie landesrechtlich sind ebenfalls nationale Ziele ausgearbeitet, die den Zweck der Temperaturreduktion auf die im Pariser Abkommen festgelegte Höhe verfolgen.[1300] Zur Erreichung dieser Ziele regelt § 9 Abs. 1 S. 1 KSG auf Bundesebene die Einführung des Klimaschutzprogramms.[1301] Mit dem Klimaschutzprogramm sollen Maßnahmen festgelegt werden, mit Hilfe derer die in § 4 Abs. 1 S. 2 und S. 3 KSG i.V.m. Anlage 2 zum KSG festgelegten Jahresemissionsgesamtmengen eingehalten werden können.[1302] Durch die Erfüllung der nationalen Ziele soll sodann ein Beitrag zur Erreichung der europäischen Klimaschutzziele und damit gleichzeitig der völkerrechtlichen Temperaturvorgabe geleistet

[1295] *Jope*, EWeRK 2020, 189 (190); *Guckelberger* in: Fellenberg/Guckelberger (Hrsg.), KlimaschutzR, 2022, § 9 KSG Rn. 3, 6.

[1296] Vgl. dazu Kap. 4 C.

[1297] *Franzius*, ZUR 2023, 199 (199 f.).

[1298] Siehe auch *Schlacke/Lammers*, EurUP 2018, 424 (427); Frenz, EuR 2020, 605 (617).

[1299] *Schlacke/Knodt*, ZUR 2019, 404 (407).

[1300] § 1 S. 3, § 3 Abs. 1 KSG, § 2 Abs. 1 S. 1 HmbKliSchG, § 3 Abs. 1 LKSG RP, § 1 S. 2 EWG Bln, § 1 NKlimaG, § 1 Abs. 1 S. 1 HKlimaG, Art. 1 S. 6 BayKlimaG, § 1 Abs. 1 SKSG.

[1301] Vgl. *Shirvani*, ZUR 2022, 579 (581); siehe auch *ders.*, DVBl 2025, 554 (555); *Guckelberger* in: Fellenberg/Guckelberger (Hrsg.), KlimaschutzR, 2022, § 9 KSG Rn. 3.

[1302] *Guckelberger* in: Fellenberg/Guckelberger (Hrsg.), KlimaschutzR, 2022, § 9 KSG Rn. 10.

werden (§ 1 S. 3 KSG).[1303] Zwar ist von der Europäischen Union ein klares Treibhausgasemissions-Reduktionsziel vorgegeben.[1304] Aussagen auf die Klimaschutzplanung in der Bundesrepublik Deutschland gehen jedoch nicht davon aus. Vielmehr handelt es sich bei dem Klimaschutzprogramm um ein Planungsinstrument, welches völker- oder europarechtlich nicht vorgegeben ist.[1305] Einen Einfluss des europäischen Rechts oder der europäischen Klimaschutzplanung auf das Klimaschutzprogramm besteht daher nur sporadisch. Lediglich muss das Klimaschutzprogramm nach Aktualisierung der Langfrist-Strategie auf eine Fortschreibungsnotwendigkeit hin überprüft werden (§ 9 Abs. 1 S. 1 Hs. 2 KSG).[1306] Auch die Bundesländer leisten nicht den ausreichenden Klimaschutz, der ihnen zugemutet werden kann. So gibt es in den Landesklimaschutzgesetzen zwar Minderungsquoten für die Treibhausgasemissionen, jedoch keine jährlichen Minderungsbudgets, wie sie für den Bund in § 4 Abs. 1 S. 2 und S. 3 KSG i.V.m. Anlage 2 zum KSG ausgestaltet sind.[1307] Aus Art. 20a GG sind nach Auffassung des BVerfG für die Länder keine „Budgets“ ableitbar, die konkrete Zielverpflichtungen begründen können.[1308] Auch das KSG enthält lediglich Berücksichtigungsgebote für die Länder (§ 9 Abs. 3, § 13 Abs. 1 S. 1, § 14 Abs. 2 KSG).[1309] Konkrete Pflichten, die zu einer Bindung der Länder führen könnten, ergeben sich daraus nicht. Weiterhin sind in einigen der Bundesländer keine Klimaschutzgesetze oder Planungsinstrumente geregelt.[1310] In den Kommunen finden sich ebenfalls nur sporadisch Planungspflichten. Oftmals ist auch lediglich die Möglichkeit, planerisch tätig zu werden, vorgesehen.[1311]

[1303] *von Weschpfennig* in: Fellenberg/Guckelberger (Hrsg.), KlimaschutzR, 2022, § 3 KSG Rn. 1.

[1304] Siehe Art. 1 Abs. 1, Art. 2 Abs. 1 EU-Klimagesetz, Art. 2 Abs. 1 Hs. 1, Art. 4 Abs. 1 EU-Klimaschutz-VO i.V.m Anhang I EU-Klimaschutz-VO.

[1305] *Franzius*, ZUR 2023, 199 (200).

[1306] BT-Drs. 20/8290, S. 24 f.

[1307] BVerfG, NJW 2022, 844 Rn. 14.

[1308] BVerfG, NJW 2022, 844 Rn. 14.

[1309] Kap. 2 E VI 3.

[1310] Keine Klimaschutzgesetze haben aufgestellt Mecklenburg-Vorpommer, Sachsen, Sachsen-Anhalt und Brandenburg; keine Planungsinstrumente haben normiert Schleswig-Holstein, Baden-Württemberg und Nordrhein-Westfalen.

[1311] Vgl. *Shirvani*, ZUR 2022, 579 (582); *Groß*, NordÖR 2022, 557 (558).

II. Koordination

Auch eine Koordination der Planungsinstrumente zwischen den Ebenen des Mehrebenenrechts ist nicht ausreichend ausgestaltet. Das völkerrechtlich vorgegebene Temperaturziel ist zwar für alle Staaten verbindlich einzuhalten.[1312] Dennoch mangelt es an einer Koordination zwischen den Rechtsebenen und auch zwischen den Staaten. So gibt es kaum eine Pflicht für die Mitgliedstaaten der Europäischen Union, ihre Vorhaben aneinander anzupassen und sich auszutauschen. Art. 12 Abs. 1 EU-Governance-VO schreibt zwar eine regionale Zusammenarbeit vor; Pflichten können daraus allerdings nicht abgeleitet werden.[1313] Auch innerhalb der Bundesrepublik Deutschland ist eine Koordination der Planungsinstrumente nicht möglich. Dies folgt zum einen daraus, dass die Länder auf Grund von § 14 Abs. 1 S. 1 KSG eine Möglichkeit zur Gesetzgebung eröffnet bekommen haben.[1314] Danach können sie *„unbeschadet"* vom Bundesrecht eigene Festlegungen zum Klimaschutz treffen. Zwar dürfen die bundesgesetzlich festgelegten Ziele nicht torpediert werden.[1315] Allerdings sind die Länder dennoch frei in ihrer Ausgestaltung von Planungsinstrumenten. So sind in vielen Ländern beispielsweise die Landesklimaschutzpläne unverbindlich und nur als *„Entscheidungs-"* oder *„Handlungsgrundlage"* ausgestaltet.[1316] Gleiches gilt für die Klimaschutzpläne der Kommunen, die teilweise nicht einmal zwingend aufzustellen sind.[1317]

C. Voraussetzungen und Architektur der Klimaschutzpläne

Die Rechtsmäßigkeitsvoraussetzungen der Klimaschutzpläne folgen ihren jeweiligen Rechtsgrundlagen. Besondere inhaltliche Ausgestaltungen sind selten zu finden. Es besteht bereits hinsichtlich der formellen Rechtmäßigkeitsvoraussetzungen keine obligatorische strategische Umweltprüfung für

---

1312 *Kreuter-Kirchhof* in: Rodi (Hrsg.), Hdb. KlimaschutzR, 2022, § 2 Rn. 28.

1313 Vgl. *Lammers*, Die europäische Governance-VO und das EU-Klimagesetz, 2023, S. 157.

1314 BT-Drs. 19/14337, S. 38; *Fellenberg/Siegel* in: Fellenberg/Guckelberger (Hrsg.), KlimaschutzR, 2022, § 14 KSG Rn. 3; *Guckelberger*, NuR 2023, 721 (723); *Schlacke* in: Kreuter-Kirchhof/Schlacke, KlimaschutzR, 2025, § 14 Rn. 1.

1315 BT-Drs. 19/14337, S. 38; *Kohlrausch*, ZUR 2020, 262 (263).

1316 Kap. 4 B III 3.

1317 *Shirvani*, ZUR 2022, 579 (582); *Groß*, NordÖR 2022, 557 (558).

die Klimaschutzplanung.[1318] Vielmehr muss anhand des konkreten Inhalts eines Plans ermittelt werden, ob eine konditionale strategische Umweltprüfung vorgenommen werden muss.[1319] Für das Klimaschutzprogramm des Bundes besteht gem. Nr. 2.13 des Anhangs 5 zum UVPG zumindest die Möglichkeit einer konditionalen strategischen Umweltprüfung.[1320] Auch eine Beteiligungspflicht der Öffentlichkeit oder anderer betroffener Stellen findet sich nur selten. Die europäischen Pläne unterliegen einer frühzeitigen Öffentlichkeitsbeteiligung (Art. 10 Abs. 1 S. 1 EU-Governance-VO). Die Landesklimaschutzgesetze sehen eine solche Pflicht nur sporadisch vor.[1321] Materiell sind ebenfalls nur wenige Voraussetzungen für die Aufstellung der verschiedenen Pläne zu finden. Nach der EU-Governance-VO müssen in den europäischen Klimaschutzplänen überwiegend Beschreibungen vorgenommen werden.[1322] Ein zwingender Inhalt besteht nicht. Vielmehr müssen die Mitgliedstaaten die bestehenden Situationen hinsichtlich der Entwicklung der Treibhausgasemissionen darlegen und prognostizieren. Auf Bundes- und Länderebene sind ebenfalls nur wenige Vorgaben für die materielle Rechtmäßigkeit der Klimaschutzpläne normiert. Hauptsächlich müssen „geeignete“ Maßnahmen zur Erreichung der nationalen Klimaschutzziele festgesetzt werden (z. B. § 9 Abs. 2 S. 1 KSG). Auch die der Planung vorgehenden Auswertungen verschiedener Daten durch den Expertenrat ist notwendig, um konkrete Maßnahmen finden zu können, mit Hilfe derer die Klimaschutzziele erreicht werden können (§ 12 Abs. 1 S. 1 KSG). Dennoch dienen das Klimaschutzprogramm und auch die Landesklimaschutzpläne nicht als hinreichende Rechtsgrundlage für die darin enthaltenen Maßnahmen.[1323] Zwar muss in den Plänen ein stimmiges Gesamtkonzept erstellt werden.[1324] Die weitere Umsetzung erfolgt jedoch erst im jeweiligen Gesetzgebungsverfahren.[1325]

[1318] Siehe Kap. 5 A II.
[1319] Siehe Kap. 5 A II.
[1320] Kap. 5 A II 2.
[1321] § 4 Abs. 1 EWG Bln, § 6 Abs. 1 S. 1 SKSG.
[1322] *Schlacke/Lammers*, EurUP 2018, 424 (426).
[1323] *Lammers*, Die europäische Governance-Verordnung und das EU-Klimagesetz, 2023, S. 57 ff.
[1324] Kap. 5 B I 3 f).
[1325] Kap. 4 C I 2.

Die vorgegebenen Rechtsmäßigkeitsvoraussetzungen der Klimaschutzpläne entsprechen der Architektur der jeweiligen Pläne. So ist der Spielraum der Planungsbehörden nur in begrenztem Maße eingeschränkt. Die europäischen Klimaschutzpläne dienen der langfristigen Zielsicherung, weshalb der Gestaltungsspielraum sehr weit ausgestaltet sein muss.[1326] Die nationalen Klimaschutzpläne stellen hingegen konkrete Maßnahmen auf, die entsprechend abgewogen werden müssen.[1327]

Die Steuerungswirkung, die von den Plänen ausgeht, ist als schwach zu bezeichnen. Bindungswirkungen gehen von ihnen lediglich gegenüber der Bundesregierung beziehungsweise gegenüber der jeweiligen Landesregierung aus.[1328] Auch vom politischen Planungsinstrument des Klimaschutzprogramms geht nur eine die Gesetzgebung beeinflussende Bindung für die Bundesregierung aus.[1329] Pflichten zur tatsächlichen Aufstellung der im Programm enthaltenen Maßnahmen bestehen hingegen nicht. Die Klimaschutzpläne der EU-Governance-VO sind als politische Planungsinstrumente zu charakterisieren.[1330] Sie haben einen atypischen Bindungscharakter und dienen als Lenkungsplanung.[1331] Diese Einordnung der europäischen Klimaschutzpläne beschreibt eine Folge des Zwecks der Planung sowie seiner rechtlichen Ausgestaltung. In der Langfrist-Strategie sowie dem integrierten nationalen Energie- und Klimaplan sind keine konkreten Maßnahmen und Vorgaben zu finden.[1332] Vielmehr liefern sie politische Strategien und Handlungsfelder, durch die ein ausreichender Klimaschutz betrieben werden

---

[1326] Siehe Kap. 4 B IV 1.

[1327] Vgl. § 9 Abs. 1 S. 2 KSG, § 6 Abs. 1 S. 2 HmbKliSchG, § 4 Abs. 1 S. 3 BremKEG, § 4 Abs. 1 EWG Bln, § 6 Abs. 1 S. 1 ThürKlimaG, § 4 Abs. 1 S. 1 NKlimaG, § 4 Abs. 1 S. 1 HKlimaG, § 6 Abs. 1 S. 1 SKSG, Art. 5 Abs. 1 Nr. 1 BayKlimaG.

[1328] Vgl. *Lammers*, Die europäische Governance-Verordnung und das EU-Klimagesetz, 2023, S. 58.

[1329] Vgl. Kap. 4 C I 2.

[1330] *Lammers*, Die europäische Governance-Verordnung und das EU-Klimagesetz, 2023, S. 54 ff.; *Franzius*, ZUR 2023, 199 (200); *Hermes*, EurUP 2021, 162 (164); *Shirvani*, ZUR 2022, 579 (584); *Storm*, UmweltR, 11. Aufl. 2019, § 17 Rn. 317; *Guckelberger* in: Fellenberg/Guckelberger (Hrsg.), KlimaschutzR, 2022, § 9 KSG Rn. 3.

[1331] Kap. 4 C II, III.

[1332] *Guckelberger* in: Fellenberg/Guckelberger (Hrsg.), KlimaschutzR, 2022, § 9 KSG Rn. 3, 6.

soll.[1333] Insofern ist es nicht notwendig, dass ein aufwendiges Planaufstellungsverfahren stattfindet. Die Klimaschutzpläne des Bundes und der Länder sind ebenfalls als politische Planungsinstrumente zu charakterisieren.[1334] Sie enthalten ebenfalls eine Lenkungsplanung und haben auch eine atypische Bindungswirkung gegenüber der Bundesregierung beziehungsweise den Landesregierungen.[1335]

D. Fehlende Sanktionsmöglichkeiten als grundsätzliches Problem?

Für die Klimaschutzplanung erfolgen keine Sanktionen, wenn Ziele oder Ambitionen nicht erreicht werden, die sich positiv auf das Klima auswirken könnten.[1336] Europarechtlich können höchstens die Vorschriften des Monitoring-Verfahrens als schwache Version einer „Sanktion" angesehen werden. Die Beiträge der Mitgliedstaaten werden zwar von der Europäischen Kommission auf ihr hinreichendes Ambitionsniveau hin überprüft. Allerdings sind Empfehlungen der Kommission lediglich ausreichend zu würdigen.[1337] Werden die Empfehlungen nicht beachtet, ist dies lediglich ausreichend zu begründen (Art. 9 Abs. 3 S. 2 EU-Governance-VO).[1338] Überdies wurde die Klimaschutzplanung in der Bundesrepublik Deutschland und damit generell der Klimaschutz durch die zweite Novelle des KSG deutlich abgeschwächt. Nicht nur wurden die Sektormengen des früheren § 4 Abs. 1 KSG 2019/2021 i.V.m. Anlage 2 zum KSG 2019/2021 stark aufgeweicht und in ihrer Bedeutung praktisch abgeschafft.[1339] Vielmehr wurde auch das Klimaschutzprogramm selbst entschärft. So wurde dem Klimaschutzprogramm die Flexibilität

---

[1333] *Guckelberger* in: Fellenberg/Guckelberger (Hrsg.), KlimaschutzR, 2022, § 9 KSG Rn. 3, 6.

[1334] *Lammers*, Die europäische Governance-Verordnung und das EU-Klimagesetz, 2023, S. 54, 58.

[1335] Kap. 4 C II, III.

[1336] *Schlacke*, EnWZ 2020, 355 (357 f.).

[1337] Siehe auch *Schlacke/Lammers*, EurUP 2018, 424 (427); *Frenz*, EuR 2020, 605 (617); *Schlacke/Thierjung* in: Kreuter-Kirchhof/Schlacke, KlimaschutzR, 2025, Einführung Rn. 58.

[1338] Kap. 3 C II 1.

[1339] *Wiedmann*, NVwZ 2024, 876 (877).

mit der Streichung des Wortes „*mindestens*" aus § 9 Abs. 1 S. 1 Hs. 1 KSG 2019/2021 genommen.[1340] Das Klimaschutzprogramm kann nun nicht mehr auf veränderte Gegebenheiten, Erkenntnisse oder Aktualisierungen reagieren. Auch das Nachsteuerungsinstrument in Form des Sofortprogramms nach § 8 Abs. 1 KSG 2019/2021 – das als Sanktionsinstrument beschrieben werden könnte – wurde aus dem neuen Klimaschutzgesetz ersatzlos gestrichen.[1341] Eine jährliche Verfehlung der Sektormengen wird somit heute als unbeachtlich angesehen, obwohl in Anlage 2a zum KSG zulässige Sektormengen aufgestellt sind.[1342] Weiterhin ist eine Zielverfehlung der Jahresemissionsgesamtmengen nach § 4 Abs. 1 KSG i.V.m. Anlage 2 zum KSG nur noch relevant, sofern die Minderungsquoten des § 3 Abs. 1 KSG nicht mehr eingehalten werden.[1343] Eine strenge Politik zur Erreichung der Klimaschutzziele besteht damit nicht mehr. Vielmehr hat die aktuelle Gesetzesnovelle zum KSG gezeigt, dass bei einer Verfehlung der Klimaschutzziele, keine Gegensteuerungsmaßnahmen ergriffen werden, sondern einfach das Gesetz entsprechend geändert wird. Sanktionen hinsichtlich fehlerhafter Klimaschutzpläne oder einer falschen Umsetzung sind daher im Mehrebenensystem im Grunde nicht zu finden.

Allerdings wären ausreichende Sanktionen nur im geringen Maße hilfreich, um den Klimawandel in den Griff zu bekommen. Selbst wenn ein starker Sanktionsapparat bestehen würde, stellte sich schließlich ein grundlegendes Problem: Sind die Ziele nicht eingehalten, dann sind sie nicht eingehalten. Das bedeutet, dass an einer Zielverfehlung nichts mehr geändert werden kann. Sanktionen würden daher nur einen geringen Beitrag zur tatsächlichen Einhaltung der in den Plänen festgelegten Beiträge leisten.

E. Ausweitung der Klagerechte als Lösung?

Grundsätzlich ist das im Klimaschutzrecht ausgestaltete Planungsinstrumentarium als hilfreiches Mittel einzuordnen, um die entsprechenden Ziele zu erreichen. Eine Lösung für das Problem der fehlenden Sanktionen könnte in der Ausweitung von Klagerechten liegen. Könnten die Klimaschutzpläne

[1340] Kap. 5 B I 2 b).
[1341] Kap. 3 B I 3.
[1342] *Stäsche*, ZfU 2024, 299 (309); *Wiedmann*, NVwZ 2024, 876 (877).
[1343] *Stäsche*, ZfU 2024, 299 (312).

bereits ab Aufstellung mit Hilfe gerichtlicher Überprüfung auf ausreichende Ambitionsniveaus, die zu einer Zielerreichung führen können, untersucht werden, müssten die Pläne aktualisiert werden, bevor die Treibhausgasemissionen ausgestoßen werden. Überdies müsste eine stete gerichtliche Kontrolle möglich sein, um die tatsächliche Umsetzung der in den Plänen festgelegten Maßnahmen zu überprüfen. Dann würde sich das Problem von eintretenden Zielverfehlungen von Beginn an nicht mehr stellen.

Allerdings halten sich die Klagemöglichkeiten in Bezug auf die Klimaschutzpläne in Grenzen. Wie dargelegt, sind subjektive Rechte von Bürgern durch die Klimaschutzpläne grundsätzlich nicht berührt.[1344] Dies hat zur Folge, dass eine Individualklage auf ausreichende Ambitionsniveaus in den Klimaschutzplänen ausgeschlossen ist. Zu begrüßen sind jedoch die Urteile des OVG Berlin Brandenburgs, die das Klimaschutzprogramm gem. § 9 Abs. 1 S. 1 KSG[1345] sowie das Sofortprogramm gem. § 8 Abs. 1 KSG 2019/2021[1346] für einklagbar erklärt haben sowie das im Januar 2026 ergangene Urteil des BVerwG, in dem die Justitiablität des Klimaschutzprogramms bestätigt wurde[1347]. Anerkannte Umweltverbände konnten das in den Plänen enthaltene Ambitionsniveau rügen. Die teleologische Erweiterung der Vorschriften des UmwRG zu Gunsten des Europarechts ermöglicht, Pläne auch ohne das Vorliegen einer Umweltprüfungspflicht einklagen zu können.[1348] Zwar besteht das grundsätzliche Problem, dass die rechtliche Ausgestaltung der Klimaschutzpläne im planerischen Ermessen der jeweiligen planenden Stelle liegt. Allerdings wird die planende Stelle dennoch auf ordnungsgemäße Neuaufstellung des jeweiligen Plans verurteilt. Eine Kontrolle der Aufstellung von ambitionsrechen Plänen ist somit dennoch gewährleistet. Für die Umsetzung der in den Plänen festgelegten Maßnahmen müssten dann ebenfalls Klagemöglichkeiten bestehen.

Überdies ist die Möglichkeit einer Klage zur Erreichung der Klimaschutzziele dann nicht hilfreich, wenn bei Erfolg einer solchen Klage kein neuer

---

[1344] Kap. 6 A I 1.

[1345] OVG Berlin-Brandenburg, ZUR 2024, 557.

[1346] OVG Berlin-Brandenburg, NVwZ 2024, 598.

[1347] *Bundesverwaltungsgericht* Pressemitteilung Nr. 05/2026, Klimaschutzprogramm 2023 bedarf ergänzender Maßnahmen: BVerwG 7 C 6.24 – Urt. v. 29.01.2026.

[1348] OVG Berlin-Brandenburg, BeckRS 2023, 38547, Rn. 107.

Plan erlassen wird, sondern das zu Grunde liegende Gesetz geändert wird. So wurde das KSG des Bundes nach erfolgreicher Verurteilung auf Erlass eines Sofortprogramms für den Verkehrssektor[1349] dahingehend geändert, dass die Pflicht zur Aufstellung von Sofortprogrammen gem. § 8 Abs. 1 KSG 2019/2021 ersatzlos gestrichen wurde.

Auch in Baden-Württemberg erfolgte eine Streichung der Vorschrift, die die Pflicht zur Aufstellung der Klimaschutzplanung im Landesgesetz vorsieht (§ 6 Abs. 1 S. 1 KSG BW 2013), nachdem der VGH Mannheim zur Aufstellung eines entsprechenden integrierten Energie- und Klimaschutzkonzepts (IEKK) verurteilte.[1350] Insofern ist festzuhalten, dass die Ausweitung der Klagerechte für die anerkannten Umweltverbände grundsätzlich zu begrüßen ist, da dadurch bereits von Beginn an eine ausreichende Sicherstellung der Einhaltung der Klimaschutzziele gewährleistet werden kann. Notwendige Folge ist jedoch die tatsächliche Umsetzung der in einem Urteil gerügten Verstöße gegen das Klimaschutzrecht in den jeweiligen Plänen.

[1349] OVG Berlin-Brandenburg, NVwZ 2024, 598.

[1350] VGH Mannheim, ZUR 2023, 238.

Literaturverzeichnis

Albrecht, Juliane, Das Klimaschutzgesetz des Bundes – Hintergrund, Regelungsstruktur und wesentliche Inhalte, NuR 2020, 370.

Appel, Ivo, Staat und Bürger in Umweltverwaltungsverfahren, NVwZ 2012, 1361.

Bader, Johann/*Ronellenfitsch*, Michael (Hrsg.), BeckOK VwVfG.

Badura, Peter, Staatsrecht Systematische Erläuterung des Grundgesetzes, 7. Auflage 2018.

Battis, Ulrich/*Krautzberger*, Michael/*Löhr*, Rolf-Peter, BauGB, Kommentar, 16. Auflage 2025.

Beckmann, Martin/*Kment*, Martin (Hrsg.), UVPG/UmwRG, Kommentar, 6. Auflage 2023.

Bericht der Gemeinsamen Forschungsstelle (JRC) über die fossilen CO_2- und Treibhausgasemissionen aller Länder der Welt (2019), Größte Treibhausgasemittenten weltweit im Jahr 2015, abrufbar unter: https://www.europarl.europa.eu/resources/library/images/20191017PHT64534/20191017PHT64534_original.jpg <02.02.2026>.

Beye, Constantin, Die Klimaschutzgesetze der Bundesländer: Eine rechtliche Analyse und Bewertung der Landesklimaschutzgesetze unter besonderer Berücksichtigung des völker-, europa- und bundesrechtlichen Rahmens, 2021.

Bieber, Roland/*Epiney*, Astrid/*Haag*, Marcel/*Kotzur*, Markus, Die Europäische Union, 16. Auflage 2024.

Bischof, Thorsten, Das Pariser Klimaschutzabkommen, 2022.

Böhringer, Ayse-Martina, Das neue Pariser Klimaübereinkommen, ZaöRV 2016, 753.

Britz, Gabriele, Klimaschutz in der Rechtsprechung des Bundesverfassungsgerichts, NVwZ 2022, 825.

Brüning, Christoph/*Yasin*, Asad, Gestaltungskompetenz der Länder zum Klimaschutz, NordÖR 2022, 53.

Buchholz, Rainer, System des Verwaltungsrechts, Band 3, 1997.

Bundesministerium für Umwelt, Naturschutz und Reaktorsicherheit, Kernbotschaften des Fünften Sachstandsberichts des IPCC, Klimaänderung 2013: Naturwissenschaftliche Grundlagen (Teilbericht 1), abrufbar unter: http://www.iksms-cipms.org/servlet/is/2001323/Kernbotschaften_IPCC_2013.pdf?command=downloadContent&filename=Kernbotschaften_IPCC_2013.pdf. <02.02.2026>.

Bundesministerium für Umwelt, Naturschutz, Bau und Reaktorsicherheit, Die Klimakonferenz in Paris, 21.04.2016, abrufbar unter: https://www.bundesregierung.de/resource/blob/974430/337098/4f645a4630d2cd8feacddad919575b59/2016-09-22-hintergrund-zum-pariser-klimaschutzabkommen-data.pdf?download=1 <02.02.2026>.

Bundesministerium für Umwelt, Naturschutz, Bau und Reaktorsicherheit, Klimaschutzplan 2050 Klimaschutzpolitische Grundsätze und Ziele der Bundesregierung, November 2016, abrufbar unter: https://www.bmwk.de/Redaktion/DE/Publikationen/Industrie/klimaschutzplan-2050.pdf?__blob=publicationFile&v=1 <02.02.2026>.

Bundesministerium für Umwelt, Naturschutz und nukleare Sicherheit, Klimaschutz in Zahlen, 2020, S. 12.

Bundesministerium für Wirtschaft und Energie, Aktualisierung des integrierten nationalen Energie- und Klimaplans, abrufbar unter: https://www.bmwk.de/Redaktion/DE/Publikationen/Energie/20240820-aktualisierung-necp.pdf?__blob=publicationFile&v=8 <02.02.2026>.

Bundesministerium für Wirtschaft und Energie, Integrierter Nationaler Energie- und Nationaler Energie- und Klimaplan, abrufbar unter: https://www.bmwk.de/Redaktion/DE/Downloads/I/integrierter-nationaler-energie-klimaplan.pdf?__blob=publicationFile&v=1 <02.02.2026>.

Bundesministerium für Wirtschaft und Energie, Nationaler Energie- und Klimaplan aktualisiert, abrufbar unter: https://energiewende.bundeswirtschaftsministerium.de/EWD/Redaktion/Newsletter/2024/08/Meldung/news4.html <02.02.2026>.

Bundesministerium für Wirtschaft und Klimaschutz, Abkommen von Paris, 2024, abrufbar unter: https://www.bmwk.de/Redaktion/DE/Artikel/Industrie/klimaschutz-abkommen-von-paris.html <02.02.2026>.

Bundesministerium für Wirtschaft und Klimaschutz, Klimaschutz in Zahlen, 2022, abrufbar unter: https://www.bmwk.de/Redaktion/DE/Publikationen/Klimaschutz/klimaschutz-in-zahlen.pdf?__blob=publicationFile&v=1 <02.02.2026>.

Bundesministerium für wirtschaftliche Zusammenarbeit und Entwicklung, Klimaabkommen von Paris, abrufbar unter: https://www.bmz.de/de/service/lexikon/klimaabkommen-von-paris-14602 <02.02.2026>.

Bundesregierung, Klimaschutzprogramm 2023, abrufbar unter: https://www.bmwk.de/Redaktion/DE/Downloads/klimaschutz/20231004-klimaschutzprogramm-der-bundesregierung.pdf?__blob=publicationFile&v=10 <02.02.2026>.

Bundesverwaltungsgericht, Pressemitteilung Nr. 05/2026, Klimaschutzprogramm 2023 bedarf ergänzender Maßnahmen, abrufbar unter: https://www.bverwg.de/pm/2026/05 <02.02.2026>.

Burgi, Martin, Kommunalrecht, 7. Auflage 2024.

Burth, Andreas/*Gnädinger*, Marc/*Grieger*, Thomas/*Hilgers*, Dennis, Lexikon zur öffentlichen Haushalts- und Finanzwirtschaft, 2012.

Cremer, Wolfram, Verfassungskräftiger Klimaschutz nach Maßgabe völkerrechtlich verbindlicher Verpflichtungen und Ziele, ZUR 2019, 278.

Detterbeck, Steffen, Allgemeines Verwaltungsrecht mit Verwaltungsprozessrecht, 23. Auflage, 2025.

Deutsche IPCC-Koordinierungsstelle, DLR Projektträger, Synthesebericht zum Sechsten IPCC-Sachstandsbericht (AR6), Hauptaussagen aus der Zusammenfassung für die politischen Entscheidungsfindung (SPM), 19.4.2024, abrufbar unter: https://www.de-ipcc.de/media/content/Hauptaussagen_AR6-SYR.pdf <02.02.2026>.

Deutscher Bundestag, Anthropogener Treibhausgaseffekt und Klimaänderung, Wissenschaftliche Dienste, Ausarbeitung WD 8 – 3000 – 028/17, abrufbar unter: https://www.bundestag.de/resource/blob/531134/6f730f684478a5be392a914110e05489/wd-8-028-17-pdf-data.pdf. <02.02.2026>.

Deutscher Wetterdienst, Klimawandel – ein Überblick, abrufbar unter: https://www.dwd.de/DE/klimaumwelt/klimawandel/ueberblick/ueberblick_node.html <02.02.2026>.

Dreier, Horst, Grundgesetz, Kommentar, Band I, 4. Auflage 2023.

Dreier, Horst (Hrsg.), Grundgesetz, Kommentar, Band II, 3. Auflage 2015.

Dreier, Horst (Hrsg.), Grundgesetz, Kommentar, Band III, 3. Auflage 2018.

Dürig, Günter/*Herzog*, Roman/*Scholz*, Rupert, Grundgesetz, Kommentar.

Durner, Wolfgang, Konflikte räumlicher Planung, 2005.

Ekardt, Felix, Das Paris-Abkommen zum globalen Klimaschutz, NVwZ 2016, 355.

Epiney, Astrid/*Diezig*, Stefan/*Pirker*, Benedikt/*Reitmeyer*, Stefan, Aarhus-Konvention, Handkommentar, 2018.

Epping, Volker/*Hillgruber*, Christian (Hrsg.), BeckOK GG.

Erbguth, Wilfried, Abwägung als Wesensmerkmal rechtsstaatlicher Planung – die Anforderungen des Rechtsstaatsprinzip, UPR 2010, 281.

Europäische Kommission, Anhang der Mitteilung der Kommission an das Europäische Parlament, den Rat, den Europäischen Wirtschafts- und Sozialausschuss und den Ausschuss der Regionen, „Der europäische Gründe Deal" Brüssel, den 11.12.2019, COM (2019) 640 final.

Europäische Kommission, Mitteilung der Kommission an das Europäische Parlament, den Rat, den Europäischen Wirtschafts- und Sozialausschuss und den Ausschuss der Regionen, „fit für 55": auf dem Weg zur Klimaneutralität – Umsetzung des EU- Klimaziels für 2030, Brüssel, den 14.07.2021, COM (2021) 550 final.

Europäische Kommission, Paket zur Energieunion, Anhang, Fahrplan für die Energieunion, Mitteilung der Kommission an das Europäische Parlament, den Rat, den Europäischen Wirtschafts- und Sozialausschuss, den Ausschuss der Regionen und die Europäische Investitionsbang, Rahmenstrategie für eine krisenfeste Energieunion mit einer zukunftsorientierten Klimaschutzstrategie, Brüssel, den 25.02.2015, COM (2015) 80 final.

Europäische Kommission, Vorschlag für eine Verordnung des Europäischen Parlaments und des Rates zur Änderung der Verordnung (EU) 2021/1119 zur Schaffung des Rahmens für die Verwirklichung der Klimaneutralität, Brüssel, den 02.07.2025, COM (2025) 524 final.

Europäischer Rat, EUCO 169/14, CO EUR 13 CONCL 5, 24.10.2014, Rn. 4, abrufbar unter: https://www.consilium.europa.eu/uedocs/cms_data/docs/pressdata/de/ec/145424.pdf <02.02.2026>.

Europäischer Rat, Rat der Europäischen Union, Pariser Klimaschutzübereinkommen, 21.02.2025, abrufbar unter: https://www.consilium.europa.eu/de/policies/paris-agreement-climate/ <02.02.2026>.

Expertenrat für Klimafragen, Prüfbericht zur Berechnung der deutschen Treibhausgasemissionen für das Jahr 2023, 15.04.2024, S. 22 Rn. Z23, abrufbar unter: https://expertenrat-klima.de/content/uploads/2024/05/ERK2024_Pruefbericht-Emissionsdaten-des-Jahres-2023.pdf <02.02.2026>.

Eyermann, Erich, VwGO, Kommentar, 16. Auflage 2022.
Fellenberg, Frank/*Guckelberger*, Annette (Hrsg.), Klimaschutzrecht, Kommentar, 2022.
Fouquet, Dörte, Europarechtliche Grundlagen des Klimaschutzrechts in: Rodi, Michael (Hrsg.), Handbuch Klimaschutzrecht, 2022, § 4, S. 49 ff.
Franzius, Claudio, Das Paris-Abkommen zum Klimaschutz als umweltvölkerrechtlicher Paradigmenwechsel, EurUP 2017, 166.
Franzius, Claudio, Das Paris-Abkommen zum Klimaschutz, ZUR 2017, 515.
Franzius, Claudio, Verfassungsfragen der Planung politischer Transformationsentscheidungen am Beispiel der Klimaschutzplanung, ZUR 2023, 199.
Frenz, Walter (Hrsg.), Klimaschutzrecht, Gesamtkommentar, 3. Auflage 2025.
Frenz, Walter, Das Bundes-Klimaschutzgesetz, ZNER 2020, 306.
Frenz, Walter, Das novellierte Klimaschutzgesetz, NuR 2021, 583.
Frenz, Walter, Grundzüge des Klimaschutzrechts, 3. Auflage 2023.
Frenz, Walter, Klimaeuroparecht zwischen Green Deal und Corona, EUR 2020, 605.
Frenz, Walter, Klimaschutz nach BVerfG-Beschluss und EU-Klimagesetz, EnWZ 2021, 201.
Frenz, Walter, NRW-Klimaschutzgesetz und IPCCC-Bericht vom 9.8.2021, UPR 2021, 367.
Gärditz, Klaus Ferdinand, Europäisches Planungsrecht, 2009.
Gassner, Erich, UVPG, Kommentar, 2006.
Germelmann, Claas Friedrich, Die Energieunion – Eine neue Perspektive für die europäische Energiepolitik, EuR 2016, 3.
Giesberts, Ludger/*Reinhardt*, Michael (Hrsg.), BeckOK Umweltrecht.
Groß, Thomas, Klimaschutz als kommunale Pflicht, NordÖR 2022, 557.
Guckelberger, Anette, Das Saarländische Klimaschutzgesetz, NuR 2023, 721.
Guckelberger, Annette, Klimaschutzinstrumente aus KSG, TEHG und BEHG, NuR 2022, 221.
Guckelberger, Annette, Konturen des Berücksichtigungsgebots des § 13 Abs. 1 S. 1 KSG, KlimR 2022, 294.
Hamacher, Andreas, „Klima" als Rechtsbegriff, NuR 2023, 84.
Härtel, Ines, Klimaschutzverfassungsrecht: Klima-Staatszielbestimmungen im Föderalismus, NuR 2020, 577.
Haug, Volker/*Schadtle*, Kai, Der Eigenwert der Öffentlichkeitsbeteiligung im Planungsrecht, NVwZ 2014, 271.

Hehl, Walter, Klimawandel – Grundlagen und Spekulation – Wie und warum es so kommen musste und weiter kommen muss, 2022.

Hermes, Georg, Klimaschutz durch neue Planungsinstrumente im föderalen System, EurUP 2021, 162.

Hofmann, Ekkehard, Der Klimaschutzplan 2050 in rechtlicher Perspektive in: Schafhausen, Franzjosef (Hrsg.), Die Zukunft der Energiewende, 2017, S. 49 ff.

Hoppe, Werner, Planung in: Isensee, Josef/Kirchhof, Paul (Hrsg.), Handbuch des Staatsrechts, Band IV, 3. Auflage 2006, § 77, S. 313 ff.

Huber, Peter Michael/*Voßkuhle*, Andreas (Hrsg.), Grundgesetz, Kommentar Band 2, 8. Auflage 2024.

Hufen, Friedhelm, Verwaltungsprozessrecht, 13. Auflage 2024.

IPCC, Klimaänderung 2013: Naturwissenschaftliche Grundlagen, Zusammenfassung für politische Entscheidungsträger, abrufbar unter: https://www.ipcc.ch/site/assets/uploads/2018/03/ar5-wg1-spmgerman.pdf <02.02.2026>.

IPCC, Klimaänderung 2014 – Synthesebericht, abrufbar unter: https://www.ipcc.ch/site/assets/uploads/2018/02/IPCC-AR5_SYR_barrierefrei.pdf <02.02.2026>.

IPCC, Klimaänderungen 2013/2014 Zusammenfassungen für politische Entscheidungsträger: Anhang, abrufbar unter: https://www.ipcc.ch/site/assets/uploads/2019/03/AR5-SPM_Anhang_ge.pdf <02.02.2026>.

Jarass, Hans/*Pieroth*, Bodo, Grundgesetz, Kommentar, 18. Auflage 2024.

Jope, Lars, Nationaler Energie- und Klimaplan, EWeRK 2020, 189.

Kahl, Wolfgang/*Gärditz*, Klaus Ferdinand, Umweltrecht, 14. Auflage 2025.

Klinger, Remo, Klagerechte zur Durchsetzung des Bundes-Klimaschutzgesetzes, ZUR 2020, 259.

Klinski, Stefan/*Scharlau*, Jan/*von Swieykowski-Trzaska*, Lilly/*Keimeyer*, Friedhelm/*Sina*, Stephan, Das Bundes-Klimaschutzgesetz, NVwZ 2020, 1.

Kloepfer, Michael/*Durner*, Wolfgang, Umweltschutzrecht, 3. Auflage 2020.

Kloepfer, Michael, Umweltrecht 4. Auflage 2016.

Kment, Martin (Hrsg.), Energiewirtschaftsgesetz, 3. Auflage 2023.

Kment, Martin, Klimaschutzziele und Jahresemissionsmengen – Kernelemente des neuen Bundes-Klimaschutzgesetzes, NVwZ 2020, 1537.

Kment, Martin, Öffentliches Baurecht I, Bauplanungsrecht, 8. Auflage 2022.

Kment, Martin, Rechtsbehelfe von Umweltvereinigungen, NVwZ 2018, 921.

Knappe, Lukas, Die Maßnahmenplanung im europäisierten Verwaltungsrecht, 2022.

Knauff, Matthias, Kompetenzverteilung zwischen Bund und Ländern in: Rodi, Michael (Hrsg.), Handbuch Klimaschutzrecht, 2022, § 5, S. 85 ff.

Knauff, Matthias, Stand und Perspektiven des Landesklimaschutzrechts, KlimR 2022, 47.

Knauff, Michael, Klimaschutzgesetzgebung auf Landesebene: Placebo oder effektives Instrument des Klimaschutzes durch Recht?, DV 2016, 233.

Koch, Hans Joachim, Umweltrecht, 4. Auflage 2014.

Koch, Hans-Joachim/*Hendler*, Reinhard (Hrsg.), Baurecht, Raumordnungs- und Landesplanungsrecht Hand- und Studienbuch, 6. Auflage 2015.

Köck, Wolfgang, Perspektiven integrierter Umweltplanung aus rechtlicher Sicht, UPR 2002, 321.

Köck, Wolfgang, Pläne und andere Formen des prospektiven Verwaltungshandelns in: Voßkuhle/Andreas, Eifert/Martin, Möllers/Christoph (Hrsg.) Grundlagen des Verwaltungsrechts, Band II, 3. Auflage 2022, § 36, S. 718 ff.

Köck, Wolfgang/*Kohlrausch*, Lena, Klimaschutzgesetzgebung im Bundesstaat – Zur Zukunft der Landesklimaschutzgesetze ZUR 2021, 610.

Kohlrausch, Lena, Die deutschen Klimaschutzgesetze im Vergleich, ZUR 2020, 262.

Kohlrausch, Lena, Nationale Klimaschutzgesetzgebung und kommunaler Klimaschutz zwischen „Kür“ und „Pflicht“, EurUP 2021, 95.

Kohlrausch, Lena/*Zenetti*, Julia, Der Klimaschutzbeschluss des BVerfG – Rechtliche Einordnung und Perspektiven, ZUR 2021, 573.

Kompetenzzentrum für Klimawandelfolgen, Rheinland-Pfalz, Kohlendioxid in der Atmosphäre, Stand 01/2023 abrufbar unter: https://www.klimawandel.rlp.de/klimawandel/kohlendioxid-in-der-atmosphaere <02.02.2026>.

Kopp, Ferdinand/*Schenke*, Wolf-Rüdiger, VwGO, Kommentar, 31. Auflage 2025.

Kreuter-Kirchhof, Charlotte, Der künftige Ausbau der Erneuerbaren Energien in der EU, EuZW 2017, 829.

Kreuter-Kirchhof, Charlotte, Emissionshandel und Erneuerbare Energien Richtlinie, ZUR 2019, 396.

Kreuter-Kirchhof, Charlotte, Kohärenz der Klimaschutzziele, KlimR 2022, 43.

Kreuter-Kirchhof, Charlotte, Völkerrechtliche Grundlagen des Klimaschutzes in: Rodi, Michael (Hrsg.), Handbuch Klimaschutzrecht, 2022, § 2, S. 13 ff.

Kreuter-Kirchhof, Charlotte/*Schlacke*, Sabine, Klimaschutzrecht, Handkommentar, 2025.
Krohn, Susan, Die internationale Dimension der Staatszielbestimmung des Art. 20a GG, ZUR 2021, 603.
Lammers, Simon, Die europäische Governance-Verordnung und das EU-Klimagesetz, 2023.
Lammers, Simon/*Römling*, Dominik, Das neue Governance-System der Europäischen Energieunion: Anforderungen an Beteiligungs- und Überprüfungsrechte, ZUR 2019, 332.
Landmann, Robert v./*Rohmer*, Gustav, Loseblattsammlung Umweltrecht, Kommentar Band I.
Landmann, Robert v./*Rohmer*, Gustav, Loseblattsammlung Umweltrecht, Kommentar Band II.
Landmann, Robert v./*Rohmer*, Gustav, Loseblattsammlung Umweltrecht, Kommentar Band III.
Latif, Mojab, Globale Erwärmung, 2012.
Leontopoulos, Charalampos/*Hönig*, Dietmar, Bedeutung des Klimaschutzes für die Straßenplanung, UPR 2022, 361.
Loeser, Roman, System des Verwaltungsrechts, Band 1, 1993.
Maurer, Hartmut/*Waldhoff*, Christian, Allgemeines Verwaltungsrecht, 21. Auflage 2024.
Meßerschmidt, Klaus, Europäisches Umweltrecht, 2010.
Ogorek, Markus, Planungsermessen in: Kahl, Wolfgang/Ludwigs, Markus (Hrsg.), Handbuch des Verwaltungsrechts, Band V, 2023, § 130, S. 315 ff.
Peters, Heinz-Joachim/*Balla*, Stefan/*Hesselbarth*, Thorsten, Gesetz über die Umweltverträglichkeitsprüfung, Handkommentar, 4. Auflage 2019.
Peters, Heinz-Joachim/*Hesselbarth*, Thorsten/*Peters*, Frederike Umweltrecht, 6. Auflage 2024.
Phoenix Dossier Team, Definition Klima, Dossier „Unser Klima“ (1/5), abrufbar unter: https://www.phoenix.de/themen/dossiers/definition-klima-a-140057.html <02.02.2026>.
Posser, Herbert/*Wolff*, Heinrich/*Decker*, Andreas (Hrsg.), BeckOK VwGO.
Proelß, Alexander, Internationales Umweltrecht, 2. Auflage 2022.
Püttner, Günter, Allgemeines Verwaltungsrecht, 7. Auflage 1995.
Rahmstorf, Stefan/*Schellnhuber*, Hans Joachim, Der Klimawandel, 2020.
Raschke, Marcel, Rechtsfragen kommunaler Klimaschutzmaßnahmen, 2024.
Roellecke, Gerd, Ein Rechtsbegriff der Planung, DÖV 1994, 1024.
Ruffert, Matthias, Europäisches Sektorales Wirtschaftsrecht, 2. Auflage 2020.

Sachs, Michael, Grundgesetz, Kommentar, 10. Auflage 2024.
Säcker, Franz Jürgen/*Ludwigs* (Hrsg.), Markus, Berliner Kommentar zum Energierecht Band 2, 4. Auflage 2019.
Säcker, Franz Jürgen/*Ludwigs* (Hrsg.), Markus, Berliner Kommentar zum Energierecht Band 3, 5. Auflage 2022.
Saurer, Johannes, Grundstrukturen des Bundes-Klimaschutzgesetzes, NuR 2020, 433.
Saurer, Johannes, Klagebeschränkungen im Klimaschutzrecht?, ZUR 2024, 214.
Saurer, Johannes, Klimaanpassung im Mehr-Ebenen-System des Rechts, NuR 2022, 513.
Saurer, Johannes, Klimaschutz global, europäisch, national – Was ist rechtlich verbindlich?, NVwZ 2017, 1574.
Saurer, Johannes, Das Bundes-Klimaschutzgesetz in: Rodi, Michael (Hrsg.), Handbuch Klimaschutzrecht, 2022, § 10, S. 175 ff.
Scheuner, Ulrich, Bildungsplanung und ihre Rechtsgrundlagen, DÖV 1965, 541.
Schink, Alexander, Das Berücksichtigungsgebot des § 13 Klimaschutzgesetz, NuR 2021, 1.
Schink, Alexander/*Reidt*, Olaf/*Mitschang*, Stephan (Hrsg.), UVPG/UmwRG, Kommentar, 2. Auflage 2023.
Schlacke, Sabine, Bundes-Klimaschutzgesetz: Klimaschutzziele und -pläne als Herausforderung des Verwaltungsrechts, EurUP 2020, 338.
Schlacke, Sabine, Erfolgreiche Verbandsklage für den Klimaschutz: Bundesregierung muss Sofortprogramme beschließen, NVwZ 2024, 564.
Schlacke, Sabine, Klimaschutzrecht im Mehrebenensystem, EnWZ 2020, 355.
Schlacke, Sabine, Klimaschutzrecht im Mehrebenensystem, NVwZ 2022, 905.
Schlacke, Sabine, Planende Verwaltung in: Kahl, Wolfgang/Ludwigs, Markus (Hrsg.), Handbuch des Verwaltungsrechts, Band I, 2021, § 20, S. 761 ff.
Schlacke, Sabine, Umweltrecht, 9. Auflage 2023.
Schlacke, Sabine/*Knodt*, Michèle, Das Governance-System für die Europäische Energieunion und für den Klimaschutz, ZUR 2019, 404.
Schlacke, Sabine/*Köster*, Miriam/*Thierjung*, Eva-Maria, Das „Europäische Klimagesetz“ und seine Konsequenzen, EuZW 2021, 620.
Schlacke, Sabine/*Lammers*, Simon, Das Governance-System der Europäischen Energieunion, EurUP 2018, 424.

Schlacke, Sabine/*Römling*, Dominik, Neue Herausforderungen der gerichtlichen Kontrolle von Plänen unter besonderer Berücksichtigung des Klimaschutzgesetzes (KSG), DVBl 2021, 144.
Schmidt-Aßmann, Eberhard, Aufgaben und Perspektiven verwaltungsrechtlicher Forschung, 2006.
Schmidt-Aßmann, Eberhard, Planung als administrative Handlungsform und Rechtsinstitut in: Schlichter, Otto (Hrsg.), Planung und Plankontrolle, 1995, S. 3 ff.
Schmidt-Aßmann, Eberhard: Planung unter dem Grundgesetz, DÖV 1974, 541.
Schoch, Friedrich/*Schneider*, Jens-Peter, Verwaltungsrecht.
Schrödter, Wolfgang (Hrsg.), Baugesetzbuch, 9. Auflage 2019.
Schuelken, Tobias/*Sichla*, Benedikt, Das Europäische Klimagesetz – Inhalt, Rechtsfragen und Ausblick, UPR 2021, 1.
Schwarze, Jürgen/*Becker*, Ulrich/*Hatje*, Armin/*Schoo*, Johann (Hrsg.), EU-Kommentar, 4. Auflage 2019.
Schwerdtfeger, Angela, Rechtsschutz im Umweltrecht in: Koch, Hans-Joachim/Hofmann, Ekkehard/Reese, Moritz (Hrsg.), Handbuch des Umweltrechts, 6. Auflage 2024, § 4, S. 239 ff.
Seibert, Max-Jürgen, Klimaschutz und Generationengerechtigkeit – Der Jahrhundert-Beschluss des Bundesverfassungsgerichts, DVBl 2021, 1141.
Shirvani, Foroud, Klimaschutz als Abwägungsbelang in der Bauleitplanung, NVwZ 2025, 447.
Shirvani, Foroud, Klimaschutzplanung im Mehrebenensystem, ZUR 2022, 579.
Shirvani, Foroud, Verwaltungsgerichtliche Kontrolle von Klimaschutzplänen, DVBl 2025, 554.
Shirvani, Foroud/*Mihatsch*, Layla, Regelungslücken im föderalen Konzept des Klimaschutzrechts, UPR 2022, 366.
Siegel, Thorsen, Das Berücksichtigungsgebot des Bundes-Klimaschutzgesetzes und seine Relevanz im Vergaberecht, NZBau 2022, 315.
Siegel, Thorsten, Zur Relevanz des Klimaschutzes in der Fachplanung, DÖV 2023, 329.
Simon, Caroline, Das Umweltrechtsbehelfsgesetz im Spannungsfeld zwischen Artenschutz und Klimaschutz, 2024.
Sina, Stephan, Klimaschutzgesetze der Bundesländer – Typen, Regelungsgehalt und Verhältnis zu einem Klimaschutzgesetz des Bundes, EurUP 2018, 314.

Sodan, Helge (Hrsg.), Grundgesetz, Kommentar, 5. Auflage 2024.
Sodan, Helge/*Ziekow*, Jan (Hrsg.), Verwaltungsgerichtsordnung, Großkommentar, 6. Auflage 2024.
Sodan, Helge/*Ziekow*, Jan, Grundkurs Öffentliches Recht, 10. Auflage 2023.
Spannowsky, Willy, Der Planer als Rechtsgestalter, DÖV 1996, 1017.
Spannowsky, Willy/*Uechtritz*, Michael (Hrsg.), BeckOK BauGB.
Sparwasser, Reinhard/*Engel*, Rüdiger/*Voßkuhle*, Andreas, Umweltrecht Grundzüge des öffentlichen Umweltschutzrechts, 5. Auflage 2003.
Stäsche, Uta, Abschaffung der Sektorziele und des sektorspezifischen Nachsteuerungsmechanismus durch die KSG-Novelle 2024: Risiken für die Erreichung der nationalen Klimaschutzziele?, ZfU 2024, 299.
Stäsche, Uta, Entwicklung des Klimaschutzrechts und der Klimaschutzpolitik 2018/19, EnwZ 2019, 248.
Stäsche, Uta, Entwicklungen des Klimaschutzrechts und der Klimaschutzpolitik 2021–2022, EnWZ 2022, 201.
Stäsche, Uta, Entwicklungen des Klimaschutzrechts und der Klimaschutzpolitik 2013/2014, EnWZ 2014, 291.
Stäsche, Uta, Landesklimaschutzgesetze in Deutschland: Erfahrungen und Entwicklungsperspektiven unter Berücksichtigung der aktuellen bundespolitischen Lage, ZUR 2018, 131.
Steinwede, Holger, Planerhaltung im Städtebaurecht durch Gesetz und richterliche Rechtsfortbildung, 2003.
Stollmann, Frank/*Beaucamp*, Guy, Öffentliches Baurecht, 13. Auflage 2022.
Storm, Peter-Christoph, Umweltrecht, 11. Auflage 2019.
Streinz, Rudolf (Hrsg.), EUV/AEUV, 3. Auflage 2018.
Umweltbundesamt, Aarhus Konvention, Rechtsgrundlagen in Deutschland, 29.08.2024, abrufbar unter: https://www.aarhus-konvention.de/rechtsgrundlagen/de/ <02.02.2026>.
Umweltbundesamt, Europäische Energie- und Klimaziele, 08.12.2025, abrufbar unter: https://www.umweltbundesamt.de/daten/umweltzustand-trends/klima/europaeische-energie-klimaziele#zielvereinbarungen <09.02.2026>.
Umweltbundesamt, Klimarahmenkonvention der Vereinten Nationen UNFCCC, 30.01.2024, abrufbar unter: https://www.umweltbundesamt.de/themen/klima-energie/internationale-eu-klimapolitik/klimarahmenkonvention-der-vereinten-nationen-unfccc#entstehungsgeschichte <02.02.2026>.
Umweltbundesamt, Kyoto-Protokoll, 16.09.2024, abrufbar unter: https://www.umweltbundesamt.de/themen/klima-energie/internationale-

eu-klimapolitik/kyoto-protokoll#entstehungsgeschichte-und-erste-verpflichtungsperiode <02.02.2026>.

Umweltbundesamt, Wie funktioniert der Treibhauseffekt?, 11.08.2021, abrufbar unter: https://www.umweltbundesamt.de/service/uba-fragen/wie-funktioniert-der-treibhauseffekt <02.02.2026>.

Voland, Thomas/*Engel*, Stefan, Regeln für das Weltklima. Inhalt und Rechtsnatur von Pariser Übereinkommen und „Regelbuch", NVwZ 2019, 1785.

von der Groeben, Hans/*Schwarze*, Jürgen/*Hatje*, Armin, Europäisches Unionsrecht, Band 2, 8. Auflage 2025.

von der Groeben, Hans/*Schwarze*, Jürgen/*Hatje*, Armin, Europäisches Unionsrecht, Band 4, 8. Auflage 2025.

von Münch, Ingo/*Kunig*, Philip, Grundgesetz, Kommentar, Band 1, 8. Auflage 2025.

von Weschpfennig, Armin, Plan und Planung in: Kahl, Wolfgang/Ludwigs, Markus (Hrsg.), Handbuch des Verwaltungsrechts Band V, 2023, § 156, S. 1349 ff.

Voßkuhle, Andreas, Grundwissen – Öffentliches Recht: Entscheidungsspielräume der Verwaltung (Ermessen, Beurteilungsspielraum, planerische Gestaltungsfreiheit), JuS 2008, 117.

Wallerath, Maximilian, Allgemeines Verwaltungsrecht, 6. Auflage 2009.

Wende, Susanne, Vorschlag für ein neues EU-Klimagesetz, EnK-Aktuell 2025, 010610.

Wickel, Martin, Das Bundes-Klimaschutzgesetz und seine rechtlichen Auswirkungen, ZUR 2021, 332.

Wiedmann, Jan-Louis, Klimaschutz ohne Sektorziele, NVwZ 2024, 876.

Wittern, Andreas/*Baßlsperger*, Maximilian, Verwaltungs- und Verwaltungsprozessrecht, 20. Auflage 2016.

Wolf, Joachim, Umweltrecht, 2002.

Wolff, Hans J. /*Bachof*, Otto/*Stober*, Rolf/*Kluth*, Winfried, Verwaltungsrecht Band I, 13. Auflage 2017.

World Meteorological Organization, Klima, abrufbar unter: https://wmo-int.translate.goog/topics/climate?_x_tr_sl=en&_x_tr_tl=de&_x_tr_hl=de&_x_tr_pto=rq#:~:text=Climate%20is%20the%20average%20weather,thousands%20or%20millions%20of%20years. <02.02.2026>.

Würtenberger, Thomas, Staatsrechtliche Probleme politischer Planung, 1979.

Wysk, Peter (Hrsg.), VwGO, Kommentar, 4. Auflage 2025.
Zengerling, Cathrin, Kommunale Klimaschutzplanung in: Rodi, Michael (Hrsg.), Handbuch Klimaschutzrecht, 2022, § 13, S. 235 ff.
Ziekow, Jan, Materielle Anforderungen an die Planung in: Ziekow, Jan (Hrsg.), Handbuch des Fachplanungsrechts, 3. Auflage 2024, § 4, S. 174 ff.

Kolibri 360 GmbH
Ferdinand-Jühlke-Straße 7
99095 Erfurt, Deutschland
produktsicherheit@kolibri360.de

Druck:
CPI Druckdienstleistungen GmbH
im Auftrag der
Kolibri 360 GmbH
Ferdinand-Jühlke-Str. 7
99095 Erfurt